教育部高等学校高职高专测绘类专业教学指导委员会“十二五”规划教材

测绘仪器使用与检测

主　编　吴大江　刘宗波
副主编　栾玉平　柏雯娟
主　审　邹自力

黄河水利出版社
·郑州·

内 容 提 要

本书为教育部高等学校高职高专测绘类专业教学指导委员会“十二五”规划教材。全书系统地阐述了光学水准仪、光学经纬仪、电子经纬仪、数字水准仪、全站仪、陀螺经纬仪、GPS 接收机的原理、使用方法及仪器的检测与维修,同时介绍了测绘仪器的主要故障分析及减弱的措施。

本书适合高等职业院校测绘工程相关专业的学生作为测绘仪器检修教材使用,也可以作为测量技术人员的参考用书。

图书在版编目(CIP)数据

测绘仪器使用与检测/吴大江,刘宗波主编.—郑州:黄河水利出版社,2012.8 (2022.8 重印)

教育部高等学校高职高专测绘类专业教学指导委员会“十二五”规划教材

ISBN 978-7-5509-0270-1

Ⅰ.①测… Ⅱ.①吴…②刘… Ⅲ.测绘仪器-高等职业教育-教材 Ⅳ.①TH761

中国版本图书馆 CIP 数据核字(2012)第 101431 号

策划编辑:陶金志 电话:0371-66025273 E-mail:838739632@qq.com

出 版 社:黄河水利出版社 网址:www.yrcp.com

地址:河南省郑州市顺河路黄委会综合楼 14 层 邮政编码:450003

发行单位:黄河水利出版社

发行部电话:0371-66026940、66020550、66028024、66022620(传真)

E-mail:hhslcbs@126.com

承印单位:河南承创印务有限公司

开本:787 mm×1 092 mm 1/16

印张:15.25

字数:371 千字

版次:2012 年 8 月第 1 版 印次:2022 年 8 月第 2 次印刷

定价:42.00 元

序　一

职业教育是为我国国民经济建设和发展作出重要贡献的教育类型。近 20 年来，我国高职高专教育得到了迅速发展，可以说现在已经占据了我国高等教育的半壁江山。特别是近几年来，被定位于“以就业为导向”的职业教育，为国家第二、第三产业的发展培养出了大批技能型高端人才，为国家的经济建设和社会发展，以及为我国建成世界第二大经济实体国家发挥着积极的作用，并作出了重要贡献。其中，我国测绘类高职高专教育及其人才培养同样取得了巨大的进展。为了不断推动测绘类高职高专人才培养工作的建设、改革和发展，2004 年教育部委托国家测绘局组建和管理高等学校高职高专测绘类专业教学指导委员会，并作为一个分委员会隶属教育部高等学校测绘学科教学指导委员会。分委员会成立后即开展了高职高专测绘类专业设置的研制，继而规划、组织了“十五”规划教材的编写，并经过教材审定委员会严格审定后，经协商确定，该套教材统一由黄河水利出版社出版。“十五”规划教材的按期出版和投入使用，满足了高职高专测绘类专业的教学需求，起到了有力的教学保障作用，收到了良好的效果。

2006 年教育部提出，高等学校高职高专专业教学指导委员会（包括测绘类专业）独立设置开展工作，并由教育部高教司直接管理。在此期间，教学指导委员会按照教育部的要求开展了“高职高专测绘类专业规范”和“高职高专测绘类专业教学基本要求”的研制和上报工作。为了适应当前国内外测绘技术的新进展和经济社会发展对高职高专人才培养的新要求，高等学校高职高专测绘类专业教学指导委员会重新规划并组织“十二五”规划教材的编写和出版。新一批成套的规划教材是按照教育部的要求，依据“高职高专测绘类专业规范”和“高职高专测绘类专业教学基本要求”的规定编写而成的，此套教材仍然按照第一批规划教材出版协议，由黄河水利出版社统一出版。希望本套教材能在高职高专测绘类专业的人才培养中发挥更好的作用。借此机会，再次对黄河水利出版社长期给予高职高专测绘类专业人才培养工作的支持表示衷心的感谢！

虽然有“十五”规划教材的基础，也有了 20 年来高职高专测绘类专业人才培养的成绩和经验，但是在高职高专人才培养中仍存在地区和行业的差异，以及其自身的特点。既是规划教材，我们希望有测绘类专业的高职高专院校能在教学中使用这套教材，并在使用中发现问题，提出意见，以便今后教材的修订和不断完善。

教育部高等学校测绘学科教学指导委员会主任委员

中国工程院院士

2011 年 12 月 10 日　于武汉

序 二

近年来，我国高等职业教育蓬勃发展，测绘高等职业教育也随之大发展。目前，已有120余所高职院校设立了测绘类专业，每年有数万名在校生就读，有上万名测绘类专业的高职高专毕业生走向测绘与地理信息生产一线岗位，以及为相关行业部门提供测绘与地理信息保障的服务岗位。测绘类专业应用性技能型高端人才的培养，显现出招生、就业两旺的良好发展态势。

人才培养的教育教学工作，需要有教材的基础支持。早在2004年，教育部高等学校测绘学科教学指导委员会主任委员、中国测绘学会教育委员会主任委员、中国工程院院士宁津生倡导并亲自规划和组织，由教育部高等学校测绘学科教学指导委员会组织落实编写全国第一套测绘类专业高职高专规划教材。教材编写得到了各院校教学一线老师们的积极响应和支持。教材编写出版的整个过程，得到了宁津生院士等老专家的全程关心、支持和帮助。在初稿完成后，由宁津生院士任主任委员、陶本藻教授和王侬教授任副主任委员组成的教材编写审定委员会，对初稿进行了一一审查，并提出了修改意见，经主编修改再次审查通过后，经过审定委员会同意后出版。宁津生院士亲自和黄河水利出版社进行了商议，并达成协议，由黄河水利出版社给予支持和帮助，并承担出版任务。经过共同努力，教材按期出版和投入使用。该套在中原大地母亲河边出生的教材成为了我国高职高专测绘类专业整体规划设计的第一套教材，为高职高专测绘类专业人才培养发挥了基础性作用，改写了测绘高职高专教育没有成套教材的历史。该套教材受到了各院校的热烈欢迎，并得到了广泛的使用，其中的不少种教材由教育部批准成为了国家级“十一五”规划教材。

近年来，测绘新技术的应用发展迅速，测绘生产技术平台不断提升，需要迅速将测绘新技术引进课堂、引进教材；在教育部的大力推动下，对应用性技能型高端人才培养从实践到教育理论都进行了广泛而深刻的探索，并得到了新的经验。以系统化职业能力构建为本位，以与之相适应的理论知识为基础，走校企合作的道路，用工学结合的模式，以系统化的工作过程和项目为载体，追求实现人才培养的“知行合一”的目标，这样的教育思想得到了广泛的认可，并在人才培养中得到应用。培养出来的高职人才以其对就业岗位较强的切入能力、较好的适应能力和较高的职业发展能力逐渐得到社会的认可。

同时，经济、技术和社会的发展，对高职人才的培养也提出了新的要求。教育部高等学校高职高专测绘类专业教学指导委员会和黄河水利出版社遵照协议，共同商议组织高职高专测绘类专业“十二五”规划教材的编写和出版。在策划和组织的时候，教育部组织研制的专业规范和教学基本要求已经完成，这为教材的编写奠定了基础。教育部高等学校高职高专测绘类专业教学指导委员会期望通过编写团队、专家和出版社的共同努力，立足已有基础，高水平编写并按期出版新一套规划教材，希望各院校积极使用新编“十二五”规划教材，让教材为促进高职测绘教育的可持续科学发展发挥积极作用。

衷心感谢宁津生院士、陶本藻教授、王侬教授对高职高专测绘类专业人才培养工作一路走来的支持、关心和帮助！衷心感谢为本套教材的编写付出了心血的每一位老师！感谢黄河水利出版社为本套教材的出版而默默付出的每一位同志！

尽管有了良好基础，但由于地区、装备水平、服务行业等的差异，以及各院校老师对课程教学组织的个性化设计，对教材会有不同的要求，因此希望各院校在教材使用过程中能发现问题，提出意见，以便今后教材的修订和完善。

教育部高等学校高职高专测绘类专业教学指导委员会主任委员

2011 年 12 月 6 日　于昆明

前 言

随着我国科技和社会主义生产建设的迅猛发展，测绘仪器也随之日新月异，其规格和型号亦日趋完善。如何正确检校仪器、保证测绘仪器的精密程度、延长仪器的使用寿命，便成为越来越多测量工作者及测绘仪器检修人员十分关注的话题。“工欲善其事，必先利其器。”一个具备较高素质的测量工作者，应对其所使用的测绘仪器的各种性能有较全面的了解和掌握。

本书主要阐述了测绘仪器的结构原理、使用及检修，编写目的在于使读者能够正确检测和维修测绘仪器，发挥仪器的效能，取得更高的测量成果。

本书具体编写分工如下：绪论、第十一章由湖北城建学院文学编写；第一章、第五章由重庆工程职业技术学院吴大江编写；第二章、第十三章由重庆工程职业技术学院柏雯娟编写；第三章、第四章由南京工程高等职业学校贾王军编写；第六章、第十二章由云南能源职业技术学院朱劲松编写；第七章、第八章由沈阳农业大学高等职业技术学院栾玉平编写；第九章由甘肃建筑职业技术学院由刘宗波编写；第十章由四川建筑职业技术学院桂芳茹编写。本书由吴大江、刘宗波担任主编并负责统稿，由栾玉平、柏雯娟担任副主编。

全书完成后，由教育部高等学校高职高专测绘类专业教学指导委员会责成东华理工大学高等职业技术学院邹自力教授进行认真细致的审稿，提出了许多宝贵意见，修改后，通过了教育部高等学校高职高专测绘类专业教学指导委员会“十二五”规划教材审定委员会的审定，作为测绘学科的高职高专院校统编教材，供高等职业教育测绘类专业使用。在此，对邹自力教授和教材审定委员会的各位专家表示感谢！同时对黄河水利出版社为本教材顺利出版给予的大力支持表示感谢！

本书在编写过程中力求做到内容简明扼要，文字通俗易懂，插图清晰明了。书中参阅了大量的文献资料，引用了同类书刊中的部分内容，同时得到了相关仪器厂商的大力支持，在此对大家表示衷心的感谢。

由于编者水平及经验有限，书中若有谬误之处，敬请读者批评指正。

编 者

2012 年 5 月

目录

绪　论

第一节　大地测量仪器的分类及系列标准

测绘仪器属精密光学、光电仪器的一个重要分支。大地测量仪器又是测绘仪器的重要组成部分,它发展早,应用也很广泛。目前,大地测量仪器广泛应用于工业、农业、水利、交通、道路、桥梁、园艺、地籍、国防等国民经济建设及国防建设部门的工程建设中。

一、测绘仪器的分类

测绘仪器分类见图 0-1。

- 测绘仪器
  - 大地测量仪器
    - 水准仪
      - 微倾式水准仪
      - 自动安平水准仪
      - 激光水准仪
      - 电子水准仪
    - 经纬仪
      - 金属度盘经纬仪
      - 光学经纬仪
      - 激光经纬仪
      - 电子经纬仪
      - 陀螺经纬仪
    - 测距仪
      - 光学测距仪
      - 电磁波测距仪
        - 光电测距仪
        - 红外测距仪
        - 激光测距仪
        - 微波测距仪
        - 多载波测距仪
      - 超声波测距仪
      - 人造卫星测距仪
    - 地形仪
      - 自动归算速测仪
      - 红外光电平板仪
      - 平板仪
      - 激光地形仪
    - 工程测量专用仪器
  - GPS(全球定位系统)接收机和惯性测量系统(ISS)
  - 摄影测量仪器
    - 航空摄影机
    - 解析测图仪
    - 纠正仪
    - 立体坐标量测仪
    - 多倍仪
    - 陆地摄影测量仪

图 0-1　测绘仪器分类

以上测绘仪器根据使用时对精度要求的不同,可大致分为以下四等:

(1)高精度仪器:用于国家一、二等控制测量和特别精密的工程测量的测绘仪器。

(2)中等精度仪器:用于国家三、四等控制测量及精密工程测量的测绘仪器。

(3)一般精度仪器:用于等外测量、测图及一般工程测量的测绘仪器。

(4)低精度仪器:主要用于野外勘踏、概略测量及精度要求不高的工程测量的测绘仪器。

二、测绘仪器的系列标准

系列标准是对产品和工程建设的质量、规格及其检验方法等所作出的技术规定。它的作用在于进一步保证产品质量,便利生产、使用和维护,提高通用化水平。它的任务是限定采用合理的主要参数和先进的统一结构,以恰当的、最少的品种最大限度地满足国民经济发展的需要,有计划、有步骤地发展我国的仪器制造事业。

我国从20世纪60年代初即开展了大地测量仪器的标准化、系列化工作,制定了测绘仪器的系列标准。

在我国大地测量仪器系列化方案中规定:大地测量仪器的总代号为D,经纬仪的代号为J,水准仪的代号为S,平板仪的代号为P,连起来为DJ、DS及DP。每一类仪器又按精度划分若干个等级。例如,经纬仪的精度指标规定为仪器在野外条件下的一测回方向中误差为6″,用DJ_6表示,简称J_6级经纬仪。

水准仪的精度指标规定为每千米往返高差中误差(即mm/km)为±1 mm,用DS_1表示,简称S_1级水准仪。此外,还有一些派生型号的变型仪器,如矿山经纬仪的代号为DJK、自动安平水准仪的代号为DSZ等。

我国现行的经纬仪、水准仪及光电测距仪系列标准如表0-1~表0-3所示。

表0-1 经纬仪系列标准(1983年5月1日起实施)

		仪器型号	DJ_{07}	DJ_1	DJ_2	DJ_6	DJ_{30}
主要参数及尺寸		望远镜放大倍数	30×、45×、55×	24×、30×、45×	28×	25×	18×
主要参数及尺寸		有效孔径(mm)	65	60	40	35	25
主要参数及尺寸		最短视距(m)	3	3	2	2	1
主要参数及尺寸	水准器角值	照准部	4″/2 mm	6″/2 mm	20″/2 mm	30″/2 mm	—
主要参数及尺寸	水准器角值	垂直度盘指标	10″/2 mm	10″/2 mm	20″/2 mm	30″/2 mm	—
主要参数及尺寸	水准器角值	望远镜	—	—	20″/2 mm	30″/2 mm	30″/2 mm
主要参数及尺寸	水准器角值	圆水准器	8′/2 mm	8′/2 mm	8′/2 mm	8′/2 mm	8′/2 mm
主要参数及尺寸	垂直度盘指标补偿器	工作范围	—	—	±2′	±2′	—
主要参数及尺寸	垂直度盘指标补偿器	安平中误差	—	—	±0.3″	±1″	—
主要参数及尺寸	刻划直径(mm)	水平度盘	≥150	≥130	90	90	60
主要参数及尺寸	刻划直径(mm)	垂直度盘	90	90	70	70	50
主要参数及尺寸		水平读数最小格值(″)	0.2	0.2	1	1	120
主要参数及尺寸		仪器净重(kg)	≤17	≤13	≤6	≤4.5	≤2.5
		主要用途	国家一等三角测量	国家一、二等三角测量及精密工程测量	国家三、四等三角测量及精密工程测量	大比例尺地形测图及一般工程测量	矿山测量及一般工程测量

表 0-2　水准仪系列标准

仪器型号			DS_{05}	DS_1	DS_3	DS_{10}	DS_{20}
每千米往返测高程偶然中误差不大于(mm/km)			±0.5	±1	±3	±10	±20
望远镜放大倍数不小于			45×	38×	28×	20×	15×
望远镜物镜有效孔径不小于(mm)			55	47	38	28	20
水准仪角值不大于	管水准器	符合式 普通式	10″/2 mm	10″/2 mm	20″/2 mm	45″/2 mm	45″/2 mm
	粗水准器	十字形式 圆气泡	3′/2 mm	3′/2 mm	8′/2 mm	8′/2 mm	15′/2 mm
测微器	测量范围(mm) 最小分划值(mm)		5 0.05	5 0.05			
用途			国家一等水准测量及地震水准测量	国家二等水准测量及其他精密水准测量	国家三、四等水准测量及一般工程水准测量	一般工程水准测量	建筑及简易农田水利工程水准测量

表 0-3　光电测距仪系列标准

类别		远程	中程		短程			精密型
型号		DCJ_{50}	DCJ_{25}	DCH_{10} (DCJ_{10})	DCH_5 (DCJ_5)	DCH_2	$DCH_{0.5}$	$DCHJ_1$、 $DCHJ_2$
主要参数	测程(km)	50	25	10	5	2	0.5	1(2)
	精度(mm)	$\pm(10+1\times10^{-6}D)$	$\pm(10+2\times10^{-6}D)$	$\pm(10+3\times10^{-6}D)$	$\pm(10+4\times10^{-6}D)$	$\pm(10+5\times10^{-6}D)$	±15	$\pm(0.2+1\times10^{-6}D)$、 $\pm(2+1\times10^{-6}D)$
	周期误差(mm)	±3	±3	±3	±3	±5	±5	
	平均功耗(W)	72	60	24	24	12	12	12
	主机质量(kg)	20	18	15	13	13	10	13
	工作温度(C°)	-20 ~ +45	-15 ~ +40	-15 ~ +40	-15 ~ +40	-10 ~ +40	-10 ~ +40	-15 ~ +40
	附倾角(°)	-15 ~ +15	-15 ~ +15	-20 ~ +20	-20 ~ +20	-30 ~ +30	-30 ~ +30	-30 ~ +30
结构形式		整体式	整体式	整体式	组合式、整体式	组合式	组合式	组合式

注:1. 表中型号含义:DC—大地测量,J—激光或精密,H—红外。

2. *D* 为测量的距离。

系列标准是一种法律性的文件,应保持相对稳定,以利于组织产品的设计和生产,不断提高产品质量。

第二节　大地测量仪器发展简史及近况

一、测绘仪器的发展简史

测绘仪器是随着生产实践不断地发展而发展起来的。早在公元前3世纪,我国就已使用指南仪器——司南来确定方向。

公元400年我国发明了记里鼓车,用以测量距离。

1276年元代郭守敬创制了多种天文仪器,测定天体的高度和方位。15世纪,由于航海和地理开发的需要,研究地球形状的科学得到发展;同时,军事和经济建设的需要,使得测图技术有了提高,因而对测量仪器提出了更高的要求。

1608年荷兰人汉斯发明了望远镜。1667年法国首先在全圆分度器上安装了望远镜,进行测角。1783年英国制成了度盘直径为90 cm、质量为91 kg的经纬仪。

17世纪后期,丹麦天文学家奥拉夫·鲁默尔将测微器和显微镜用于读取度盘读数,大大提高了读数精度。

1858年意大利工程师波尔勒发明了内对光望远镜,但未推广应用。1892年减反射涂层的发明,使内对光望远镜的制造逐步得到发展。

1920年威特等人制成光学经纬仪,定名TH_1型,成为世界上第一架光学经纬仪。1923年生产出T_2型经纬仪,为了提高符合精度,度盘采用双线刻划。水准仪上应用棱镜符合水准器,使其构造得到很大变化。1956年阿斯卡尼亚厂第一次将水准仪的自动安平原理应用于经纬仪的竖盘读数。至此,已廓定了现代光学测量仪器的基本结构。

在我国半封建半殖民地时期,光学仪器制造业极端落后,测绘仪器依赖进口。新中国成立后,建立了各种类型的光学仪器厂。如:上海光学仪器厂、南京水工仪器厂、西安天祥仪器厂、北京光学仪器厂,到了1966年,由原国家测绘总局及其他有关单位组织了一次测绘仪器生产会战,在江苏省筹建并扶植了一批生产光学仪器厂,如苏州第一光学仪器厂、无锡测绘仪器厂、徐州光学仪器厂、靖江测绘仪器厂等,而且在全国各地创办了研究所及高等院校。我国现已独立设计制造出了许多测绘仪器,有些产品已有出口。

二、测绘仪器的发展近况

激光是20世纪的重大发明之一,它的出现对光学技术发展的影响极其深远。激光测距是激光应用最早且最成熟的一个方面。1960年贝尔实验室发明了世界上第一台红宝石激光器。1962年砷化镓半导体激光器又研制成功。在此之后,各类激光测距仪和红外光电测距仪发展极快。据不完全统计,各种型号的测距仪、电子速测仪已有100多种。测距精度极高,已达0.1 mm量级。由于激光测量仪器的相继出现,引起了测量领域中许多重大变革,因而深受广大测量人员的欢迎。改革开放30多年来,我国测量仪器的研制与应用,也取得了显著成绩。各种类型的经纬仪、水准仪及激光准直仪已大批量生产,并跻身国际先进行列。各种测程的激光测距仪均有多种型号产品,但同世界先进水平相比差距较大,今后的测量仪器将进一步吸取其他学科取得的新成果,向多功能方向发展;仪器设计和制造将趋于小巧、精密,式样更加新颖。

第一章　测量仪器的光学部件

第一节　光学基本知识

一、几何光学的特点

光与人类的生产和生活有着十分密切的关系。人类研究光学已有 3 000 多年的历史，对光的研究大致可分为两个方面：一方面是研究光的本性，并根据光的本性来研究各种光学现象，称为物理光学；另一方面是研究光的传播规律和传播现象，称为几何光学。

几何光学是人从无数光学现象及试验结果中总结出来的，发光点和光线是几何光学中的两个基本概念。一个光源或一个本身虽不发光但被光照射时可以把光反射出来的物体，称为发光体。当发光体的面积小到可以忽略不计时，该发光体称为发光点。光线则是表示光的传播方向的几何线，这样研究光传播的问题，就转变为几何问题了，故称为几何光学。

在几何光学中，人们往往把物体看成由无数个发光点组成的发光体，并假设每一个发光点可以发出无数光线。有一定关系的一些光线的集合称为光束。

二、学习几何光学的目的

在测量工作中常用的测绘仪是光学计量仪器的一个分支。人眼也是按照光学原理工作的，极像一个微型照相机。用仪器进行测量时，人眼与仪器构成了一个复杂的光学系统。而所有的测绘仪器都是由许多不同类型、规格的光学零件构成的，其作用原理都是建立在光学基础之上的，所以学习几何光学，了解光线在光学零件中的传播规律，对于了解仪器的结构原理、鉴别仪器的性能特点、分析仪器的误差来源、找出消除与减小每次误差的途径、提高仪器精度、延长使用寿命以及排除仪器故障，具有重要的现实意义。

三、几何光学的四个基本定律

（一）光的直线传播定律

光所通过的物质称为光的传播介质，光在均匀介质中是按直线传播的，这就是光的直线传播定律。

如探照灯的光射向天空，空气就是介质；光射入水中，水就是介质；光射入玻璃中，玻璃就是介质等。当光线通过很小的孔或缝隙时，会改变直线传播的方向而形成明显的绕射（也称衍射）现象。

（二）光的独立传播定律

不同发光体发出的光线相交后，每一光线的颜色及传播方向仍保持不变的特性，称为光的独立传播定律。

如夜晚有两束探照灯的光，在空中相交后仍按各自的方向传播；又如在 J_6 级经纬仪中，当望远镜光线和读数系统的光线在望远镜内相交后仍按各自方向传播互不影响等。

(三)光的反射定律

当光线由一种介质进入另一种介质时,光线在两种介质的分界面上将被分为反射光线和折射光线(见图1-1)。这两条光线的传播方向将分别由反射定律和折射定律来决定。

入射光线 AO 射到介质分界面上,入射点为 O,自 O 点起光线分为两支,开始沿不同的方向传播。

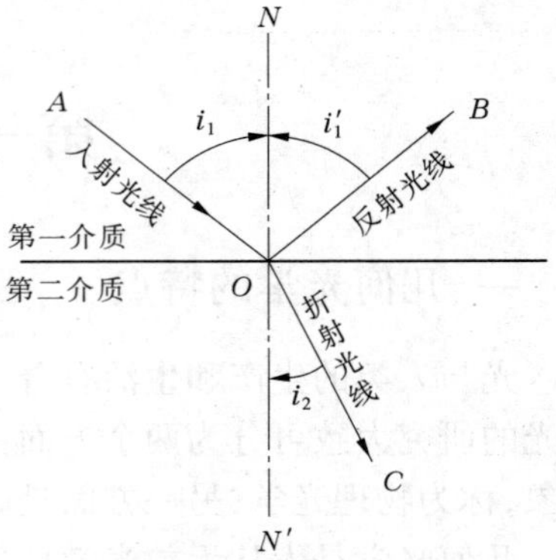

图1-1 光的反射和折射

OB 为反射光线,OC 为折射光线,ON 为过入射点 O 的分界面法线,i_1 为入射光线与法线的夹角,称为入射角,i'_1 为反射光线与法线的夹角,称为反射角,i_2 为折射光线与法线的夹角,称为折射角。入射光线与反射光线的关系称做反射定律。

(1)入射光线、反射光线与法线位于同一平面内,且反射光线与入射光线分别位于法线的两侧。

(2)入射角 i_1 与反射角 i'_1 大小相等。

由反射定律可推出以下两个规律:

(1)光的可逆性。假定某一光线沿着一定的路径由 A 点传播到了 B 点,如果在 B 点沿着出射光线相反的方向投射一条光线,则此光线必然沿着同一路径由 B 点传播到 A 点,这种现象就称为光路的可逆性。这将为人们研究光的传播带来许多方便。

(2)乱反射(漫反射)。当许多条平行的光线射到表面非常平整的反射面时,反射光线也互相平行,只是各自的入射点不同而已。若表面粗糙,尽管入射光线彼此平行,反射光线的方向却是乱的,这种现象称为乱反射(又称漫反射)。因此,人们利用光学经纬仪进光窗处的毛玻璃的漫反射,使射入仪器后的光线均匀、柔和,亦可消除进光窗外景物的影像对读数的干扰。

(四)光的折射定律

当光线穿过两种透明介质时,其中有一部分光线将在分界面处改变其方向而进入第二种介质中,这种现象叫做光的折射。这部分折射光线的传播规律,就叫做光的折射定律。

(1)折射光线、入射光线与法线位于同一平面内,且折射光线与入射光线分居法线两侧(见图1-1)。

(2)入射角 i_1 的正弦与折射角 i_2 的正弦之比,取决于传播介质的光学性质及光的波长,而与角 i_1 和 i_2 的大小无关,即

$$\frac{\sin i_1}{\sin i_2} = \frac{n_2}{n_1} \tag{1-1}$$

常数 n_2 和 n_1 分别为第二介质和第一介质的绝对折射率(简称折射率)。它们的定义为

$$\left.\begin{aligned} n_1 &= \frac{c}{v_1} \\ n_2 &= \frac{c}{v_2} \end{aligned}\right\} \tag{1-2}$$

式中 c——光在真空中的传播速度;

v_1、v_2——光在第一介质和第二介质中的传播速度。

由式(1-1)可得折射定律的通用形式：

$$n_1 \cdot \sin i_1 = n_2 \cdot \sin i_2 \tag{1-3}$$

常见介质的绝对折射率 n 值见表 1-1。

表 1-1　常见介质的绝对折射率 n 值

介质	折射率	介质	折射率
空气	1.000	甲醇	1.33
水	1	苯	1.50
酒精	1.361 8	二甲苯	1.50
K9 牌号冕牌玻璃	1.516 3	蓝宝石	1.77
ZF1 牌号火石玻璃	1.647 5		

由式(1-3)可知：

(1)入射角 i_1 越大，则折射角 i_2 也越大。

(2)若 $i_1 = 0°$，则有 $i_2 = 0°$，这时光线的方向不发生改变。

(3)若以 i_2 代表入射角，i_1 代表折射角，等式同样成立。

由此说明了光在折射时的光路同样也是可逆的。

【例 1-1】　已知光线以 30°的入射角从空气射入 K9 牌号冕牌玻璃中，求折射角的大小。

解　因为 $i_1 = 30°$，所以 $\sin 30° = 1/2$；$n_1 = 1.000$，$n_2 = 1.516\ 3$，代入式(1-3)中得：

$$\sin i_2 = \frac{1.000}{1.516\ 3} \times \frac{1}{2} = 0.329\ 8$$

反查三角函数表得 $i_2 \approx 19°15'$。

四、平面反射镜

测量仪器中的光学系统可分为球面系统与平面系统两大类。

平面系统主要解决改变光学系统中光线的传播方向、位置及成像的方向，以达到缩小仪器体积、便于使用等目的。平面反射镜是平面系统中最为简单的，它又称平面镜、反射镜、反光镜，主要用于改变光线方向，如将自然光引入仪器内部的反光镜，观察竖盘水准管的反光镜等。

平面反射镜是一个十分平滑的玻璃或金属表面，这样才能使入射的一束平行光经反射后仍是一束平行光，否则将会形成漫反射。

平面反射镜有两个作用，即反光和成像。

(一)平面镜的反光

平面镜反光时有一个重要特性：在保持入射光线不变的前提下，反射面若转动 α 角，则反射光线就同方向转动 2α 角，如图 1-2 所示。作为测量仪器的检修人员，当调整平面镜位置时，应注意这一特性。

光线 P 通过两块相互平行的平面镜两次反射之后，反射光线 P' 的方向不变，但将平移一段距离 h，如图 1-3 所示。如果这两块平面镜同时向同一方向转动同一角度 α，则反射光

线 P''的方向仍然不变，只是平移距离随平面镜转动的方向和大小而改变。

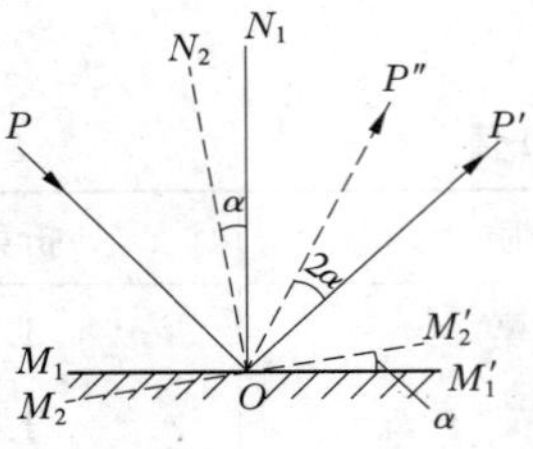

图 1-2　平面镜反光的一个特性

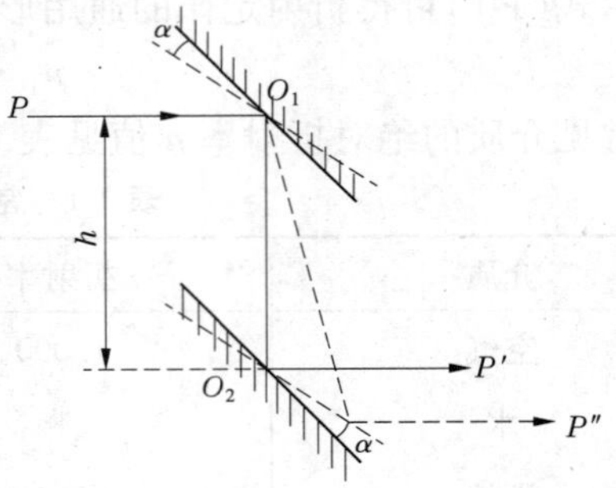

图 1-3　两块平行平面镜的反光

如图 1-4 所示为一个角式反射镜，又称角镜。两块平面镜中的夹角 α 应等于反射光线 P'与入射光线 P 的夹角 δ 的一半。当以它的两块反射镜的交线为轴旋转某一角度时，反射光线 P'的方向不发生改变，这是角镜的一个重要特点。在测量仪器上应用较多的是两块反射镜的夹角为45°或90°的角镜。

(二)平面镜的成像

如图 1-5 所示，自 A 点发出的光束中，有一条光线 AO 射于平面镜 P 经反射后沿 OB'射出，另一条光线 AD 垂直于镜面射向平面镜 P，并沿原路反射回去。

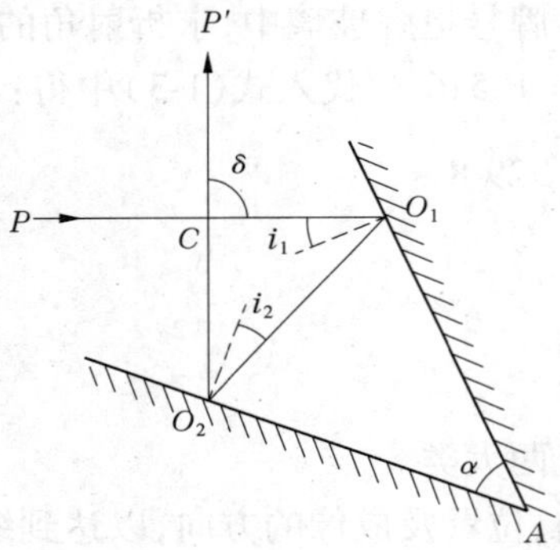

图 1-4　角镜

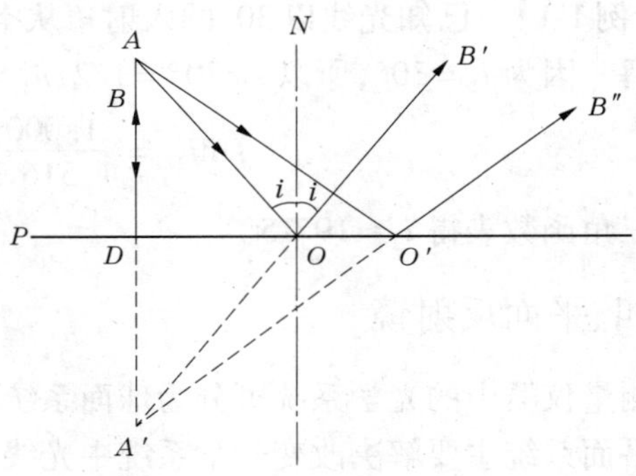

图 1-5　平面镜的成像

由此可见，经平面镜反射后的任一条光线的延长线均与 AD 的延长线相交于一点 A'，根据反射定律则有：$\angle AON = \angle NOB' = i$。由图 1-5 可知：$\angle AOD = \angle A'OD = 90° - i$。因此，两个直角三角形全等，即$\triangle AOD \cong \triangle A'OD$，得 $AD = A'D$。

由此可见，自 A 点发出的同心光束(自一发光点发出的许多光线构成的光束，称为同心光束，或称为单心光束)经平面镜反射后，可视为一个以 A'为发光点的同心光束，A'点就称为 A 点的虚像。其中 A 点为实物点，A'点为虚像点。物点和像点总是对称于镜面的，且像的大小与物的大小相等。

用平面镜反光或成像，其性能的好坏取决于以下因素：

(1)反射面的平直程度，即实际平面与理想平面的偏差。如哈哈镜，往往会发现照出的人像严重变形，其多半由于镜面的平直程度太差所引起。测量仪器上所用的平面反射镜，对反射面的平直程度具有很严格的要求。

(2)反射面的光洁度,即光滑与清洁的程度。测量仪器上用的平面镜,其光洁度一般在△12 以上(符号△代表光洁度,12 代表等级,其数值越大,等级越高),而清洁程度则用反光面上的麻点、划痕的多少、大小、长短等来衡量。

(3)反射面上所镀反射材料的好坏。银、铝、铬三种反射材料中,银的反射率最高,比较常用,若银层镀得不牢或保护不好,容易引起氧化与脱落,影响其反射效果。

五、光的全反射

如图 1-6 所示,自发光点 A 向各方向发出光线投射到介质折射率 n_1 和 n_2 的分界面上,假定 $n_1 > n_2$,根据折射定律式(1-3),则有 $\sin i_2 > \sin i_1$。当入射角增大到 i_0 时,折射角 $i_2 = 90°$。当 $i_1 > i_0$ 时,则入射光线全部被反射回来,即发生全反射。我们将折射角 $i_2 = 90°$ 时所对应的入射角 i_0 称为临界角。

根据折射定律:$n_1 \cdot \sin i_0 = n_2 \cdot \sin 90° = n_2$,可得:

$$\sin i_0 = n_2 / n_1$$

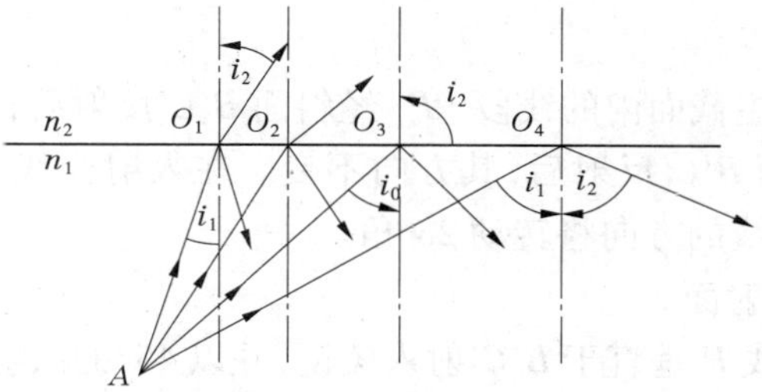

图 1-6　光的全反射

当光线由玻璃射入空气时,若取空气的折射率 $n_2 = 1.000\,3$,玻璃的折射率 n_1 分别取 1.50、1.58、1.66,则对应的临界角 i_0 分别为 41°49′、39°16′、37°03′。一般玻璃的折射率 n_1 大于 1.50,故取临界角 i_0 为 42°。通常镀反光膜的反光镜不能将光线全部反射,有 6% ~ 10% 的光线被吸收。因此,在光学仪器中广泛应用全反射现象来代替镀反光膜的反射方式。

第二节　平面光学零件和球面光学零件

一、平面光学零件

测量仪器上常用的平面光学零件有以下几种。

(一)直角棱镜

由两个或两个以上相交的反射平面或折射平面组成的透明体称为棱镜。两个平面的交线称为棱,垂直于棱的截面称为主截面。若主截面为直角三角形,则称这种形状的棱镜为直角棱镜(见图 1-7)。直角棱镜是测量仪器中应用最多的棱镜之一。显然,位于主截面的光线通过棱镜时,将在同一平面内。

直角棱镜的使用方法一般有三种:

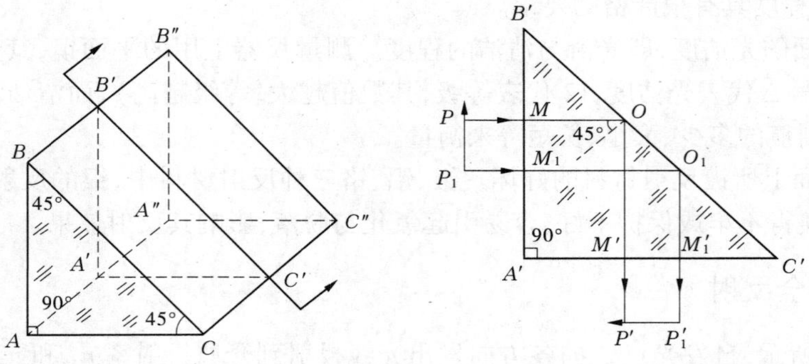

(a)直角棱镜的立体图　　(b)光线在主截面内的传播情况

图 1-7　直角棱镜

(1)用斜面做反射面。

如图 1-7(b)所示,设有光线 P 垂直于 $B'A'$ 射入棱镜内,在 O 点的入射角为 45°,此角大于玻璃相对空气的临界角,故产生全反射。又因反射角也为 45°,所以光线折转 90°后由 $A'C'$ 面射出。

由此可以得出:位于主截面内的线段 PP_1 经斜面 $B'C'$ 反射后,其方向将逆转 90°。而垂直于主截面的线段经斜面 $B'C'$ 反射后,其方向不变。在入射光线方向不变的情况下,若将棱镜转动 α 角,则出射光线的方向将转动 2α 角。

(2)用两直角面做反射面。

如图 1-8 所示,设光线 P 垂直于 $B'C'$ 射入棱镜,并以 45°的入射角射向 $B'A$,经全反射方向折转 90°,经 AC' 全反射方向又折转 90°,则出射光线方向相对于入射光线共折转 180°。因此,位于主截面内的线段,其方向将折转 180°,而垂直于主截面的线段,其方向则不改变。

当入射光线方向不变,棱镜转动 α 角时,它也和两个普通平面镜的两次反射一样,出射光线的方向始终保持不变,但位置将发生平移(见图 1-8 中虚线部分)。

为了装配及调整方便,有时将直角切掉一部分(见图 1-8 中阴影部分)而成梯形棱镜,其性能与直角棱镜完全一致。

(3)平行光线平行于斜面入射。

如图 1-9 所示,将棱镜这样使用时,称为道威棱镜。当平行光线平行于斜面射入棱镜时,经过两次折射和一次全反射之后,出射光线的方向不变。位于主截面内的线段 ab,其方向倒转 180°,而垂直于主截面的线段 cd,则方向不改变。

道威棱镜的另一重要特性:当将其绕入射光线的轴线转动 α 角时,反射后的像即旋转 2α 角。军用的周视瞄准镜,就利用这一特性达到周视全景的目的。

(二)菱形棱镜

图 1-10 所示为菱形棱镜的主截面图。其特点是:AB 面平行于 DC 面,AD 面平行于 BC 面,$\angle BAD$ 和 $\angle BCD$ 均为 45°。光线 P 垂直于 AB 面射入棱镜内,在 AD 与 BC 面上先后两次全反射之后,由 DC 面射出。由于两次反射产生的转角均为 90°,所以出射光线平行于入射光线。同时,无论是位于主截面内的线段 ab,还是垂直于主截面的线段 cd,其方向均不发生变化,即交线通过菱形棱镜时,只产生平移,平移的距离等于 h,而不改变方向。在光学经纬

仪上，利用菱形棱镜能避开障碍，使光线仍按原方向继续前进。

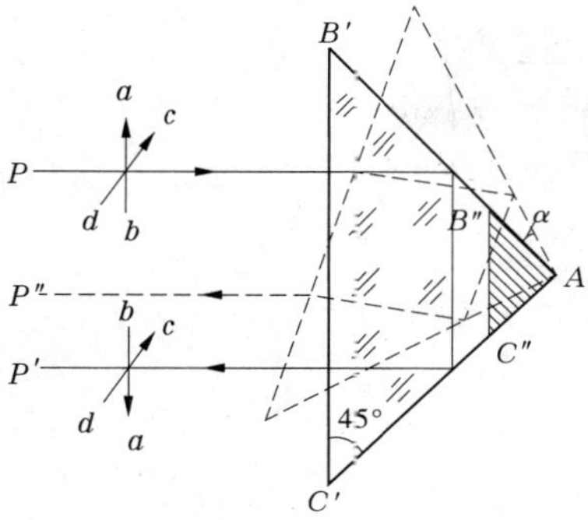

图 1-8　用两直角面做反射面

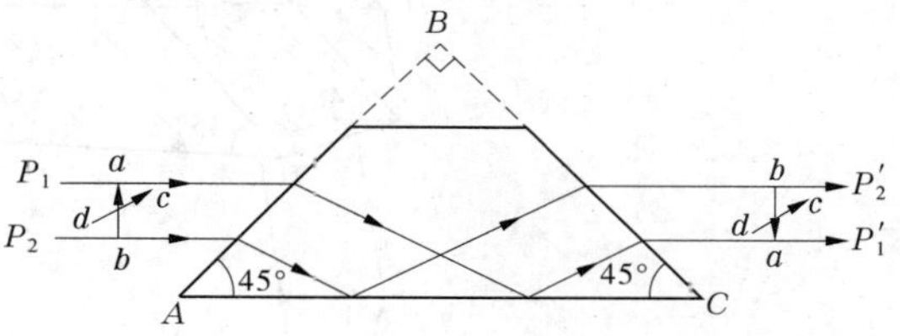

图 1-9　道威棱镜

(三)五角棱镜

图 1-11 所示为五角棱镜，两个反射面的夹角为 45°，另一个夹角为 90°，其他两个夹角均为 112.5°。由于光线入射到反射面时的入射角小于 40°，不可能形成全反射，为了提高反射效果，两个反射面一般都镀有反射膜层，该棱镜可使光线的前进方向改变 90°，而且在入射光线不变的条件下，即使将棱镜转动某一角度 α，出射光线也仍然垂直于入射光线，只发生一些平移而已。因此，在光学经纬仪中常把五角棱镜安装在需使出射光线始终垂直于入射光线，且装调都较困难的部位。

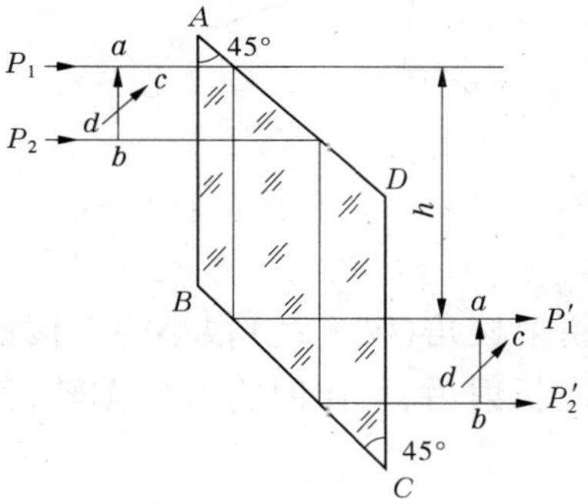

图 1-10　菱形棱镜

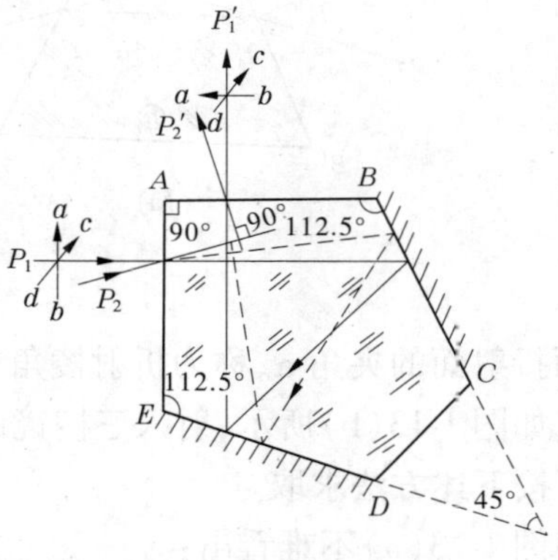

图 1-11　五角棱镜

(四)屋脊棱镜

如图 1-12 所示，凡带有两个互相垂直的屋脊面的棱镜叫做屋脊棱镜。在棱镜中通常是用两个屋脊面（如图 1-12 中的 $ABCD$ 及 $ABC'D'$）做反射面来代替一般棱镜的某一个反射面，而使某个方向的像发生颠倒。如图 1-12 中，由直线 cd 上各点射出的光线，经两个屋脊面的两次反射后，出射线 cd 的方向倒转了 180°，这是屋脊棱镜最重要的特点。屋脊棱镜的两个反射面必须严格垂直，其不垂直度不超过 5″；否则，一条直线经其反射后，可能变成一条折线或双线。由于两个反射面不能形成全反射，所以必须镀上一层反射膜层。

在使用和维修仪器时，应特别注意保护两个屋脊面上的镀膜层和屋脊棱不被破坏。

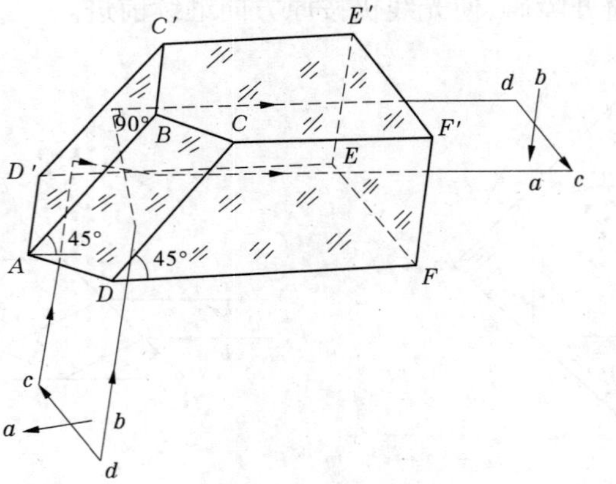

图 1-12　屋脊棱镜

(五)三棱镜与楔镜

如图 1-13(a)所示,以两个相互倾斜的折射面为界面的棱镜,称为三棱镜。两倾斜折射面的光线,称为折射棱。垂直于折射镜的横断面 $A'B'C'$,称为三棱镜的主截面。

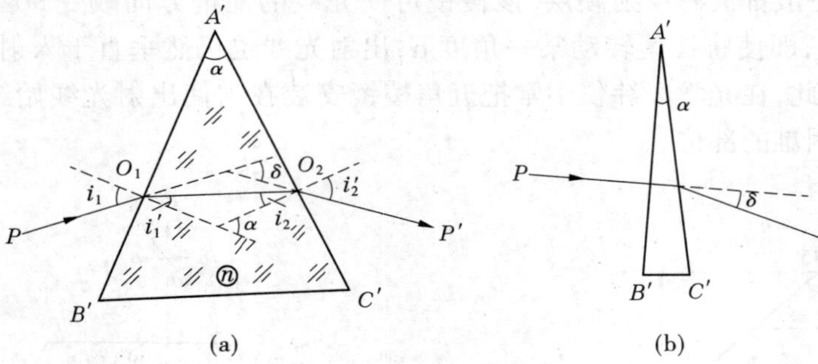

图 1-13　三棱镜

两折射面的夹角 α,称为折射棱角(或称顶角)。折射棱角(0°~2°)很小的三棱镜称为楔镜。如图 1-13(b)所示,射入三棱镜的光线 P 经两次折射后,射出时将发生偏转,其偏向角 δ 可按下述方法求取。

由图 1-13(a)不难看出:

$$\delta = i_1 + i_2' - (i_1' + i_2) = i_1 + i_2' - \alpha \tag{1-4}$$

设棱镜介质的折射率为 n,空气的折射率为 1 。根据折射定律,则有 $\sin i_1 = n \cdot \sin i_1'$,$\sin i_2' = n \cdot \sin i_2$ 。代入式(1-4)中,得

$$\delta = n(\sin i_1' + \sin i_2) - \alpha \tag{1-5}$$

在楔镜使用中,一般入射角 i_1 很小,所以 i_1' 必然也很小,则有 $\sin i_1' \approx i_1'$,$\sin i_2 \approx i_2$,代入式(1-5)中,则得偏向角 δ 为

$$\delta \approx n(i_1' + i_2) - \alpha \tag{1-6}$$

由于 $i_1' + i_2 = \alpha$,因此式(1-6)化简为

$$\delta \approx \alpha(n-1) \tag{1-7}$$

式(1-7)说明,对于某个楔镜而言,因为 α 和 n 是定值,所以偏向角 δ 也是一个定值。但

应注意,式(1-7)是一个近似式,它的准确性将随着入射角 i_1 的增大而降低。

在测量仪器中使用楔镜时,一般入射角都比较小,多用在测微器上。在水准仪中,楔镜主要用于视轴倾角的微调装置中。

(六)平板玻璃

如图 1-14 所示,由两个相互平行的光学平面形成的光学零件称为平板玻璃(或称玻璃平板)。

在测量仪器中通常利用这两个平行的平面作为折射面,使光线位置发生平移。设玻璃平板放在空气中,空气的折射率近似为 1,玻璃的折射率为 n。

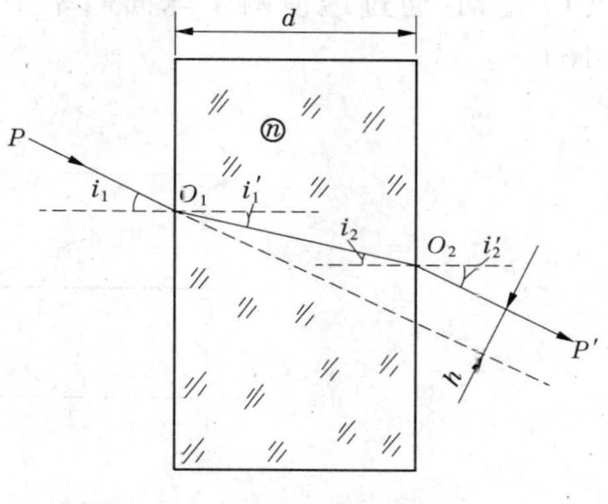

图 1-14　平板玻璃

由两个平行的平面可知,$i_1' = i_2$,代入式(1-3)得

$$\sin i_1 = \sin i_2'$$

则

$$i_1 = i_2'$$

这说明,光线通过平板玻璃后,出射光线与入射光线是平行的。如图 1-14 所示,平移距离 h 的计算公式(化简后)为

$$h = d \cdot i_1 \frac{n-1}{n} \tag{1-8}$$

由式(1-8)可知,光线通过平板玻璃之后,平移距离 h 随着入射角 i_1 的大小而变,i_1 越大,h 越大。当 $i_1 = 0$,即光线垂直 AB 面射入平板玻璃时,$h = 0$,并且 h 与平板玻璃的厚度 d 也成正比。在测量仪器中,平板玻璃被广泛应用于测微器中。

二、球面光学零件

测量仪器中为了实现成像、放大以及提高相对亮度,使用了许多透镜。

(一)透镜

由两个折射曲面(多为球面,其中一个也可为平面)围成的透明体,称为透镜。

在测量仪器中的光学系统内通常由数个透镜按某种球组合而成。虽然单球面很少使用,但由于透镜均由单球面组成,为了研究透镜或由透镜组成的光学系统,应从单球面开始。

1. 透镜的类型

(1)正透镜(也称凸透镜):透镜中央比边缘厚。凸透镜又分为双凸、平凸、正弯月三种形式(见图 1-15(a))。

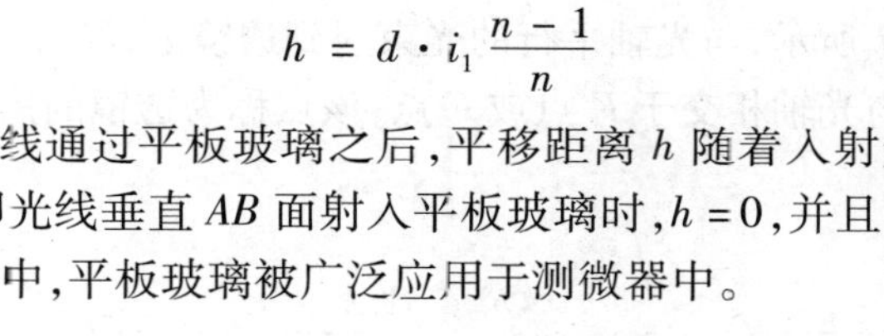

图 1-15　透镜的类型

(2)负透镜(也称凹透镜):透镜中央比边缘薄。凹透镜又分为双凹、平凹、负弯月三种形式(见图1-15(b))。

2. 透镜特殊点简介

(1)光轴:通过透镜两个球面曲率中心(即球心)A、B 的直线,称为透镜的光轴(见图1-16)。

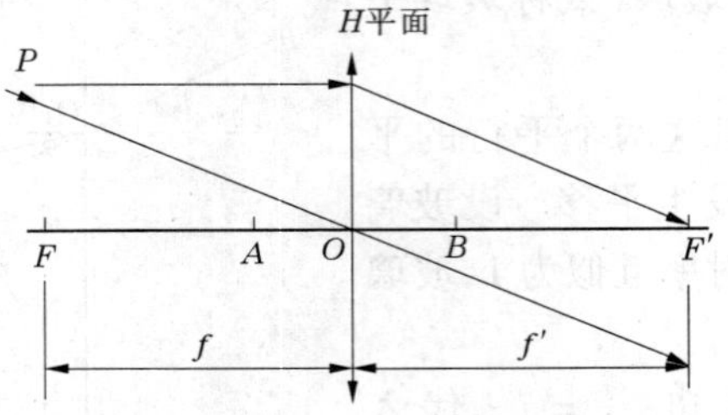

图1-16　透镜的特殊点

(2)顶点:光轴与球面的交点(A、B),称为顶点。

(3)光心:光轴上有一点,当光线通过该点时,其方向不变,该点称为透镜的光心(O 点)。

(4)焦点:如图1-17所示,与光轴平行的光束射到透镜上,经过透镜的折射后,从主平面 H 起改变方向前进,并与光轴相交于 F' 点或 F 点,该点称为透镜的焦点,分为物方焦点 F、像方焦点 F'。

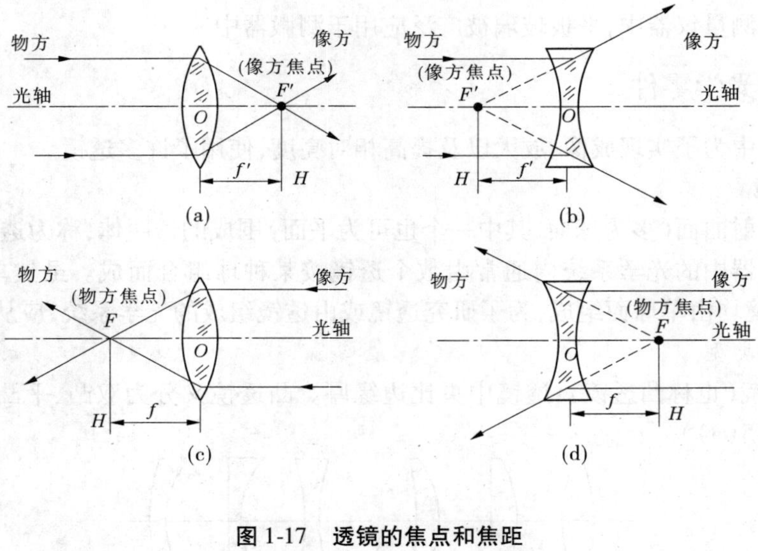

图1-17　透镜的焦点和焦距

(5)焦距:焦点与透镜的距离,称为焦距,分为物方焦距 f、像方焦距 f'。

(6)焦平面:如图1-18所示,通过焦点(F 或 F')垂直于光轴的平面,称为焦平面。特性:从任意方向射来的一组平行光线经过透镜后,其汇聚点 F'' 落在焦平面上;反之,从焦平面上任意一点发出的光线,经过透镜后一定相互平行。凸、凹透镜都存在这种特性。

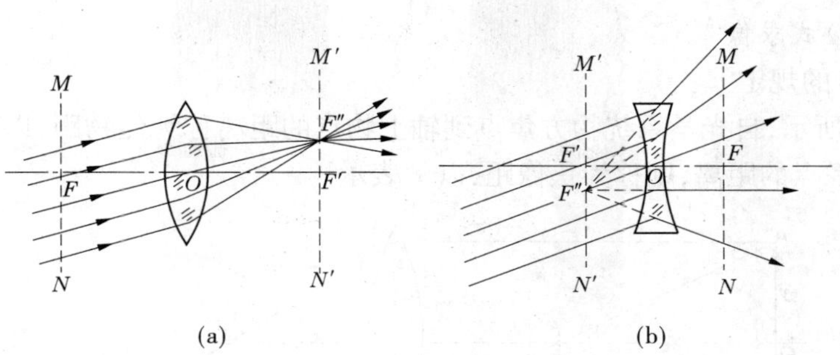

图 1-18　透镜的两个焦平面

（二）薄透镜

1. 概念

透镜中间部分的厚度比两球面的曲率半径小很多，称这样的透镜为薄透镜；反之，则称厚透镜。

2. 薄透镜的成像

在讨论透镜的成像时，主要抓住像的位置、大小、正倒和虚实等四个方面，一般可采用图解法或公式计算两种方法。

1）用作图法求像

如图 1-19 所示，当整个光学系统都置于空气时，根据主平面及焦平面的特性，光学系统的作图法成像规律可归纳为三条：

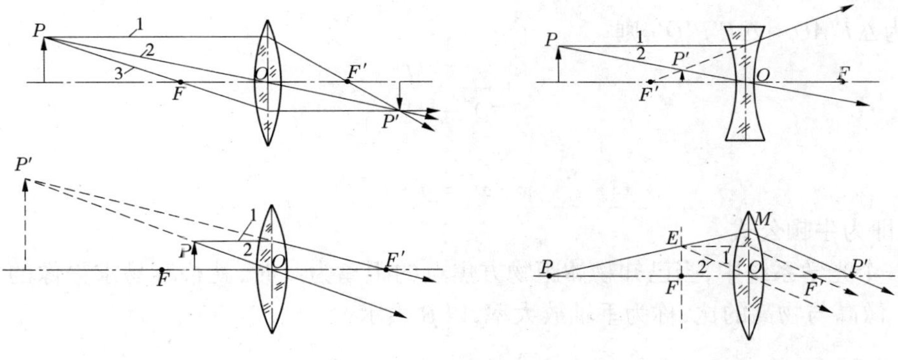

1,2,3—特殊光线

图 1-19　图解法

（1）平行于光轴的光线到达像方主平面后，其出射光线将通过像方焦点。

（2）通过物方焦点的光线到达物方主平面后，由像方主平面射出时，其方向平行于光轴。

（3）通过物方主点射入的光线由像方主点射出时，平行于入射方向，即通过透镜光心的光线不改变方向。

若求物方某一点的像，只要找出该物点所发出的任意两条光线的出射光线即可，这两条出射光线的交点就是该物点的像。对于两个主平面相重合的薄透镜，其正透镜用“↕”表示，负透镜用“")("”表示。

2) 用数学公式求像

A. 正、负号的规定

如图 1-20 所示，自光学系统物方焦点到轴上物点的距离称为焦物距，以 x 表示；而自像方焦点到轴上像点的距离，则称为焦像距，以 x' 表示。

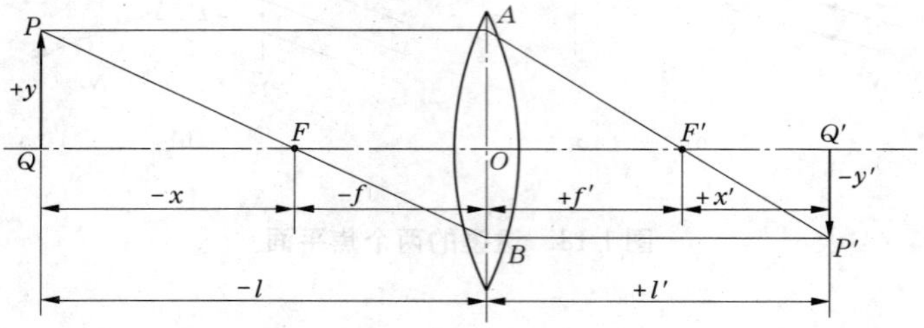

图 1-20　正、负号的规定

为了计算方便，规定透镜左边和光轴下方的线段为负，其反方向为正，即 x 为负、x' 为正。y 和 y' 分别表示物高和像高，y 为正、y' 为负。

B. 求像的位置

(1) 牛顿公式——以焦点为坐标原点的物像位置公式。

从图 1-20 中可知：

因为 $\triangle PQF \backsim \triangle BOF$，则

$$\frac{y}{-y'} = \frac{-x}{-f}$$

因为 $\triangle F'AO \backsim \triangle F'P'Q'$，则

$$\frac{y}{-y'} = \frac{f'}{x'}$$

可得

$$x \cdot x' = f \cdot f' \tag{1-9}$$

式 (1-9) 即为牛顿公式。

在一个光学系统中，当已知物体距物方焦点的距离为 x 时，就很容易求得像的位置，即 x' 的值。像高与物高的比，称为垂轴放大率，以 β 表示：

$$\beta = \frac{y'}{y} = -\frac{f}{x} = -\frac{x'}{f'} \tag{1-10}$$

这表明，只要知道距离 x 值，即可求得垂轴放大率 β。需要注意的是，计算时应分别带上规定的正、负号，否则容易出错。

(2) 高斯公式——以光心为坐标原点的物像位置公式。

自光学系统物方主点到轴上物点的距离称为物距，以 l 表示，而自像方主点到轴上像点的距离，则称为像距，以 l' 表示。

如图 1-20 所示，可得：　　$x = l - f,\quad x' = l' - f'$

将其带入牛顿公式 (1-9)，可得

$$l \cdot l' = l \cdot f' + l' \cdot f$$

等式两边除以 $l \cdot l'$，得

$$\frac{f'}{l'}+\frac{f}{l}=1 \tag{1-11}$$

在测量仪器中,绝大多数光学系统两边都是空气,即透镜置于同一介质中,则 $-f=f'$。式(1-11)化简后为

$$\frac{1}{l'}-\frac{1}{l}=\frac{1}{f'} \tag{1-12}$$

式(1-12)称为高斯公式。

与此相应的垂轴放大率 β 可写为

$$\beta=-\frac{x'}{f'}=-\frac{l'-f'}{f'} \tag{1-13}$$

由 $l\cdot l'=l\cdot f'+l'\cdot f$,得 $l'-f'=\dfrac{l'f}{l}$,代入式(1-13)得

$$\beta=\frac{y'}{y}=\frac{-l'f}{lf'}$$

则

$$\beta=\frac{l'}{l} \tag{1-14}$$

【例 1-2】 外调焦望远镜物镜的焦距为 37.623 mm,要使该望远镜能观察 0.5 ~3 m 远的目标,问该望远镜物镜与十字丝的间距变化区间应为多少?

解 根据高斯公式(1-12),有

$$l'=\frac{1}{\dfrac{1}{f'}+\dfrac{1}{l}}$$

当 $l=-0.5$ m 时,有

$$l'=\frac{1}{\dfrac{1}{f'}+\dfrac{1}{l}}=\frac{1}{\dfrac{1}{37.623}-\dfrac{1}{500}}=40.684(\text{mm})$$

当 $l=-3$ m 时,有

$$l'=\frac{1}{\dfrac{1}{37.623}-\dfrac{1}{3\,000}}=38.101(\text{mm})$$

所以距离的变化区间为 40.684 ~38.101 mm,变化幅度为 2.583 mm。

(3)求像的高度。

由牛顿公式中的垂轴放大率可知:

$$\beta=\frac{y'}{y}$$

则

$$y'=\beta y$$

即可求得像 y' 的高度。

(4)求像的正、倒。

像的正、倒,可由求得的 y' 值的正、负号来判断。y' 为正即为正像,反之则为倒像。

3)求薄透镜的焦距

无论用图解法求像,还是用数学法求像,首先都要知道透镜焦距的大小。而透镜的焦距

可用公式计算,也可用试验的办法测定。

计算焦距的公式为

$$\frac{1}{f'} = (n-1)\left(\frac{1}{r_1} - \frac{1}{r_2}\right) \tag{1-15}$$

式中 n——玻璃的折射率;

r_1、r_2——透镜两球面的曲率半径。

式(1-15)表明,薄透镜的焦距大小取决于透镜的折射率 n 和两球面的曲率半径 r_1、r_2。而 r_1、r_2 的次序与符号不能颠倒,当光线从左边射来时,光线射到的第一个折射面所对应的球面曲率半径为 r_1,第二个折射面所对应的球面曲率半径为 r_2;以每个折射面的顶点原点量到相应的球面曲率中心,向右为"+"号,向左为"-"号。

(三)厚透镜

虽说薄透镜成像的计算公式及作图方法都很简单,但实际中,薄透镜并不存在,所以用这些公式及方法求得的结果也就是近似的。

在测量仪器中,所有的透镜都具有一定的厚度,即厚透镜。

1. 厚透镜的主点和主平面

如图 1-21 所示为一厚透镜,其中央部分的厚度为 d。若有一平行于光轴的光线 PM,以 h 的高度射到 M 点。根据折射定律,可作出它在玻璃中的折射线 MM'。同样可以作出 MM' 射到空气中的折射线 $M'F'$。F' 点称为厚透镜的像方焦点或后焦点。

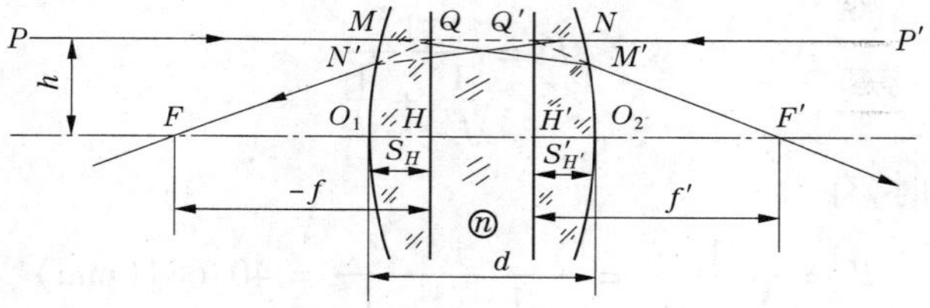

图 1-21 厚透镜的主点和主平面

类此,可从右方作出平行于光轴的光线 $P'N$ 的折射线 $N'F$,F 点称为厚透镜的物方焦点或前焦点。通过前、后焦点可作两个焦平面,其性质和薄透镜中所述一样。

在实践中发现,一块厚透镜的两个曲面的两次折射,可用两个特殊平面的一次折射来代替。这样,就使得作图与计算都要简单得多。这两个特殊平面就称为前主平面和后主平面。只要顺向延长物方入射光线 PM,反向延长它的折射光线 $M'F'$ 交于 Q' 点,过 Q' 点作垂直于光轴的平面 $Q'H'$,即后主平面(又称像方主平面)。H' 点是透镜的像方主点。$H'F'$ 是透镜的像方焦距 f'。由 Q' 点作平行于光轴的光线,依照上述方法可求得透镜的物方焦点 F,物方主点 H 及物方焦距 f 等。一块厚透镜上的一对主平面有一个重要特性:一个主平面 QH 上的线段以同等大小、相同方向成像在另一个主平面 $Q'H'$ 上。即两个主平面上线段的横向放大率 $\beta=1$,这样,光线由一个主平面射向另一个主平面时,就不要再去考虑光的折射现象,只要将物高(或像高)按 1:1 由一个主平面移到另一个主平面上就行了。因此,在讨论厚透镜成像前,应找到两个主平面的位置。

2. 求主点和主平面的位置

主点的位置由球面的顶点算起。如图 1-21 所示,$S'_{H'}$ 及 S_H 的计算如下:

$$
\left.\begin{aligned}
S'_{H'} &= \frac{r_2 \cdot d}{n(r_2 - r_1) + (n-1)d} \\
S_H &= \frac{r_1 \cdot d}{n(r_2 - r_1) + (n-1)d}
\end{aligned}\right\} \tag{1-16}
$$

用式(1-16)可求得一般透镜主点的位置。

对于薄透镜而言 $d=0$，则 $S'_{H'}$、S_H 都等于零，即薄透镜的物方主点及像方主点重合，并都在薄透镜中心位置。对于不同的透镜主平面的位置是不同的，如图 1-22 所示。

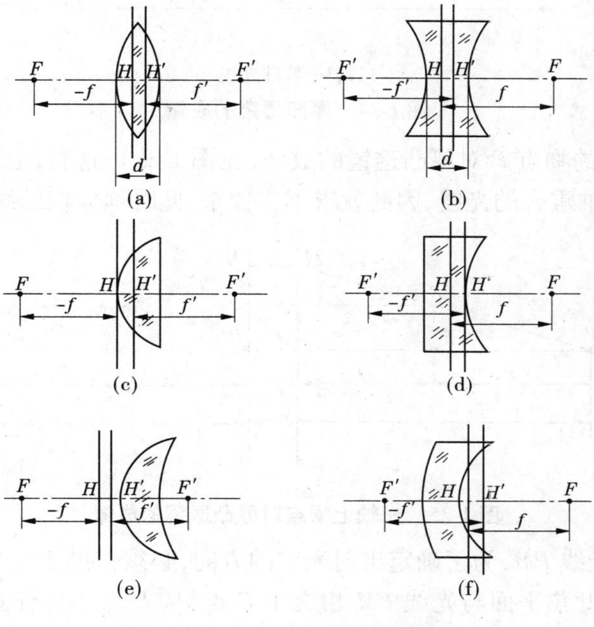

图 1-22　厚透镜主平面的位置

3. 厚透镜的成像

一个透镜只要给定了两个主点及两个焦点的位置，即可用图解法或计算法求得任何位置上物体的像的位置及大小。

1) 图解法求像

(1) 物体位于厚凸透镜物方焦点 F 之外(见图 1-23)：作图时，分别作出三条特殊光线。其中通过物方主点的光线 PH，由 H' 点射出，出射光线 $H'P'$ 的方向不变，即平移了一段距离。

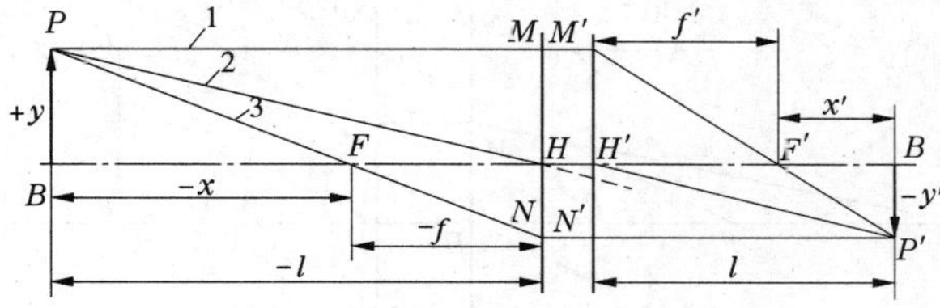

1,2,3—特殊光线

图 1-23　厚凸透镜的成像

(2) 物体位于厚凹透镜像方焦点 F' 之外(见图 1-24)：作图时，要特别注意光线在两主平面之间的过渡。在求虚像时所作的反向延长线,这里有所不同。

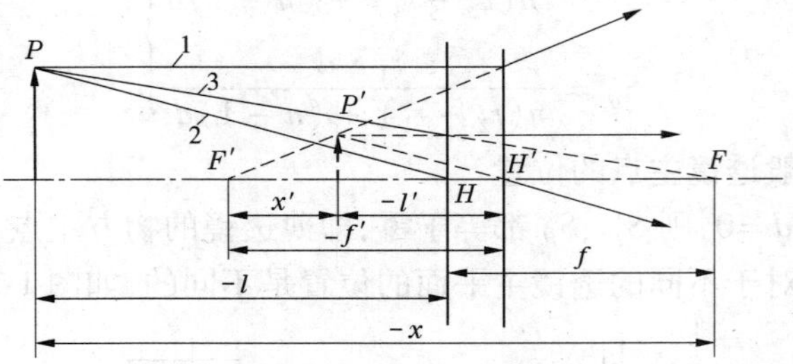

1,2,3—特殊光线

图 1-24　厚凹透镜的成像

(3)位于光轴上的物点 P 对厚凸透镜的成像(见图 1-25):这时,上述的三条特殊光线就重合为一条,即与光轴重合的光线,因此就求不出像来,此时须作辅助线才行。

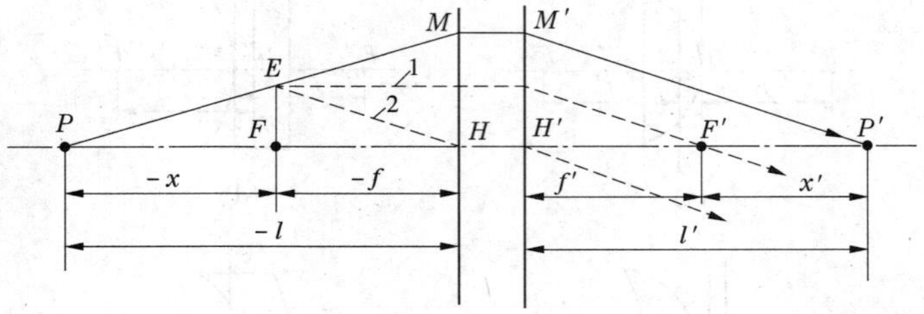

图 1-25　光轴上物点对厚凸透镜的成像

过 P 点作任意光线 PM,为了确定出射光线的方向,必须借助于焦平面的特性。过物方焦点 F 作一焦平面,此焦平面与光线 PM 相交于 E 点,从 E 点再作任意一条特殊光线。而光线 $M'P'$ 的方向必定与这条特殊光线的出射方向相互平行。由此,P' 点即为所求的像点。

(4)位于光轴上物点 P 对厚凹透镜的成像(见图 1-26):作图时,首先从 P 点作任意光线 PM,再从 M 点作光轴的平行线 MM'。为了求得 M' 点出射光线的方向,可借助凹透镜焦平面的特性作一条辅助光线,即延长光线 PM 与凹透镜的物方焦平面相交于 E 点。从 E 点引光轴的平行线交两主平面于 N 及 N' 点,当这条光线从左边射入时,将由 N' 点射出,其出射方向的反向延长线必通过像方焦点 F'。根据焦平面性质,M' 点出射光线的方向必与线 $F'N'$ 相

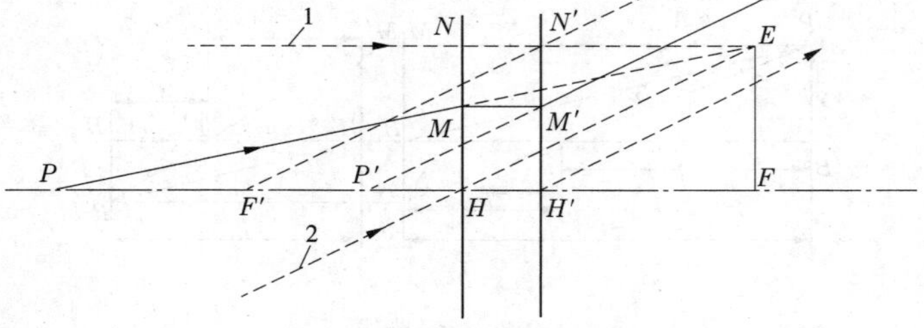

1,2—特殊光线

图 1-26　光轴上物点对厚凹透镜的成像

互平行。由 M' 点的出射光线反向延长,交光轴于 P' 点,则 P' 点即为 P 点的像点(虚像点)。

在以上作图过程中,从 E 点也可引出另外一条特殊光线,即连接并延长 EH 方向光线。当这条光线从左边射入时,将从像方主点 H' 射出,且方向不变。然后,从 M' 点再作此线的平行线,并反向延长交于 P' 点,P' 点即为 P 点的像点。

2)数学公式求像

自光学系统物方焦点到轴上物点的距离称为焦物距,以 x 表示,而自像方焦点到轴上像点的距离称为焦像距,以 x' 表示。按照薄透镜求像过程中各参数的正负号规定,图 1-23 中 x 为负,x' 为正。y 和 y' 分别表示物高和像高,y 为正,y' 为负。

(1)牛顿公式:

$$x \cdot x' = f \cdot f'$$

在一个光学系统中,当已知物体距物方焦点的距离为 x 时,利用牛顿公式就很容易求出像的位置。只要知道距离 x 的值,即可求得垂轴放大率 β:

$$\beta = -\frac{f}{x} = -\frac{x'}{f'}$$

(2)高斯公式:

$$\frac{1}{l'} - \frac{1}{l} = \frac{1}{f'}$$

其垂轴放大率 β 为

$$\beta = \frac{l'}{l}$$

(3)像的高度:

$$y' = \beta \cdot y$$

(4)像的正、倒:由求得的 y' 的正、负来判断。y' 为"+",则为正像;y' 为"-",则为倒像。

【例 1-3】 已知一厚凹透镜的焦距为 40 mm,有一高度为 15 mm 的物体,置于此凹透镜物方主点的左边 60 mm 处,求像的位置及高度。

解 先求像的位置。从题干中可知 $f' = -40$ mm,$l = -60$ mm。

代入高斯公式得

$$\frac{1}{l'} - \frac{1}{-60} = \frac{1}{-40}$$

$$l' = -24 \text{ mm}$$

再求像的高度。在求像的高度前,先计算该透镜成像的垂轴放大率:

$$\beta = \frac{l'}{l} = \frac{-24}{-60} = +0.4$$

于是

$$y' = \beta \cdot y = +0.4 \times 15 = 6 \text{ (mm)}$$

y' 为正值,说明是正像。至于虚像和实像,可以根据 l' 的正负来判断。l' 为"+",则是实像;l' 为"-",则是虚像。本例为虚像。至于计算结果的正误,可用图解法验证,如图 1-27 所示。

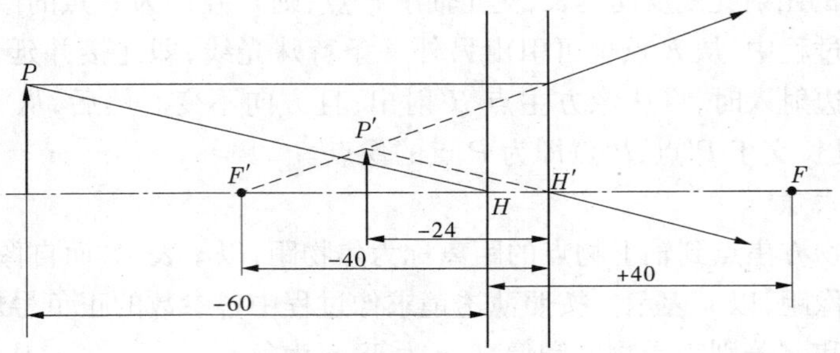

图 1-27　例 1-3 的图解法　（单位:mm）

(四)厚透镜组

在光学仪器中,为了得到仪器的某种光学效能,例如消除像差或缩小仪器的体积等,往往不用单片透镜,而采用两片或两片以上透镜组成一组(这些透镜可能是黏合在一起的,也可能是分开的)。这种由单片透镜组合而成的光学元件,称为透镜组。

只要组成透镜组的各透镜的主点及焦点能够确定,则透镜组的主点及焦点也就可以确定了。

我们通过引入主平面概念使厚透镜成像简单化,同样我们将通过引入等效主平面和等效光学系统这两个新概念来简化透镜组的成像。

如果已知每块厚透镜的主焦点位置及主平面位置,则可通过作图或计算的方法求出两个新主平面来代替厚透镜组的主平面,物体对这两个新主平面的成像与它对每块厚透镜的主平面依次成像的效果是相同的,这两个新主平面称为等效主平面,等效主平面所构成的这个新的光学系统叫做等效光学系统。这样,就可以将多块厚透镜的多次成像简化为对等效系统中等效主平面的一次成像。在厚透镜中的一些名词的前面加上“等效”两字,就变成了等效系统的名词,计算公式中的符号及其正、负号规定,与厚透镜中一样,不再表述。

第三节　像　差

一、像差

物体经过透镜所成的像与物体的本来面目相比要发生一些差异,这种差异统称为像差。

任何光学系统都存在着像差,像差越大,光学系统的成像质量越差,测量成果的误差就越大。就仪器使用、修理人员而言,只须对各种像差的现象、特点、产生原因及校正像差的基本知识有一个初步了解即可。

二、像差的种类

像差的种类很多,主要有以下六种。

(一)球差

如图 1-28 所示,当一束平行于光轴的光线射向透镜 AB 时,经球面折射后,所得的光轴上的会聚点 A_1、A_2、A_3 会随着入射光线在折射面上的入射点高度 h_1、h_2、h_3 的变化而变化。它们同理论成像点各有不同程度的偏差,由于这些偏差是由球面折射时固有的特性所决定的，所以称为球面像差，简称球差。

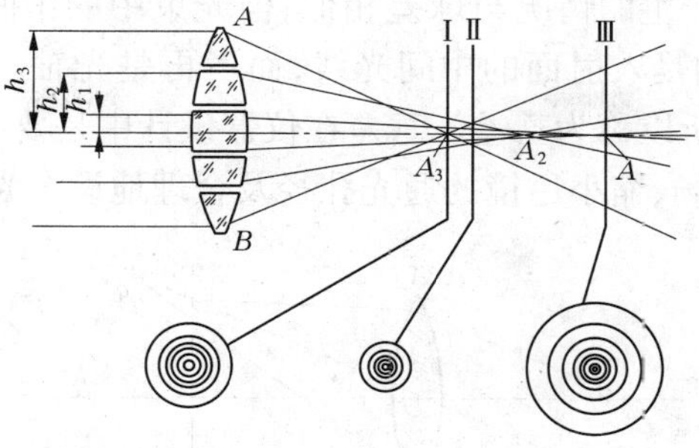

图 1-28　球差

透镜的球差改变了像点的形状及亮度的分布，其最大危害是成像模糊。

减少球差的方法：由两片或两片以上的透镜组成透镜组，即将两个球差绝对值相等的正、负透镜组装成一体，这在测量仪器中最为常见。

(二)色差

如图 1-29 所示，实际的光学系统常常是白光成像的，而白光是由许多不同波长的单色光(红、橙、黄、绿、青、蓝、紫)组成的。常用的光学玻璃对不同波长的光具有不同的折射率。当白光入射至球面的分界面上时，只要入射角不为零，折射以后各色光线就要分散，以不同的路径传播，使各色光具有不同的成像位置和不同的成像倍率。这种因光线的颜色不同引起的成像误差，称为色差。

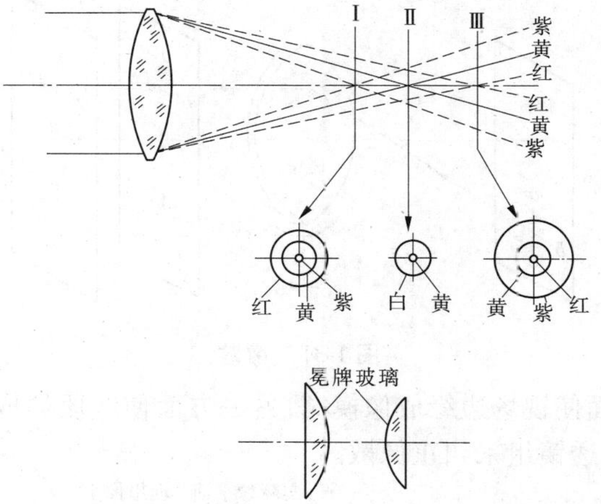

图 1-29　色差

色差使像模糊不清，且带有彩色，所以是各种像差中最为有害的一种。

消除色差的基本方法有两种：一种是望远镜物镜常用的，即采用凸透镜和凹透镜的色差符号相反的两种透镜组合在一起，达到消除色差的目的。为了达到组合后仍为一个正透镜，一般凸透镜用冕牌玻璃，凹透镜用火石玻璃。另一种是用两块同材料玻璃制造的正透镜组合而成。例如常用的望远镜或显微镜的目镜就是这样做成的。

（三）彗差

如图 1-30 所示，彗差产生的情况与球差相似，但光束中的中间光线不是垂直而是倾斜地射向折射面，因此对称轴是入射面的中间光线，而不再是光轴。在像平面上，q 点像的图形 q'、q''如图像彗星一样，所以称为彗差。彗差在仪器设计中是要经常考虑的。减少彗差的方法是控制成像系统的视场、缩小透镜的通光孔径及合理地设置光栏等。

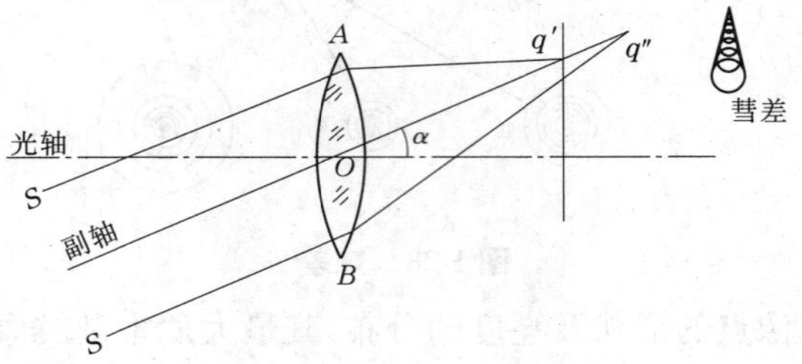

图 1-30　彗差

（四）像散

如图 1-31 所示，设物面上有一个离透镜光轴较远的十字丝，并且 $aa \perp bb$，该十字丝通过透镜成像后，在距透镜较近的像面位置Ⅰ上，aa 竖线上的每点都成了一条水平短线，整个竖线 aa 的像却成了由如图 1-31 所示的许多条短线平行排列而成的粗线，导致 $a'a'$的像不清晰。而在距透镜稍远的像面位置Ⅱ上，水平线 bb 的像 $b''b''$也产生了类似情况。这就是透镜成像过程中的像散现象。

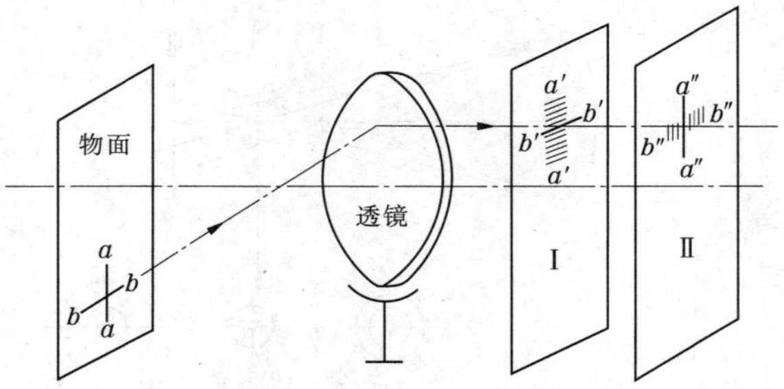

图 1-31　像散

像散的危害：一方面使视场边缘成像模糊，另一方面使线段的成像具有明显的方向性。可用不少于三片透镜的透镜组来纠正像散。

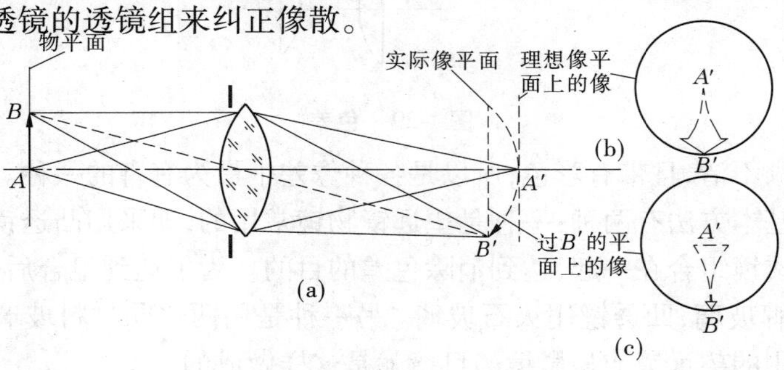

图 1-32　场曲

（五）场曲（也称像场弯曲）

如图 1-32 所示，光点 B 发出一细光束，通过透镜成像于 B' 点，B' 点并不位于理想的平面上，这样直线 BA 经透镜所成的像，实际上是一条曲线 $A'B'$，而不能成像在任何一个垂直于光轴的平面上。换句话说，一个垂直于光轴的物平面，经透镜后所成的像面不是一个平面，而是曲面，称为场曲。

（六）畸变

如图 1-33 所示，设有一垂直于光轴的平面物体，其图形为一正方形格网，它的理想像应是和它完全相似的正方形格网。但是，由于球差及场曲的综合影响，像的图形将发生变化，变成枕形或桶形。这种能使所成像与原物不再相似的变形误差，称为畸变。

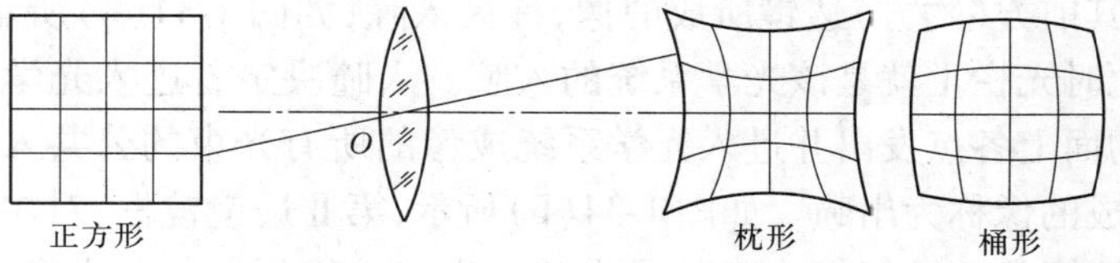

图 1-33　畸变

畸变并不影响成像清晰度，因此对于图形相似性要求不高的仪器，畸变并无不利影响，但对于摄影测量内外业以及用于计量的仪器，畸变直接影响着成图的质量及度量的精确度，故必须设法消除。

第四节　光　栏

实际上，考虑到成像的质量、成像范围的大小，测量仪器中除透镜外，往往还专门设置一些孔、筒及框一类的器具，用以限制光束通过的量。光学系统中这些限制光束通过的器具称为光栏。光栏在光学系统中的位置不同，其作用也不同，按其作用可分为孔径光栏、视场光栏和消杂光光栏。

一、孔径光栏

在一个光学系统中，光轴上一物点发出的光束，通过该光学系统中的许多光栏时，这些光栏都对光束起限制作用，其中必有一个使通过光能量（即光束）最小的，这个限制沿轴向发射光束大小的光栏，称为孔径光栏（也称有效光栏）。

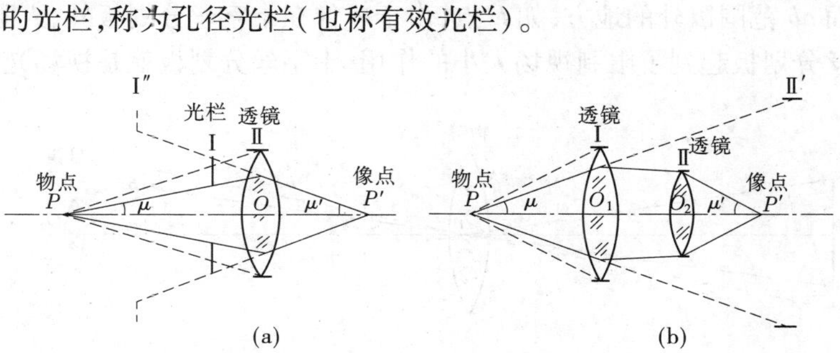

图 1-34　孔径光栏

在图 1-34(a)中,共有两个进光光孔可能起到限制 P 点光束的作用,即光栏Ⅰ和透镜框Ⅱ,而光栏Ⅰ对物点 P 的投影角度最小,所以光栏Ⅰ就是望远镜系统的孔径光栏。光栏Ⅰ的直径即为有效孔径,它将物点 P 发出通过透镜Ⅱ的光束限制在物方孔径角 2μ 以内。在图 1-34(b)中,第Ⅱ透镜的镜框就是孔径光栏,它经由透镜Ⅰ与物点 P 所成的锥顶角 2μ 即为物方孔径角。

总之,要在光学系统的许多个光孔中,找出哪一个是限制光束的孔径光栏。方法:把每一个光孔当做物体,然后对它们前面的透镜组成像,就可以得到许多光孔的像。从每一个光孔的像向光轴上的物点 P 作张角,其中张角最小的那个光栏所对应的光孔就是孔径光栏。显然,孔径光栏限制着入射光束的范围。

孔径光栏在其前方(物方)透镜所成的像,称为入瞳;如图 1-34(a)所示,孔径光栏Ⅰ的前方再无透镜,此时光栏Ⅰ就是该光学系统的入瞳。入瞳决定着进入光学系统成像的最大光束孔径,它是物面上各点发出并进入光学系统成像的所有光束的公共入口。孔径光栏在光学系统像方所成的像称为出瞳。如图 1-34(b)所示,第Ⅱ透镜镜框,对左方透镜Ⅰ所形成的像Ⅱ′为入瞳;而第Ⅱ透镜镜框本身就是出瞳。出瞳是物面上各点成像光束的公共出口,这里的光线亮度最大,光斑直径最小。

对于目视仪器,如望远镜、显微镜、放大镜等,人眼的瞳孔也应看成一个光栏。为了提高仪器的瞄准精度,光学系统的出瞳应位于人眼的瞳孔处,而且应与人眼瞳孔的大小一致。人眼在正常情况下,瞳孔一般为 1 ~ 2 mm,出瞳离目镜最外面一个透镜面的距离一般大于 6 mm。因此,作业时观测者应尽可能将眼睛的瞳孔放在出瞳的位置上,使整个视场的光线都能进入眼睛。

二、视场光栏

在光学系统中,还有一种光栏限制物体对光学系统成像的范围,即决定物平面上或物方空间中多大范围可通过光学系统成像,此光栏称为视场光栏。

视场光栏决定着视场的大小、范围,对于远方物体通常用角量表示,而对于近处的物体,则往往用线量表示。当通过目镜观测时,望远镜只能看到远方物体的部分,此即十字丝分划板上的金属框起了视场光栏的作用。

图 1-35 为望远镜光学系统,十字丝分划板(即物镜成像平面)上光栏为 $b'a'$。在望远镜前方有一标尺,图中标尺上 ab 范围的物空间通过物镜成像在十字丝分划板上,人眼通过目镜可以看到,而 ab 范围以外的地方,如 K 点,由于成像在十字丝分划板外,人眼无法观察到。在这里,十字丝分划板起到了限制视场大小的作用,十字丝分划板就是视场光栏。

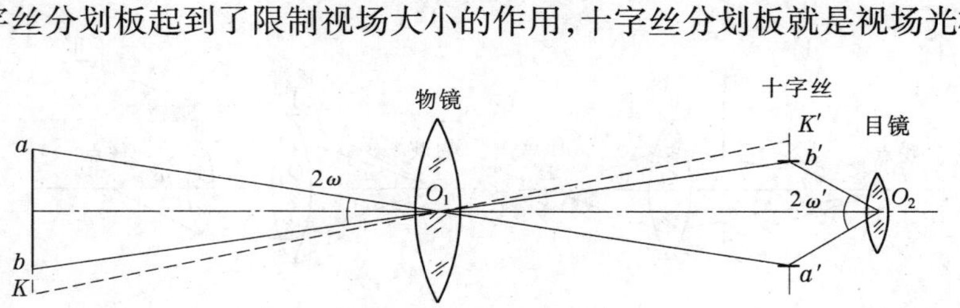

图 1-35　望远镜光学系统

视场光栏对于入瞳中心 O_1 所张的角度 2ω 称为物方视场角,也就是通常讲的望远镜视场角。视场光栏对目镜成像后与出瞳中心 O_2 所张的角度 $2\omega'$ 称为像方视场角。由于像方视场角受到目镜像差的限制，一般为 30°～60°，因而视场光栏 $b'a'$ 的大小也受到限制，致使望远镜的视场角也同样受到限制，一般只有 1°左右。

三、消杂光光栏

望远镜系统中除孔径光栏、视场光栏外，通常还设置一些黑色的金属圈，如图 1-36 中的遮光筒。这是因为在望远镜视场以外的物体，如 P 点（它可能是太阳也可能是其他物体），虽然不在望远镜中成像，但其光线则可能通过望远镜筒壁及光学零件的多次反射或散射，而把光线射到成像面上，这种光线称为杂光。杂光将降低成像的对比度，使影像不清晰。

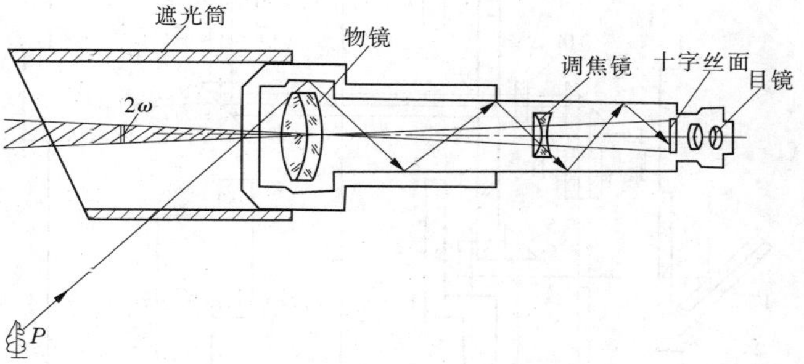

图 1-36　望远镜光学系统内的杂光

为减少杂光的影响，在望远镜中往往设置光栏以挡住杂光，这种光栏统称为消杂光光栏。

当然，消除杂光影响还应采取其他措施，如对仪器内部可能反光的表面进行加工处理，将镜筒内壁车成细纹状并涂黑，以尽量吸收杂光或降低杂光的反射，还可在光学零件的表面镀一层极薄的增透膜，以减少光线在光学零件表面上反射而造成的杂光，也可在物镜前套上一个遮光筒等。

第五节　测量仪器的光学系统

图 1-37 所示为北京 DJ_{6-1} 型经纬仪的光路及轮廓示意图。光线从反光镜 1 进入仪器后，在目镜 17 的位置，就能看到如图左上角所示的读数视场。根据度盘上分划线的成像过程，可以把整个光路分为四部分：照明部分、成像部分、显微读数部分、望远镜部分。

一、照明部分

仪器中的竖盘 4、水平度盘 7 及测微尺 13，在它们被透镜成像前，必须加以照亮，照亮的光线主要由棱镜来折转。1、2、3 是为了照亮 4 上面需要成像的分划线。5 是为了进一步照亮 7 上面的分划线。9、12 是为了再进一步照亮分划尺上的分划线及整个读数窗 14。

在图 1-37 中，1 为一块装在圆形金属框内的平面反光镜，通过它可将仪器外面亮度最好的那个方向上的光线，利用光的反射原理，以最合适的角度反射到仪器里面去，它既要能转动，又要能分开和合拢。当外界光线很强时，直接反射到读数窗上反而刺眼，对读数不利，因

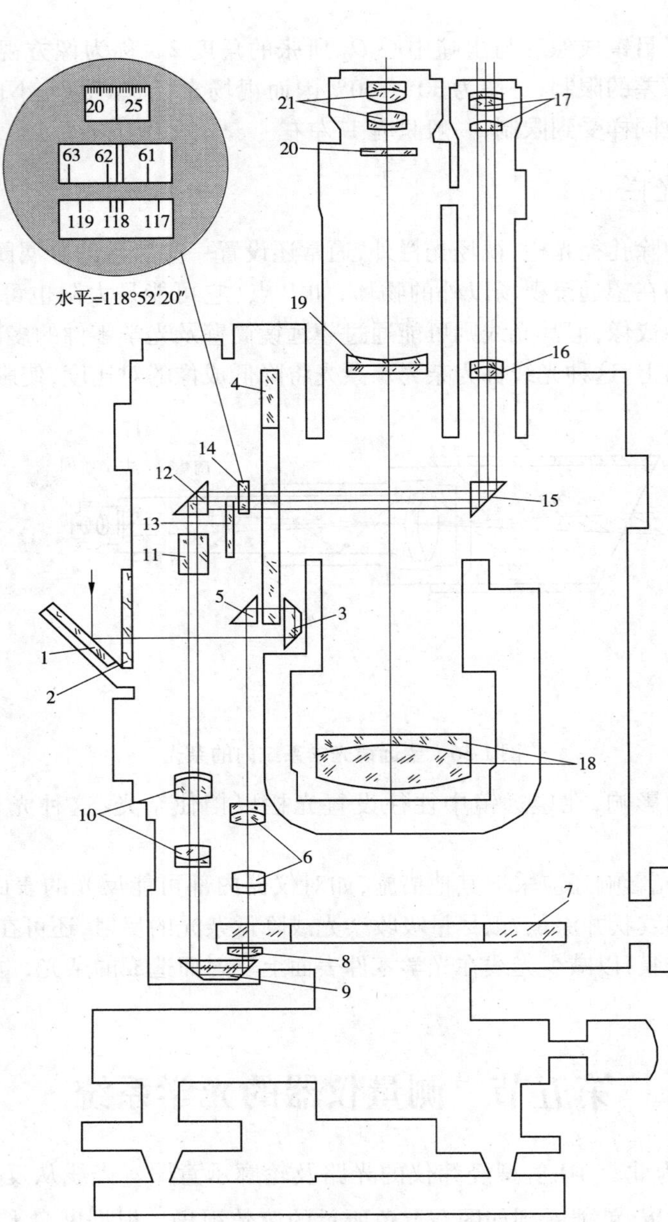

1—照明反光镜;2—时光窗;3—竖盘照明棱镜;4—竖盘;5—竖盘照准棱镜;
6—竖盘显微物镜;7—水平度盘;8—水平度盘场镜;9—水平度盘照准棱镜;
0—水平度盘显微物镜;11—单平板玻璃;12—转向棱镜;13—测微尺;14—读数窗;
15—横轴棱镜;16—转像透镜;17—读数显微目镜;18—望远镜物镜;
19—望远镜调焦透镜;20—十字丝分划板;21—望远镜目镜

图 1-37　北京 DJ_{6-1} 型经纬仪的光学系统

此此反光镜是用一块毛玻璃制成的,这将使光线产生乱反射现象,使光线变得柔和、均匀,同时消除了外面景物成像对读数视场的干扰。另外,3 是一块竖盘照明棱镜,3 的位置若装得不正确,在视场中就会产生无光或亮度不匀的现象。

二、成像部分

图 1-37 中的 4 ~ 14 段光路称为成像部分。成像过程可分两步进行：第一步，将竖盘 4 的分划线成像到水平度盘 7 的分划面上；第二步，把水平度盘上的分划线连同竖盘分划线的像，一起成像到读数窗 14 上的指标面上。

三、显微读数部分

图 1-37 中的 14 ~ 17 段光路称为显微读数部分，其主要任务是把指标面上的几种分划线及分划线所成的像进行放大，供人眼观察。

四、望远镜部分

望远镜部分的作用是瞄准远处目标，由光学零件 18、19、20、21 组成。18 为望远镜物镜，19 为望远镜调焦透镜。18 和 19 组成复合物镜组，使远处物体成像在其等效像方焦平面上。20 为十字丝分划板，21 为望远镜目镜，经 21 放大成为虚像。

小　结

本章讲述了光的反射定律、折射定律和全反射。重点讲述常用的平面光学零件：棱镜、三棱镜与楔镜、平板玻璃的特点；球面光学零件：透镜的成像图解法和通用数学公式求像的方法；厚透镜等效光学系统的概念及厚透镜组的成像。最后简要介绍了像差和在测量仪器中使用的光栏及其作用。

习　题

1. 学习几何光学基本知识的意义是什么？
2. 为什么测量仪器上广泛应用棱镜而不用平面镜？
3. 五角棱镜和直角棱镜（用斜面做全反射面）各有什么特点？
4. 视场光栏与孔径光栏的作用有何区别？

第二章 望远镜

望远镜是现代大地测量仪器上一个不可缺少的组成部分,其用途甚广。在测量仪器方面,除了经纬仪、水准仪、平板仪等常见测量仪器上有望远镜外,在较为先进的测距仪、全站仪、电子水准仪等测绘仪器上同样也少不了它的存在。

望远镜的主要作用是瞄准远处目标,要达到此目的则要通过人眼来完成。所以,人的眼睛也是整个望远镜系统中的一个延续部分。同一个望远镜,不同的眼睛,所瞄得的结果是不同的。因此,有必要先了解一下眼睛的有关知识。

第一节 人眼的特性

大部分光学仪器都与人眼配合使用,以扩大人的视觉能力。

一、眼睛的构造

人眼相当于一个光学仪器,外表大体为球形,其内部构造如图 2-1 所示。从光学成像的观点来看,眼睛好像一架照相机。水晶体是由多层薄膜构成的一个双凸透镜,中间较硬、外层较软。借助于水晶体周围肌肉的作用,可使它的前表面的半径发生变化,以改变其焦距,使不同距离的物体都能成像在视网膜上。

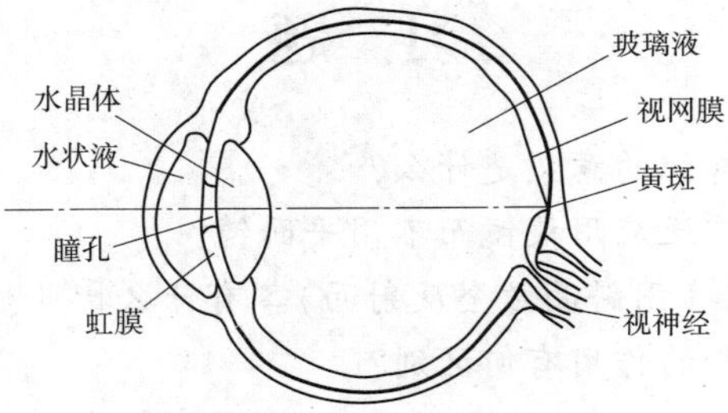

图 2-1 眼睛的构造

虹膜(又称虹彩)是一层位于水晶体前面的彩色薄膜,中央的圆孔称为瞳孔,孔径可以伸缩,用以控制进入眼中的光能量。

视网膜由视神经细胞和神经纤维构成,是眼睛的感光部分,视网膜上视觉最灵敏的区域称为黄斑。外界物体的光线经过水晶体折射后,成像在视网膜上,刺激视神经细胞而产生视觉。当注视一物体时,由于眼睛外面肌肉的牵动,能自动地使该物体的像落在黄斑上。黄斑与眼睛光学系统像方主点的连线称为视轴。眼睛的视场虽然很大(可达 150°),但只是在视轴周围 6°~8°的范围内能够清晰识别物体,其他部分就较模糊。因此,当人们在观察周围的景物时,眼睛就自动地在眼窝内不停地转动。

二、人眼的特性

(一)调节功能

观察某一物体时,必须使它在视网膜上形成一个清晰的像。当物体距离改变时,为了使不同距离的物体都能在网膜上形成清晰的像,必须随着物体距离的改变,相应地改变眼睛的焦距,这种过程称为眼睛的调节。

(二)眼睛的分辨本领

在 25 cm 的明视距离上,人眼睛能分辨出相距仅 0.1 mm 的两个点,而在 10 km 处,即使两点相距 1 m 也分辨不出来,这是受眼睛分辨本领(鉴别率)限制之故。以上讨论的是眼睛对两发光点的鉴别率。如果观察的目标为如图 2-2 所示的三种情况,则鉴别率可提高到 10″左右。

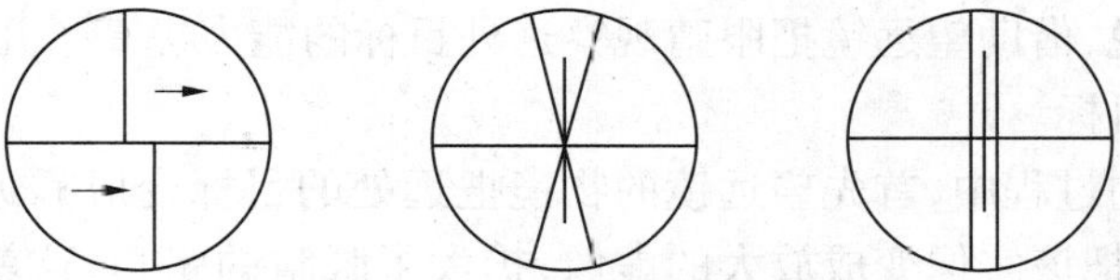

图 2-2　目标形状

这是由于一直线的像刺激着同一列视神经细胞,而另一直线的像又刺激着旁边的另一列视神经细胞,所以眼睛能够敏锐地感觉到它们各个之间的位置差异。

眼睛的鉴别角除与眼睛本身的构造、目标的形状有关外,还与目标的亮度、颜色、衬度等因素有关。因此,为了看清很远或很小的目标(它们对眼睛构成的角度小于鉴别角),就必须借助于望远镜或放大镜、显微镜以增大视角;同时应提高目标的亮度,选择合理的目标形状和颜色等。

第二节　望远镜的成像原理

测量仪器上的望远镜的作用是观察远处目标并进行准确瞄准。为此,它由四个主要部件组成,即物镜、调焦镜、十字丝分划板及目镜。物镜和目镜共同完成观察远处目标的任务。十字丝分划板供瞄准之用。有的十字丝分划板上还刻有视距丝,配上视距尺就可进行视距测量。

眼睛不能直接看清很远的物体,是因为该物体对眼睛所张的角小于眼睛鉴别角。通过望远镜光学系统的成像作用,将这一张角扩大到大于眼睛的鉴别角时,则可看清远处物体。

对于正常人的眼睛而言,处于无穷远到 25 cm 范围内的物体可以毫不费力地进行调节,使之成像在视网膜上。因此,经目视光学仪器所成的像应该位于明视距离到无穷远之间。这是对目视光学仪器的一个共同要求。

图 2-3 所示为望远镜的视角扩大成像原理。目标 Pm 位于望远镜物镜 O 的前方两倍焦距之外,它经物镜所成的像 $P'm'$ 是缩小的倒立实像。$P'm'$ 位于 F_1' 点之外离 F_1' 点很近的地方。对目镜 O' 来说,$P'm'$ 又位于它的前焦面上或前焦点附近内侧。因此,经目镜第二次成像后,得到放大的虚像 $P''m''$。$P''m''$ 位于离目镜 25 cm 至无穷远的地方。当眼睛处于目镜后

焦点 F_2' 附近时，就能看见目标 Pm 的倒立像。

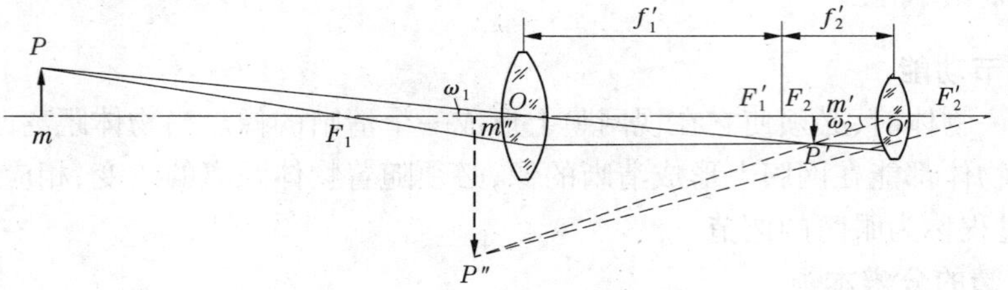

图 2-3　望远镜的视角扩大成像原理

由于眼睛到物镜的距离远比到目标的小，所以目标 Pm 对眼睛的张角可近似地认为是 ω_1。同样，眼睛到目镜的距离也远小于到虚像 $P''m''$ 的距离，故 $P''m''$ 对眼睛的张角也可认为是 ω_2。通常，测量仪器上望远镜的焦距 f_1' 为目镜焦距 f_2' 的几十倍。显而易见，ω_2 也比 ω_1 大几十倍。这就是说，借助望远镜把眼睛观察远处目标的能力提高了几十倍，使眼睛能看清原来看不清的远处目标。

在望远镜成像的过程中，首先望远镜的物镜把远处的目标变成靠近目镜的倒立而缩小的实像，之后目镜再把该实像变成放大的虚像，扩大了眼睛的张角，这就是望远镜能够望远的实质。从望远镜看到的目标好像比原目标要近些、小些。由此可见，望远镜的角放大率总是大于 1，而垂轴放大率小于 1。

第三节　望远镜的结构

如前所述，望远镜主要由物镜、调焦镜、十字丝分划板和目镜等光学元件组成（见图 2-4），而内对光望远镜是在总结外对光望远镜优缺点的基础上研制而成的。

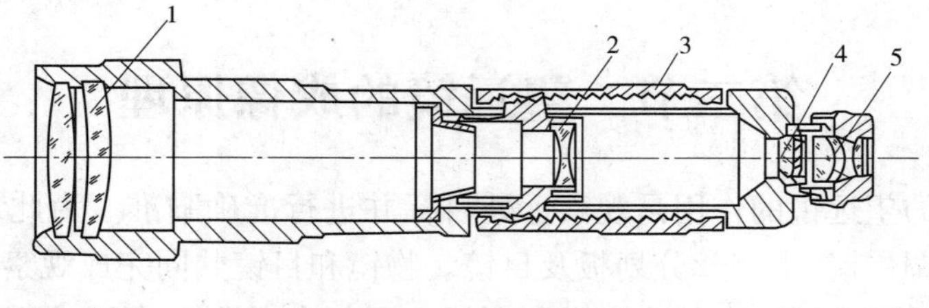

1—物镜；2—凹透镜（调焦透镜）；3—调焦螺旋；4—十字丝分划板；5—目镜

图 2-4　内对光望远镜

一、物镜组

望远镜的物镜组对望远镜成像质量及成像亮度的优劣起着决定性的作用。因此，物镜一般由两片或两片以上的透镜组合而成。物镜的结构基本上分为折射式和折反射式两类。

（一）折射式物镜组

在折射式物镜组中，透镜每个面只起折射作用，不起反射作用，常见的有双胶合式物镜组、双分离式物镜组和三片组合式物镜组三种形式。

1. 双胶合式物镜组

如图 2-5 所示，双胶合式物镜组结构简单，加工、装配较方便。当望远镜的放大倍数要求不太高，物镜的相对孔径 *D/f*（有效孔径与焦距之比）不大于 1/6～1/5 时，球差、色差、彗差都可得到较好校正。该物镜组主要用于一般精度的测量仪器，如北京光学仪器厂的 DJ_{6-1} 光学经纬仪等。

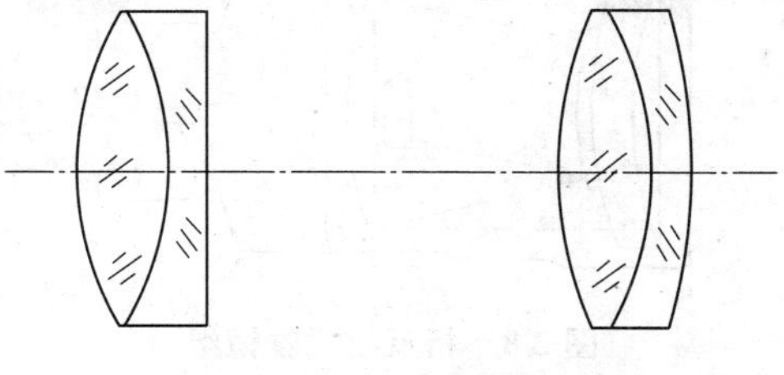

图 2-5　双胶合式物镜组

2. 双分离式物镜组

如图 2-6 所示，双分离式物镜组与双胶合式物镜组相比，增加了一个折射面和一个空气间隔，通过调整折射面的曲率半径及间隔的宽度，可更好地消除物镜的像差，因而其相对孔径 *D/f* 值可适当增大，允许值可达 1/7.5。但两片分离透镜装校较困难，同心度较难保证。如杭州红旗光学仪器厂生产的 CJH－1 型、蔡司 Theo－030 型、蔡司 Theo－020 型等。

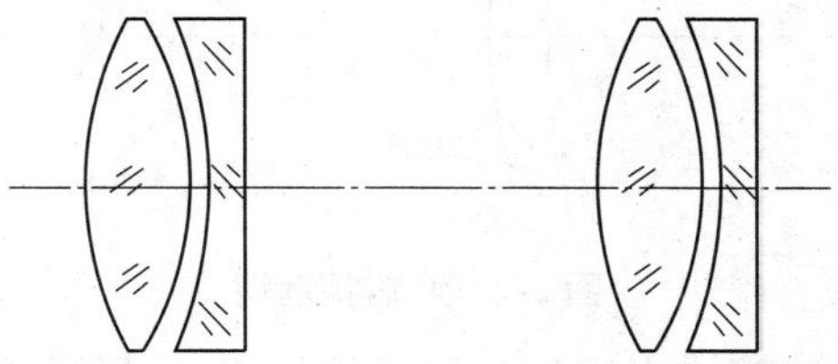

图 2-6　双分离式物镜组

3. 三片组合式物镜组

如图 2-7 所示，三片组合式物镜组进一步增加了折射面和空气间隔的数目，校正像差的性能更好，相对孔径还可提高，允许值为 1/6，其缺点是装配较困难。若各片透镜的同心度及间隔调得不好，其像差消除就不理想。它多用于精度较高的测量器上，如苏州第一光学仪器厂生产的 JGJ2 型等。

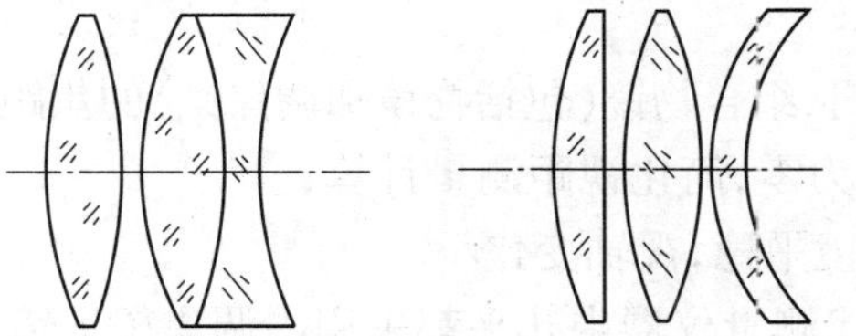

图 2-7　三片组合式物镜组

（二）折反射式物镜组

如图 2-8 所示，在折反射式物镜组中，除折射面外，还有反射面，光线在物镜组中来回转折两次之后才到达十字丝分划板上，这与折射式物镜组相比，在相同焦距的条件下，镜筒长度短得多。在这种物镜组中，弯月形透镜的球差是负值，而反射镜的球差是正值，两者相抵消，使整个物镜组的球差极小。此外，反射镜无色差，只要合理选择弯月形透镜和双分离透镜的结构参数，色差即可基本消除。因此，只有这种物镜组的望远镜有望获得很大的放大倍率和良好的像质。其主要缺点是对镜片的轴性要求高，装校困难；对折射面和反射面的加工精度要求高；反射面上的反光材料容易受潮、氧化、发霉，降低反光效率，而且不容易修理。

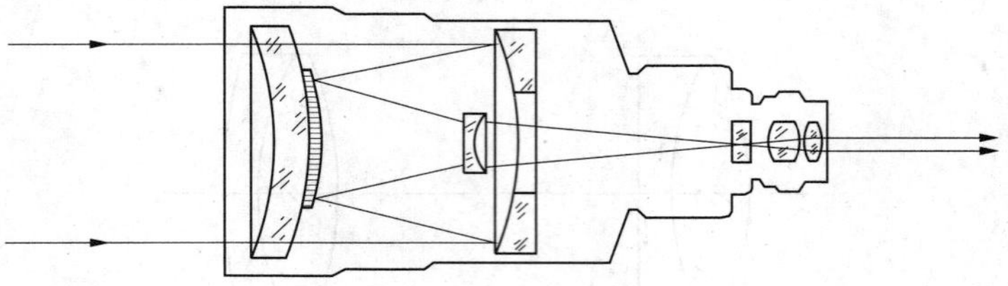

图 2-8　折反射式物镜组

二、调焦镜

如图 2-9 所示，望远镜观察瞄准的目标从几米变化到几百米，甚至几千米，如何使所有这些远近目标的像都成在十字丝分划板上呢？方法有两种：

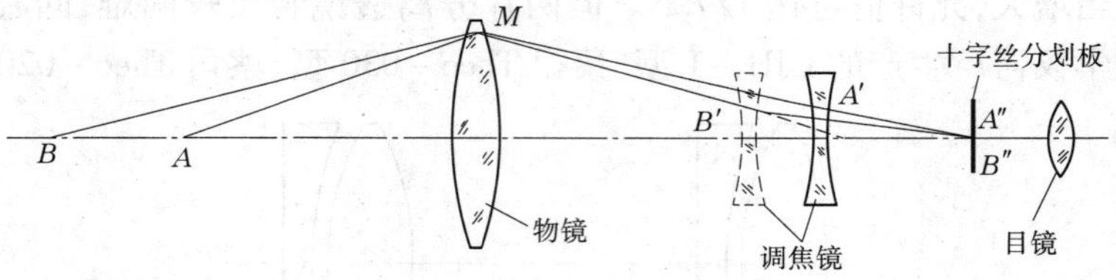

图 2-9　调焦望远镜

其一，沿光轴方向移动物镜或十字丝分划板的位置，即通过改变像距来适应不同物距的要求，采用这种方法的望远镜称为外调焦望远镜。

其二，保持物镜及十字丝的位置不变，而在其间加一块透镜（通常是凹透镜），当瞄准不同距离的目标时，使该透镜沿光轴前后移动，使目标成像在十字丝分划板上，如图 2-9 所示。采用这种办法的望远镜称为内调焦望远镜，而那块前后移动的透镜就称为调焦镜。

与外调焦望远镜相比，内调焦望远镜具有如下优点：

（1）调焦时镜筒长度不变，便于使用；

（2）密封性好；

（3）在镜筒长度相同时，组合物镜（包括物镜和调焦镜）的焦距更长，因而放大倍率更大；

（4）视距加常数 C 可为零，简化视距测量计算；

（5）调焦过程中望远镜平稳，视轴变化小。

基于上述优点，在现代测量仪器中几乎都采用内调焦望远镜。

三、十字丝分划板

十字丝分划板是瞄准和读数的标志，将其安置在组合物镜的焦平面处，它的中心与物镜的光心（严格地说是前主点）的连线构成了望远镜的视准轴。为了适应各种测量工作的需要，十字丝分划板有多种形式，常见的如图 2-10 所示。图 2-10（a）、（b）多用于光学经纬仪上，图 2-10（c）多用于水准仪上，图 2-10（d）主要用于带有光学测微器的精密水准仪上，图 2-10（e）用于 J_{07} 经纬仪上。

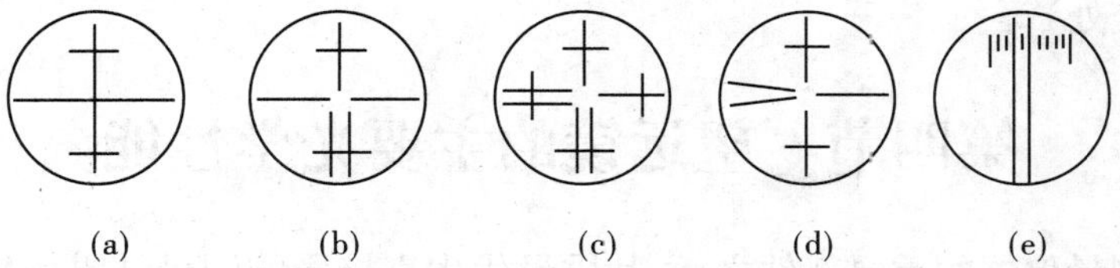

图 2-10　十字丝分划板形式

十字丝分划板上的十字丝常用两种方法刻制：一是相镀铬，此法的刻线较牢固，不易擦掉；另一种是直接在玻璃上刻线（必要时可在线槽上填上黑色填料），此法的刻线易脱色，而上色又较难，清洁时应注意。

十字丝的粗细直接影响瞄准或读数精度。若十字丝太粗，目标被遮掉的部分就多，瞄准或估读的精度就会降低；若太细，观测起来往往会很吃力，精度也不容易保证。

十字丝的竖丝上常有上下两条对应的短丝，称为视距丝，是专做视距测量用的。十字丝周围一圈多用一种不透光的物质涂满，作为望远镜的视场光栏。

四、目镜组

望远镜的目镜是将物镜所成的像及十字丝再次放大，并为人眼所观察。因此，目镜实际上是一个放大镜，其放大倍数 $\beta_{目}$ 取决于它的焦距 $f'_{目}$，即 $\beta_{目}=\dfrac{250}{f'_{目}}$，一般 $f'_{目}$ 为 8 ~ 25 mm，因此 $\beta_{目}=10^{x}\sim 30^{x}$。

目镜的特点是焦距短、孔径小，而视场角大（一般为 30° ~ 60°），因此目镜主要考虑轴外像差。为此，目镜一般由透镜组构成，如图 2-11 所示。靠近十字丝分划板的透镜称场镜，靠近眼睛的一块透镜称接目镜。场镜的作用是使由物镜射来的轴外光束不过分扩散地折向接目镜，以便接目镜的尺寸尽量减小。测量仪器望远镜的目镜还必须能进行视度调节，使得正常眼睛和非正常眼睛都能看清十字丝分划板及其上的像。

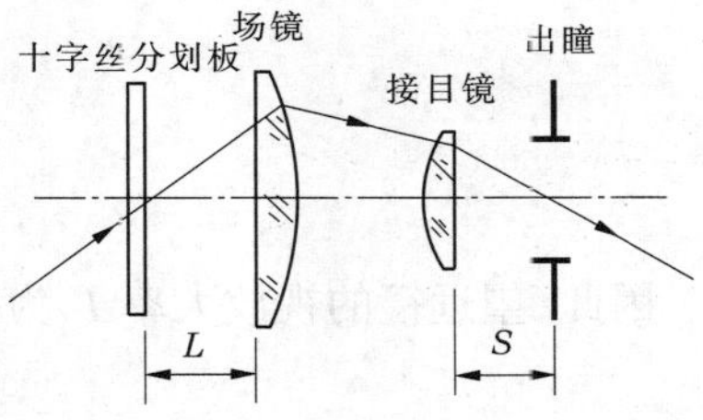

图 2-11　目镜的构成

此外，为了在望远镜的出瞳处能放置眼睛，还必须保证有一定的镜目距 S，一般 S 为 6 ~ 8 mm；否则，眼睛与望远镜的出瞳不重合，视场中会出现阴影，缩小了视场，降低了亮度。测量仪器中常用的几种目镜类型见表 2-1。

表 2-1　常见的几种目镜类型

名称	视场	工作距离 L	镜目距 S	应用举例
强纳尔型	45° ~ 50°	$0.3f'_{目}$	$0.4f'_{目}$	DJ_{6-1} 显微目镜
对称型	40° ~ 42°	$0.75f'_{目}$	$0.75f'_{目}$	DJ_{6-1}、Theo − 020
消畸变型	约 40°	$0.75f'_{目}$	$0.75f'_{目}$	JGJ_1、JGJ_2，T_1、T_2，Theo − 010

望远镜的构成除上述四个基本部分外，还有望远镜调焦镜筒及粗瞄准器，限制成像范围的视场光栏，减少杂散光影响的消杂光光栏及照亮十字丝的反光片（一般位于镜筒内，横轴

与望远镜轴相交处)等。

第四节 望远镜的主要光学性能

望远镜是测量仪器的重要部件之一,其质量优劣直接影响测量结果的精度。而望远镜的光学性能和技术指标又决定着它的质量。

一、视放大率

人眼通过望远镜所见物体的大小与人眼直接观察物体的大小之比,称为望远镜的视放大率 Γ,即

$$\Gamma = \frac{\tan\omega_{望}}{\tan\omega_{眼}} \tag{2-1}$$

由于望远镜观察的物体位于无穷远,因此有 $\omega_{眼} = \omega_1$,$\omega_{望} = \omega_2$,如图 2-12 所示。

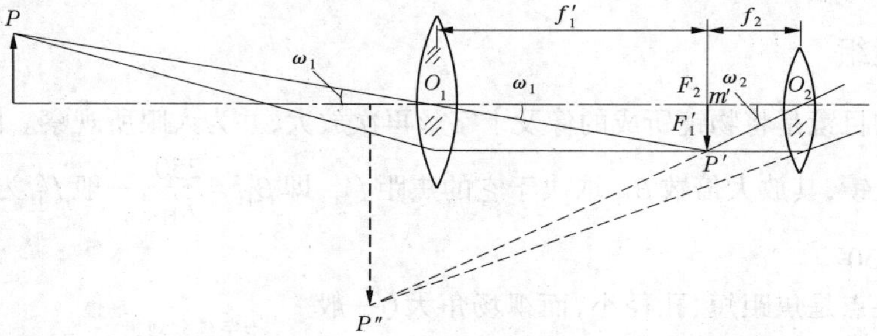

图 2-12 望远镜光学系统

因此,望远镜的视放大率 Γ 为

$$\Gamma = \frac{\tan\omega_{望}}{\tan\omega_{眼}} = \frac{\tan\omega_2}{\tan\omega_1} \tag{2-2}$$

式中 ω_2——目镜视场角;

ω_1——物镜视场角,即望远镜的视场角。

由图 2-12 的关系可得

$$\Gamma = \frac{\tan\omega_2}{\tan\omega_1} = \frac{P'm'/f_2}{P'm'/f'_1} = \frac{f'_1}{f_2} \tag{2-3}$$

式(2-3)即为望远镜的视放大率公式。

视放大率等于物镜的焦距与目镜的焦距之比。欲增大视放大率,必须增大物镜的焦距或减小目镜的焦距。

根据望远镜光学系统的特性,可绘出如图 2-13 所示的成像原理。

显而易见

$$\Gamma = \frac{f'_1}{f_2} = \frac{D}{D'} \tag{2-4}$$

式中 D——望远镜的入瞳直径,即物镜的有效孔径。

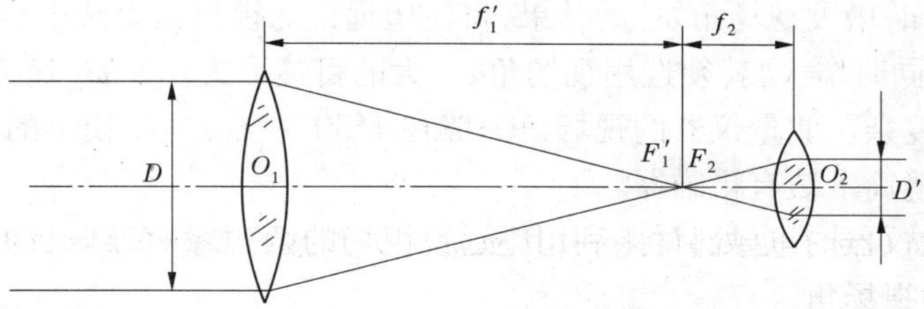

图 2-13　望远镜光学系统成像原理

D'——望远镜的出瞳直径，即入瞳对目镜所成像的大小。

从式(2-4)可得出这样的结论：望远镜的放大倍率越高，物镜的有效孔径也必须越大；否则，就会变得昏暗。若望远镜物镜和目镜的焦距未知，可用如下简便方法测定：紧贴物镜设置一块圆形孔板，圆孔的直径 D' 略小于物镜的有效孔径。再将望远镜调焦至无穷远，并朝向明亮的目标（或用灯光照射），目镜的屈光度圈调节到零或调至十字丝上清晰，以便出射光束为平行光束。于是，在望远镜出瞳平面处可得圆孔 D' 的像（出瞳）。用一小张透明方格纸垂直于望远镜光轴并置于目镜外 10 mm 左右处，稍微前后移动方格纸至获得一个明亮的孔径最小的光斑。光斑的直径 d' 就是出瞳直径。读取 d' 值，则望远镜的视放大率为 $\Gamma = \frac{D'}{d'}$。如此测定几次，取其平均值即可。

二、视场角

望远镜能够同时观察到的最大范围就是望远镜的视场角，通常用 2ω 来表示。

视场角的大小主要受视场光栏的限制，而望远镜的视场光栏就是十字丝分划板圆框。因此，望远镜的视场角就是十字丝分划板的孔径对物镜的光心（严格地讲是后主点）所构成的立体角。如图 2-14 所示，即 $2\omega_1$。

$$\tan\omega_1 = \frac{a'b'}{2f_1'},\quad \tan\omega_2 = \frac{a'b'}{2f_2}$$

$$\tan\omega_1 = \frac{\tan\omega_2 \cdot f_2}{f_1'} = \frac{\tan\omega_2}{\Gamma}$$

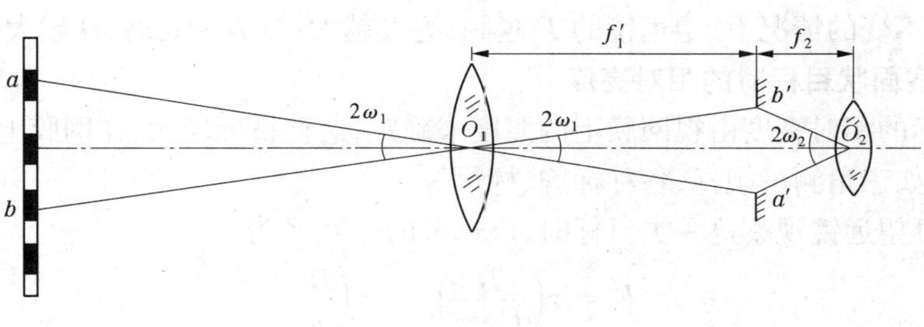

图 2-14　望远镜的视场

假如采用近似公式，则有

$$\omega_1 = \frac{\omega_2}{\Gamma} \tag{2-5}$$

式中　Γ——望远镜的视放大率。

由式(2-5)可知，增大视场角 ω_1 的结果，将使望远镜的视放大率减小。如果要使视放大率 Γ 与视场角 ω_1 同时增大，就须选用视场角 ω_2 大的目镜形式。但 ω_2 增大后，一是像差严重，二是结构形式复杂。测量仪器的视场角一般在 1°30′左右，是比较小的。为了迅速寻找目标，一般在望远镜筒上装有粗瞄器。

测定 ω_1 的方法可选择远处目标，利用望远镜视场的两边缘对准该目标，所得方向读数之差即为望远镜的视场角。

三、亮度

望远镜的亮度是指从望远镜内所看到的物体亮度与眼睛直接所看到的物体亮度的比值，也称为望远镜的相对亮度。相对亮度越大，所看到的目标就越明亮。

相对亮度与进入望远镜内的光能量大小、出瞳孔径、眼瞳孔径等因素有关，同时取决于观察目标的类型。

（一）观察点状目标时的相对亮度

点状目标对眼睛的视角很小，在网膜上所成的像小于一个视神经细胞的直径（视神经细胞的直径为 0.001 ~ 0.003 mm），如点状光源、天空中的星星等。

眼睛通过望远镜观察点光源时望远镜的亮度 E 为

$$E = \tau\left(\frac{D}{d}\right)^2 = \tau \cdot \Gamma^2 \cdot \left(\frac{D'}{d}\right)^2 \tag{2-6}$$

式中 τ——望远镜系统的透过系数；

d——瞳孔直径，见图 2-15；

其余符号意义同前。

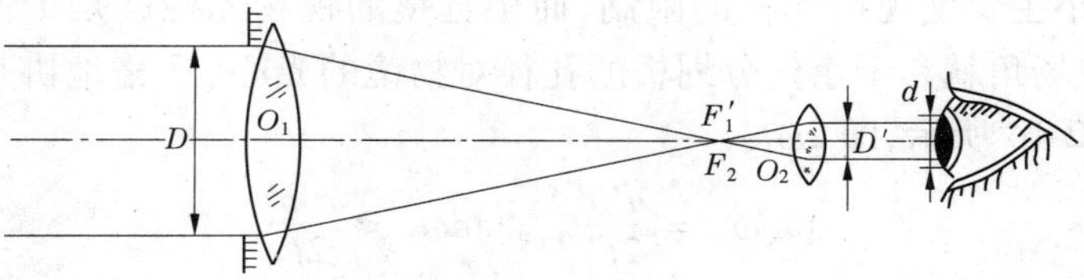

图 2-15 望远镜亮度的公式符号

可见，D'不变的情况下，望远镜的 Γ 越高，亮度越大；当 $D' < d$ 时，D 越大，则亮度越大。

（二）观察面状目标时的相对亮度

面状目标的相对亮度由视网膜上的照度来确定，这种目标较大，在网膜上所成的像具有较大的面积，如三角测量觇标、各种标牌、标尺等。

人眼通过望远镜观察这一类目标时，望远镜的亮度 E 为

$$E = \tau\left(\frac{D}{\Gamma \cdot d}\right)^2 = \tau\left(\frac{D'}{d}\right)^2 \tag{2-7}$$

由此可知：

(1) 当 $D' < d$ 时，显然不会得到高的亮度；当 $D' > d$ 时，瞳孔不会全部接收从望远镜中射出来的线，因此失效。提高望远镜亮度最合理的就是 $D' = d$。因为 $\left(\frac{D'}{d}\right)^2 \leqslant 1$，所以亮度 E 也是一个小于 1 的值。说明从望远镜内看目标，总是比人眼直接看到的目标要暗。

(2)在一般情况下，D 越大，望远镜的光量就越多，目标就越亮。

(3 望远镜的 Γ 越高，其亮度反而越小。

(三)减少光能损失措施

当光束通过望远镜时，由于光束在光学零件表面的反射和通过介质时被吸收，使光能受到损失，其中主要损失是零件表面的反射损失。

试验表明，在透镜每个折射面上的反射损失最大可达 4%，若望远镜中有 m 个折射面，则总的透过系数 $\tau=(96/100)^m$。在光学结构复杂的望远镜中，系数 τ 只能达到 60%。可见，光能损失相当可观。光能损失除使光学系统成像亮度降低外，还由于反射光的干扰使像的清晰度下降，影响像质。

减少光能反射损失的方法有：

(1)尽量采用胶合透镜组，减少反射面的数目。

(2)在透镜表面镀上减反射膜(又称透光膜或增透膜)，镀有透光膜的折射面的反射损失可降低到 1% 以下。最常用的是化学镀双层透光膜。

我们在物镜前看到镜头呈浅蓝色或浅紫色，就是透镜表面镀了透光膜的缘故。应注意保护透光膜层，不要碰摸损坏它。若透镜表面有灰尘污点，可用干净的软毛刷或镜头纸擦拭，或用脱脂棉蘸少量酒精、乙醚清洁即可。

四、分辨率(鉴别率)

光学仪器的鉴别率是指仪器能分辨物体细节的本领，其大小是表明光学仪器成像质量的一种综合指标。

对望远镜而言，被分辨的物体位于无限远，所以鉴别率就以刚能分辨开的两物点对望远镜的张角 α 来表示。而对于显微镜系统，观察的物体在近距离处，就以物面上刚能分辨开的两物体的最小距离 δ 表示。

根据光的衍射理论和试验，望远镜鉴别率的理论公式是：

$$\alpha=\frac{120''}{D} \tag{2-8}$$

由此可见，欲提高望远镜的鉴别率，必须增大物镜的有效孔径。由于望远镜是目视光学仪器，因此应使望远镜的鉴别率与人眼的视角鉴别率(通常为 60″)相配合，通过望远镜的放大作用，人眼的视角鉴别率为$\frac{60''}{\Gamma}$。为使系统的衍射鉴别率与视角鉴别率相配合，应满足下列关系：

$$\frac{60''}{\Gamma}=\frac{120''}{D}$$

则

$$\Gamma=\frac{D}{2} \tag{2-9}$$

按式(2-9)所确定的视放大率 Γ 称为正常放大率。

测量仪器望远镜的视放大率一般提高到正常放大率的 1.5x 左右。因为正好等于正常放大率时，观测者在观测目标时注意力要很集中，容易疲劳。而手持式军用望远镜，由于手的抖动,倍率高时反而不利于观察,所以其视放大率一般小于正常放大率。望远镜的鉴别率最好是实际测定。常用的测定方法分两种情况:

(1)有平行光管时。在焦距为 550 mm 的平行光管内装上条纹鉴别率板,将被测望远镜安置在平行光管前,物镜对准平行光管。调整仪器望远镜的视轴使之与平行光管的光轴大致重合,再调焦至看清鉴别率板。

在十字丝中心附近由粗到细依次观察各单元无条纹,到在四个不同方向上的黑白条纹都能分辨清楚,直至最细单元。读出该单元的线条宽度 a,或根据单元的号数从《光学仪器设计手册》中查得 a 值,按下式计算出望远镜的鉴别率:

$$\alpha = \frac{2a}{f}\rho \tag{2-10}$$

式中 f——平行光管的焦距;

ρ——常数,取 206 265″。

按照我国有关标准的规定,J_6 级经纬仪的 α 值不应大于 4. 5″,J_2 级的 α 值不应大于 3. 5″。

(2)无平行光管时。将图 2-16 所示的鉴别率图案绘在白纸板上,将仪器安置在距鉴别率图案适当远的地方(图中所注的秒数是指仪器与鉴别率图案相距约 40 m 时的值),用足够亮的漫射光照亮鉴别率图案,然后在望远镜中观察,确定能分辨出的最小条纹宽度,再按下式计算出望远镜的鉴别率:

$$\alpha = \frac{2a}{L}\rho \tag{2-11}$$

式中 L——分辨率板到仪器的距离,cm;

a——能分辨出的条纹宽度。

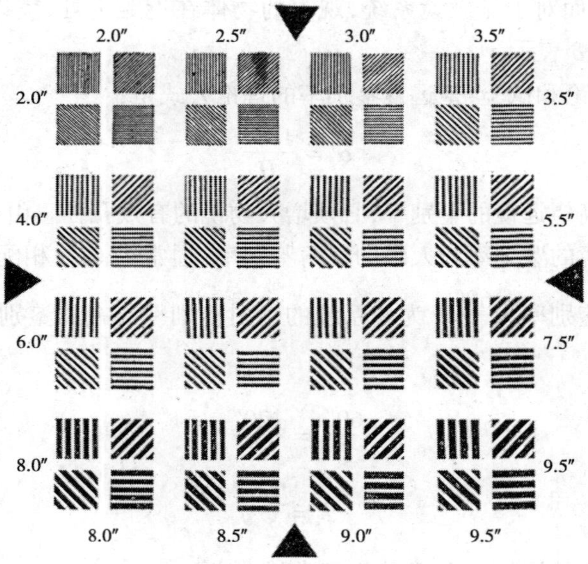

图 2-16 分辨率图案板

用鉴别率来评定望远镜的成像质量,能给出数量的大小是评定像质的基本方法,但其结果受眼睛的性能、目标的亮度的影响较大,因此还不能完全说明该系统质量的好坏,往往还要与其他方法(如星点检验)配合使用才能比较全面而可靠地确定系统的像质。

五、像质及其检验

望远镜的像质也是衡量望远镜性能好坏的重要指标之一,而像差的大小又反映了光学系统像质的优劣。

(一)星点检验法

所谓星点检验法,就是将被检验的望远镜对点光源成像,根据所得像点的形状和大小与理想像点比较来判断系统像质的优劣,并由此找出像质不好的原因。

理想像点的衍射图形应该是一个明亮中心圆斑,外面围绕着同心圆环,如图 2-17 所示。

图 2-17　理想像点的衍射图形

所谓星点,就是非常小的透光圆孔,若有平行光管,可将星点板装上;若无平行光管,可在一块黑色纸板上用细针钻一个小圆孔,利用日光或灯光照射此小圆孔则得星点。

检验时将望远镜对星点成像,并把像调整到十字丝中心附近。移动调焦镜使像点分别位于焦点、焦前、焦后三个位置上,将像点图形与理想像点的图形比较来判断像差的种类和严重程度。

(1)球差:如图 2-18(a)所示,衍射图形保持圆形,但中央亮斑变暗,而衍射环亮度增大,同时焦前、焦后所得的图形不相同。

(a)　(b)　(c)

图 2-18　球差、像散

(2)色差:光环上带有颜色。

(3)彗差:影像呈慧星状,其尖端最亮,焦前与焦后的图形相似。

(4)像散:如图 2-18(b)所示,影像呈椭圆形,且焦前与焦后椭圆图形的长轴方向互相垂直。

彗差和像散的存在,表明透镜在装配上有偏心或倾斜现象。图 2-18(c)表明透镜材料内部有应力、条纹等弊端。

(二)其他检验方法

1. 球差

如图 2-19 所示,用两张黑纸剪成圆孔状和圆环状,圆孔的直径和圆环的内径等于物镜直径的一半,圆环的外径等于物镜孔径。

检验时,分别用圆孔和圆环罩在物镜前,观察远处一目标,若在这两种情况下不必重新

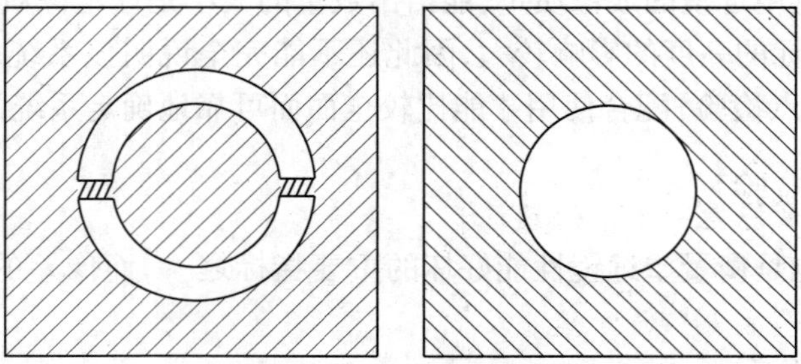

图 2-19　剪成圆孔和圆环状的黑纸片

调焦就能看清晰目标，说明无球差或球差很小。

2. 色差

如图 2-20(a)所示，用望远镜观察一明显的图形(如贴在玻璃窗上衬度较大的圆形)，若在图形边缘出现颜色，说明有色差存在。

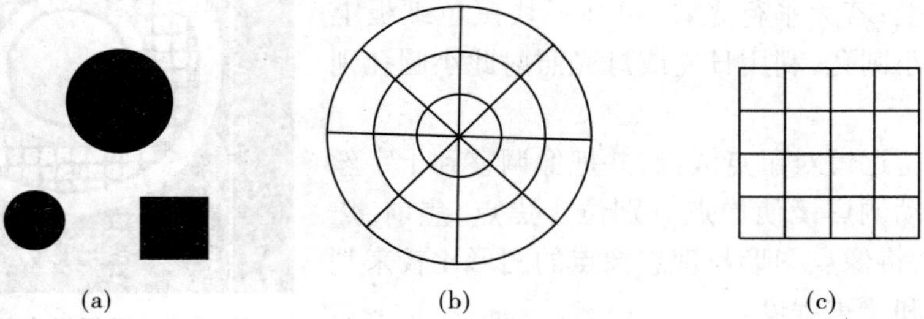

图 2-20　检查像差用的几何图形

3. 像散

如图 2-20(b)所示，若各方向线条都很清晰，则无像散现象；若调焦后，某一方向清楚，另一方向不清，则有像散存在。

4. 畸变

如图 2-20(c)所示，若图形为正方形格网，则无畸变产生；若图形变形，呈桶形或枕形，则有畸变存在。

(三)减小像差的办法

根据像差的特征，判断像差产生的根源。若属仪器设计、零件加工上的问题，则检修人员难以解决。若由装校不良引起，则可通过对镜重新定心、镜片间互相转动、改变它们的相对位置和分离间距等办法来解决。

此外，安装镜片时固压过紧，将使镜片产生应力或受力不均匀，从而产生像差，此时调整固压的松紧度即可。

小　结

本章介绍了人眼的特性，望远镜的成像原理，望远镜的内部结构以及衡量其光学性能的主要指标：视放大率、视场角、亮度、分辨率、像质；同时介绍了检验望远镜像差的方法。

习　题

1. 人眼有哪些特性？
2. 望远镜为什么能看清远方的目标？
3. 望远镜的主要结构有哪些？
4. 望远镜有哪些主要的光学性能？
5. 测量仪器上望远镜的视放大率是不是越大越好？为什么？
6. 为什么视放大率大的望远镜，物镜的孔径一般也较大？
7. 内调焦望远镜具有哪些优点？
8. 望远镜的目镜与物镜的组成为什么不一样？

第三章 水准器及自动安平补偿器

第一节 水准器

一、概述

测量仪器上的水准器一般用来将仪器的某一轴线或平面安置于水平位置或垂直位置。如水准仪可以借助它将望远镜的视线安置水平，经纬仪则借助它将竖轴安置至垂直位置等。精密的水准器有时也作为独立的工具用来测量微小的倾角。水准器的构造和精度对仪器的测量精度有直接的影响。

随着测量仪器制造的不断改进和发展，近年来已经制造出一种新的安平部件——自动安平补偿器，用来替代古老的水准器已经取得了完满的结果。可以预料，这种新的结构必将得到更广泛的应用。

二、水准器的分类

测量仪器上所用的水准器，按其形状可分为两类，即管状水准器（亦称长水准器或水准管）和圆形水准器（亦称圆水准器）。

（一）长水准器

长水准器是用玻璃管将其内壁研磨成一定半径的圆弧，在管内充以液体，封口时使内腔形成一气泡，其结构如图 3-1 所示。由于液体的重力作用，液体的平面要保持水平，使气泡永远居于最高的位置。在气泡中点所作的切于圆弧的切线也永远是水平的。当玻璃管的倾斜角改变时，气泡就要移动，而且总是移向最高的位置。

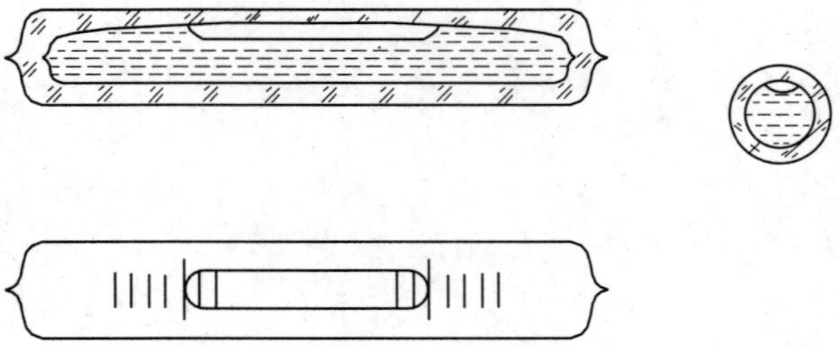

图 3-1 长水准器

为了指示气泡的中点和倾斜程度，在玻璃管的表面刻有一系列的分划，分划间隔一般均为 2 mm；而且因为水准气泡的位置是由它的两端来确定的，因此在水准管中间一小部分通常不需要刻分划线。

（二）圆水准器

圆水准器的内壁为一均匀的圆球面（见图 3-2），中间刻有一小圆圈，下部为一带封嘴的玻璃座。两者用专门的合成胶胶合在一起。在胶合之前，先向其中灌注液体并留出小段空隙使之产生气泡。由于重力的作用，气泡居中后其中点必居球面的顶点。

在圆水准器表面的中央部分，通常有1～2个同心圆，作为安置气泡的依据。测量仪器上的圆水准器，一般都作为粗略安平之用。

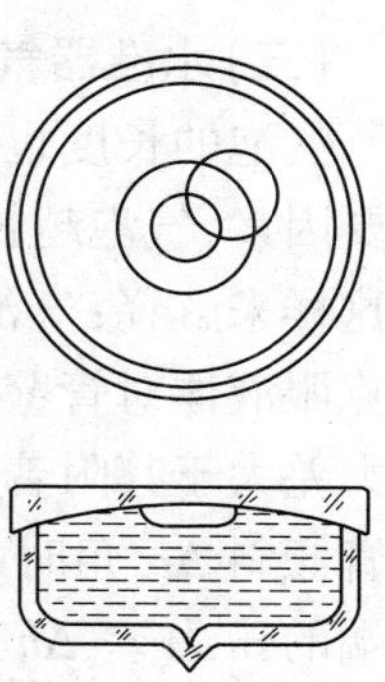

图3-2　圆水准器

三、水准器的灵敏度

水准器的灵敏度是指当气泡产生我们肉眼所能察觉的最小的位移时，水准器倾角的变化量，或者说当水准器改变这一微小的倾角时，气泡就产生了可察觉的位移。显然，这个倾角越小，灵敏度也就越高；否则则相反。

一个水准器灵敏度的高低是由多种因素决定的。

（一）水准器格值τ的影响

水准器的灵敏度与水准器格值τ有着密切的关系，水准器的格值越小，则灵敏度越高。例如，格值$\tau = 2''$的水准器比格值$\tau = 60''$的水准器灵敏度要高。这是因为对于格值为2″的水准器，当稍有倾斜时，气泡即能产生移动；而格值为60″的水准器，在同样倾斜的情况下，就不易产生移动。因此我们就说，格值为2″的水准器比格值为60″的水准器要灵敏得多，或者说灵敏度要高。

从上述还可知，所谓灵敏度的高低，在一般情况下，是对它们之间相互比较而言的。

（二）所用液体的性质

就化学性质而言，水准器内的液体对于玻璃必须是稳定的；就活动性而言，气泡摆动的消逝必须很快。常用的液体有乙醇（酒精）和乙醚。由于乙醚对玻璃内壁的附着力比酒精小，所以在同样的条件下，水准器灌注乙醚要比灌注酒精灵敏度高些。实际上也是这样，很多精密的水准器都是注入乙醚的。然而，乙醚的缺点是沸点太低（+35 ℃），热膨胀系数较大，气泡的长度受气温变化的影响太烈。所以，中等精度的水准器通常采用乙醚和酒精的混合液，而一些较低精度的水准器则用酒精。

（三）水准器内壁研磨的质量

采用顺向研磨法所得出的弧面，对气泡的移动具有较小的阻力，而全圆研磨法的磨纹为横向，所以阻力较大，因此一般宜用顺向研磨法。然而，如果研磨得不好，就会使内壁各个部分的曲率不等，这就会造成气泡移动快慢不均。当水准器内壁研磨得过于粗糙或稍有伤痕时，就会发现气泡有时会停止不动，倏而离开，突然走动数格。显然，这样的水准器无法使用。

研磨得好的水准器，其内壁应该是毛的，既不能太粗糙也不能太光滑。磨得过光的管子会使液体的流动性太大，以致不能稳定下来。

（四）水准器材料的选择

对于制造管子的材料，应使它对于酒精和乙醚的附着力为最小。目前，比较合适的材料只有玻璃，而酒精和乙醚对各种玻璃的附着力几乎都是相等的。不过，玻璃的质料是至关重要的，因为同一种研磨方法，对不同质料的管子所得出的管壁光洁度会有相当的差异。若玻璃管的质料不纯，则使同一管内发生不均匀的阻力，使气泡的移动快慢不一。

(五)水准器气泡长度的影响

气泡的长度也是影响水准器灵敏度的一个重要因素,气泡越长则灵敏度越高。这种现象可以这样来解释:气泡在玻璃管内要产生移动,必须克服液体对管壁的附着力,只有当气泡两端的压力差大于其附着力时,气泡才开始移动。当水准管倾斜 $\Delta\alpha$ 角时(见图 3-3),气泡越长,则气泡两端的压力差 Δh 就越大,气泡也就越容易移动,灵敏度也越高。一般来说,在其他条件相同的情况下,水准器的灵敏度与气泡长度成正比。

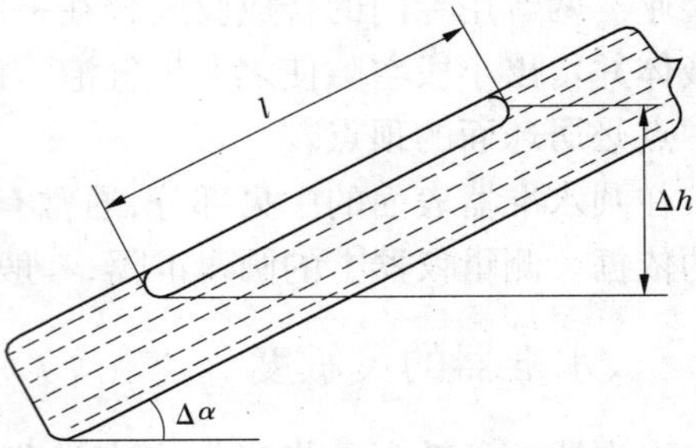

图 3-3　压力差 Δh 与气泡长度 l 的关系

(六)温度变化的影响

外界温度的变化是水准器设计制造及使用者颇感头痛的事,它对水准器的影响是多方面的。由于温度变化引起框管变形,从而造成玻璃管产生畸变,这对水准器的格值及灵敏度的影响极大;对于具有空气气泡的水准器,因温度的升高而引起液体与空气的膨胀,阻碍了气泡的正常移动,严重时甚至会发生炸裂。在水准器玻璃管的单端受热时,也会发生畸变。例如,从外业观测中可以看到,若玻璃管和内部液体在太阳辐射影响下而变热,则气泡移向太阳一边;更明显而又直观的是,由于温度变化而引起气泡长度的改变对水准管灵敏度的影响。

第二节　自动安平补偿器

目前,水准器还是测量仪器上的一个薄弱环节。它要求严格,制造又麻烦,受外界条件变化的影响又大。而在作业过程中,要使气泡居中也是一件费时的工作,尤其是在精密水准测量中,为了使气泡精确地符合,往往要花费观测的大部分时间,观测时间一拉长,由于外界条件的变化,又给观测结果带来了不良的影响。这一直是测量工作的一个难题,为此人们一直在寻找新的安平部件。1946 年以后,特别是从 50 年代开始,各种不同类型的自动安平水准器相继问世,并很快得到人们的普遍重视。据不完全统计,目前已有近 20 多个国家的 30 多个厂家提供了 60 多种不同型号的自动安平水准器。近些年来,我国也已有好几家工厂相继研制并生产了 SZ_3 型自动安平水准器。这种新颖结构的水准仪正逐步普及,测量工作者应该掌握它的基本原理,熟悉仪器的构造及检修的一般知识。

一、自动安平原理

补偿器的工作原理是将一组透镜用吊丝悬挂,在地球引力的作用下,悬挂的透镜始终垂直于地面,当仪器没有完全整平时,也就是望远镜轴和水平线有一夹角(i 角),则相应的补偿器会始终垂直于地面,也将与望远镜轴产生夹角($i+90°$),经过悬挂的透镜,我们的视线就会得到改正,使我们得到正确的水平视线。也就是说,自动安平水准器可以在不完全整平的情况下正常工作,但由于悬挂物的空间和精度的限制,自动安平是有范围的,一般的补偿器的有效工作范围为 3′,按这样分析,只要仪器是校正好的,圆气泡没有必要完全居中,只要粗略地调整到中间位置(一般水准仪圆气泡中间有个黑圈,只要在黑圈内就可以)就能进行测量。

二、自动安平补偿器

自动安平补偿器包括补偿元件、灵敏元件、阻尼元件、限程装置、安全检查装置等。

(一)灵敏元件

灵敏元件按其负载情况可分为以下几类。

1. 吊丝和弹性丝负载系统

吊丝和弹性丝负载系统是现有自动安平补偿器中应用得最多的。补偿器的摆动部分通过吊丝或弹性丝的负载而组成补偿器的灵敏元件。根据弹性的大小,又可分为弹性起主要作用的弹性摆和弹性起次要作用的几何摆。它们的角放大系数可根据工作方式的不同而在很大范围内选择。补偿器的角放大系数 N 的正负及数值大小与负载系统的结构方案、结构参数及弹性丝的力学性能有关。

在现有的自动安平补偿器中,采用吊丝或弹性片作为负载结构的最常用的结构方案有平行长吊丝、活节四边形吊丝、倒摆弹性丝及交叉活节弹性丝等。

1)平行长吊丝负载系统

平行长吊丝负载系统是用三根平行的长吊丝来负载的,如图 3-4 所示。

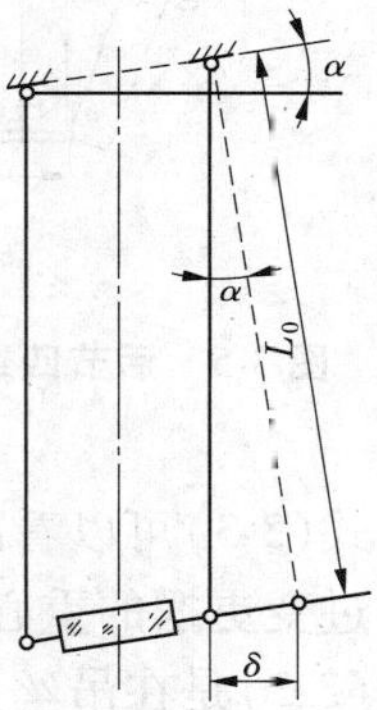

图 3-4　平行长吊丝负载系统

由图 3-4 可知,当仪器倾斜了 α 角时,所悬挂的补偿元件相对于仪器不产生角位移,而只产生一个线位移量 δ。如果也把它看成一个摆,则它的角放大系数 $N=0$(即 $\beta=0$),因此补偿作用的产生就只依赖于摆的线位移量。假想吊丝是理想的柔性材料,那么当它的长度为 L_0 时,悬挂的补偿元件相对于仪器的线位移量应为

$$\delta = -L_0\alpha \tag{3-1}$$

在式(3-1)右方加上负号是因为摆的摆动方向与 α 相反之故。

在实际仪器中,必须考虑吊丝弹性的影响,因此吊丝的实际长度应当比 L_0 稍大一些。根据对柔性吊丝弹性变形的分析,吊丝的实际长度 L 可用下式计算:

$$L = L_0 + 2\sqrt{\frac{EI}{P}} \tag{3-2}$$

式中　E——吊丝材料的弹性模量;

I——吊丝截面的惯性矩;

P——单根吊丝所受的拉力。

2)活节四边形吊丝负载系统

在活节四边形吊丝负载系统中,仪器中的补偿元件被四根细金属丝悬挂在望远镜的光路中,这四根吊丝上边连接着补偿器的固定部分,下端连接着补偿器的摆动部分,从侧面看去,它们组成了两个四边形。由于吊丝是柔软的,因此四边形是可以活动的,故称为活节四边形。

活节四边形在仪器水平时是一个梯形(见图 3-5),它的几何要素有斜边 a、下底边 b 及锐角 ε,梯形的高为 c、上底边为 $b+2d$。设摆动部分重心的高度 h 位于下底边中央位置以上。通过推导,当只考虑级数展开时的二次项时,得到 V 形活节四边形的角放大系数 N 为

$$N=\frac{\beta}{\alpha}=\frac{\frac{bc}{2d}+h}{\frac{bd}{2c}+\frac{b^2}{4c}+\frac{b^2c}{4d^2}-h} \tag{3-3}$$

式(3-3)也适用于交叉活节四边形摆的角放大系数的计算,此时需将下底边 b 取为负值,交叉活节四边形可获得 N 为负值的摆,即摆动部分的倾斜方向与仪器倾斜方向相反(见图 3-6)。

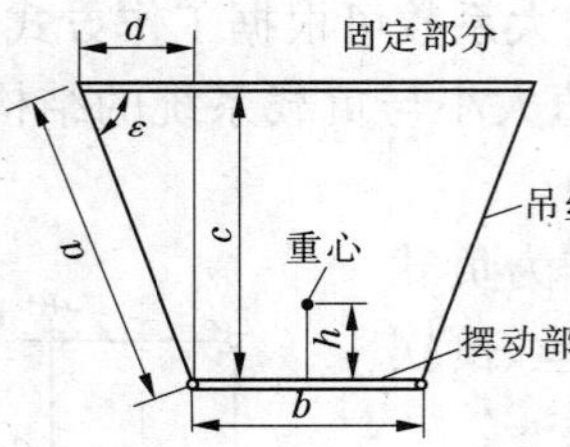

图 3-5 活节四边形吊丝负载系统

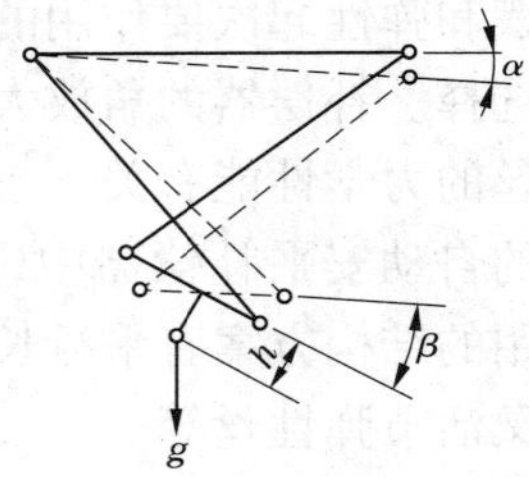

图 3-6 摆动部分的倾斜方向与仪器倾斜方向的关系

由式(3-3)可以看出,当 h 增大,N 亦增大。利用这一特点,摆的角放大系数 N 的大小可以通过变更摆的重心高度 h 来调整。

式(3-3)是在吊丝为理想柔软材料的前提下导出的,但实际上吊丝是有一定弹性的。TDJ_6 型经纬仪 V 形吊架结构的理论计算尺寸(理想柔软)为:$a=32$,$b=17$,$d=11$,$c=30$;实际结构尺寸(弹性吊丝)为:$a=35$,$b=16$,$d=12$,$c=33$。

3)倒摆弹性片负载系统

在倒摆弹性片负载系统中,补偿元件是用一片或一组弹性片支撑在望远镜光路中,形成一个簧片倒摆,如图 3-7 所示。

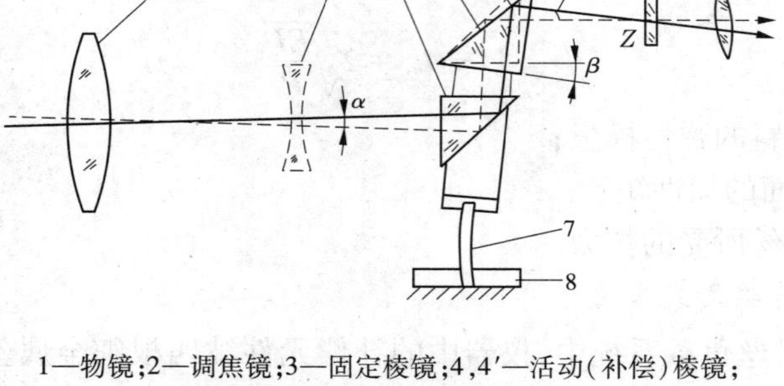

1—物镜;2—调焦镜;3—固定棱镜;4,4′—活动(补偿)棱镜;
5—十字丝分划板;6—目镜;7—簧片;8—支承板

图 3-7 倒摆弹性片负载系统

目标的光线经物镜 1、调焦镜 2、固定棱镜 3 及活动(补偿)棱镜 4,成像于十字丝分划板 5 上,由目镜 6 观察。补偿棱镜 4 固定在簧片 7 上,簧片 7 固定在与望远镜筒连接的支承板 8 上。

当望远镜水平时,簧片直立。在望远镜倾斜 α 角后,由于重力作用使簧片产生挠曲,则固定在端部的直角棱镜相对于原基准面倾斜了 β 角。虽然仪器倾斜了 α 角,由于补偿棱镜 4 的相对位置改变了 β 角(位于粗实线 4′位置),使得水平视线(见图 3-7 实线)在补偿棱镜位置改变了 $2\beta-\alpha$ 角后,仍然通过十字丝分划板中心 Z,即水平视线跟随十字丝分划板中心一起倾斜,实现了自动安平的目的。

2. *液体负载系统*

液体负载系统包括利用液体外表面或内表面反射的灵敏元件;利用光线透过液体所产生折射的液体光楔以及利用圆水准器内液体表面所形成的透镜,作为补偿元件的补偿器。

液体负载系统补偿原理如图 3-8 所示。图 3-8(a)为仪器水平时的情况,图 3-8(b)为仪器倾斜 α 角时的情况。若玻璃平板 P 能变成一楔镜,则水平视线通过楔镜产生 β 角偏转后,仍可通过十字丝分划板中心 Z,即实现了水平视线跟随十字丝分划板一同倾斜,从而达到自动安平的目的。

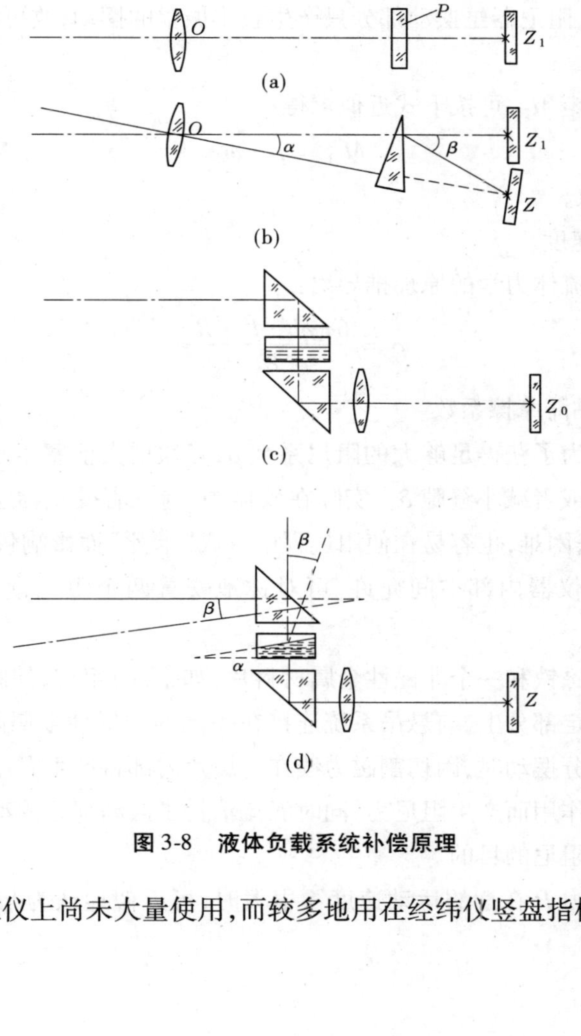

图 3-8　液体负载系统补偿原理

上述补偿器水准仪上尚未大量使用,而较多地用在经纬仪竖盘指标自动归零补偿器上。

(二)补偿器的阻尼元件

补偿的摆动部分由于灵敏元件的摩擦力矩很小,因而一经摆动就需很长时间才趋于静止,另外它对外界振动的反应也非常灵敏,如果不采取强制阻尼措施,就不可能很好地进行读数。为使摆动部分迅速趋于静止以及抑制外界振动源的干扰影响,除液体容器负载系统外,均需设置阻尼元件。

阻尼元件一般由摆动部分和固定部分组成,统称为阻尼器。一般采用的阻尼方式是空气阻尼和磁阻尼。

空气阻尼器的形式有多种,但最为常用的是活塞式阻尼器。它的主要部件是阻尼汽缸及阻尼活塞,其构造原理如图 3-9 所示。

阻尼汽缸及阻尼活塞,其中一个安装在补偿器的固定部分,而另一个则装在摆动部分上。在汽缸及活塞之间,留有一个很小的缝隙 δ,当两者发生相对运动时,使汽缸内的空腔体积发生变化,由于很小的缝隙不能立即吸入或排出空气,使活塞两边的气压不相等,这个压力差就是阻尼力,它近似地正比于活塞对汽缸的相对运动速度。另外,摆的动能由于空气流经缝隙时的摩擦作用而转化为热能,从而使摆动部分很快趋于静止而达到阻尼的目的。当有外界振动干扰时,阻尼器匩摆动部分只产生较小振幅的摆动,故可在一定程度上产生抗振作用。

阻尼器的阻尼力矩 $M_{阻}$ 可按下式近似求得:

$$M_{阻} = \rho \cdot \omega \tag{3-4}$$

式中 ρ——阻尼系数;

ω——摆的角速度。

根据理论力学和流体力学的原理推导出:

$$\rho = \frac{6\pi\eta b \cdot l^2 \cdot R^3}{\delta^3} \tag{3-5}$$

式中 η——空气的黏滞摩擦系数。

由式(3-5)可知,为了获得足够大的阻尼系数 ρ,必须增大活塞半径 R、活塞边缘宽度 b 及阻尼作用的半径 l,或者减小缝隙 δ。实际在仪器中,前三者受仪器空间尺寸的限制,而 δ 太小,将会给装配带来困难,也容易在使用过程中造成“卡死”而影响仪器的正常使用,所以一般 $\delta \geqslant 0.1$ mm。若仪器内部空间允许,可对称地安置两个阻尼盒,阻尼力可增大 1 倍左右。

磁阻尼器由永久磁铁和一个非磁性金属材料片(如铝片)组成,如图 3-10 所示。永久磁铁安装在补偿器的固定部分上,与悬吊系统连接在一起的非磁性金属阻尼片位于两磁极之间。阻尼片随摆动部分摆动时,因切割磁力线在金属片内部将产生涡流,由于涡流形成的磁场和永久磁场的相互作用而产生阻尼力,同时涡流消耗了摆动部分的动能,从而使摆动部分迅速趋于静止而达到阻尼的目的。

磁阻尼器的阻尼力 P 在摆的运动速度不很大时,可近似地认为与摆的线速度成正比,即

$$P = c \cdot v$$

式中　c——阻尼系数；

　　　v——摆的线速度。

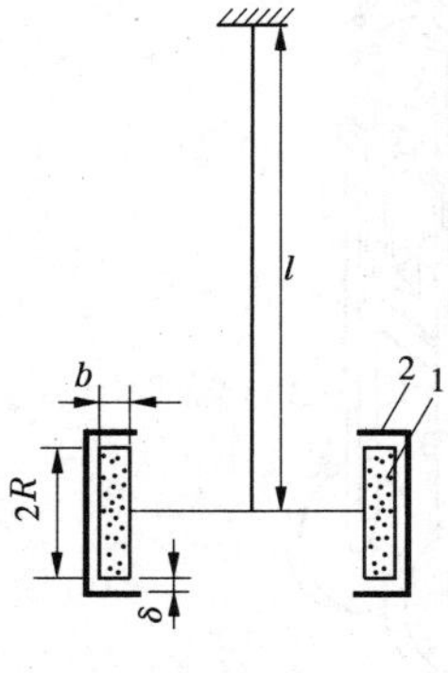

1—活塞；2—活塞套（汽缸）

图 3-9 活塞式阻尼器

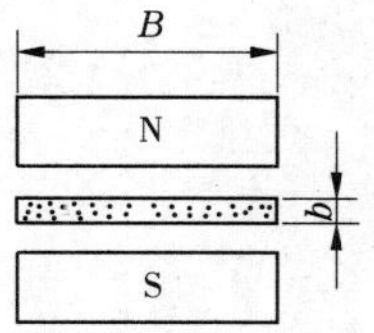

图 3-10　磁阻尼器

对于单个阻尼器而言，阻尼系数 c 为

$$c = \frac{B^2 V}{\rho K} \tag{3-6}$$

式中　B——磁极间的磁场强度；

　　　V——磁极间金属阻尼片的体积；

　　　ρ——金属阻尼片的电导率；

　　　K——系数，由试验求得。

从式(3-6)可知，磁场强度对阻尼力的大小起决定性的作用。另外，采用较小的磁极缝隙及薄的阻尼片可使磁力线集中以增大涡流损耗从而提高阻尼效果。磁阻尼器在构造与工艺上较空气阻尼器复杂，且受地磁变化影响，故较少使用。

（三）补偿器的限程、安全检查装置

由于补偿器的灵敏元件有一定的工作范围，控制其范围的机构称限程装置。要求补偿元件与限程装置间为点接触，接触时的黏附力越小越好，见图 3-11 中的限程装置 5。

安全装置主要用来防止仪器在搬站和运输过程中将补偿器震坏，一般采用锁紧结构，将悬吊部件托起，使吊丝或簧片不再受力。

由于补偿器最易出现“靠住”而失灵的现象，目前有的仪器上增加了一个检查装置，这一装置是在望远镜目镜下方设置一弹性按钮，如图 3-12 所示。它可直接触动补偿器，以检查它是否失灵，如每次触动后，标尺读数改变，而后随即恢复原读数即为正常。

对于经纬仪，则可用脚螺旋使仪器稍作倾斜，此时如竖盘读数随仪器倾斜而变化，则说明竖盘指标自动归零，补偿器工作正常。

没有专门的检查装置但有安全锁装置，也可以用锁紧装置检查，锁紧，放松，再锁紧，再放松，观察读数是否有变化，若每次放松时读数一致，则说明补偿器工作正常。

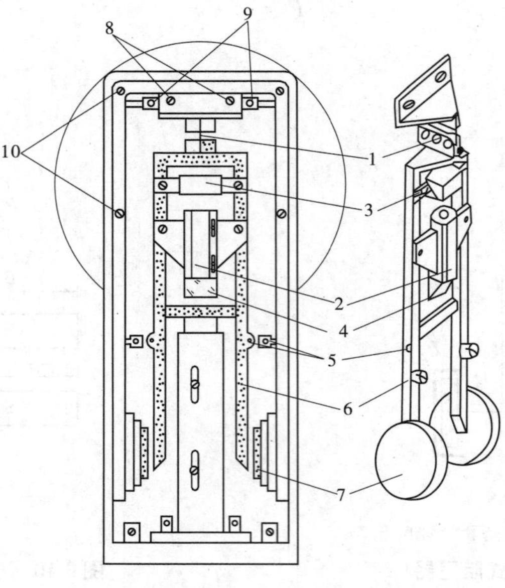

1—簧片;2—成像透镜;3、4—棱镜;5—限程装置;
6—重量平衡螺丝;7—活塞;8、9、10—螺丝

图 3-11　补偿器

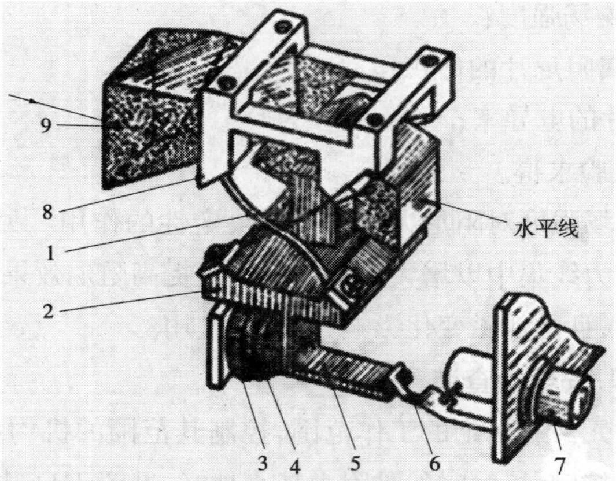

1—弯曲吊带;2—带棱镜的摆;3—阻尼活塞;4—阻尼活塞套;5—活塞翘片;
6—触检簧片;7—补偿器检查按钮;8—补偿器固定架;9—固定棱镜

图 3-12　检查装置

三、经纬仪竖直度盘指标自动归零补偿器

多数的光学经纬仪的竖盘指标线是固定的,在指标水准器气泡居中的过程中,指标线是不动的,而与指标水准器一起偏转的则是指标与竖盘之间的成像透镜组。

对于指标固定的光学经纬仪,要实现竖盘指标自动归零,只需将指标与竖盘之间的某一个(或一组)光学零件进行悬吊,使倾斜了 α 角的指标 A' 的影像能自动归于90°的铅垂位置,即实现了自动归零。下面是采用各种不同的光学零件以达到同一目的的基本原理。

(一)透镜补偿式

采用悬吊透镜的方法,如图3-13所示。当望远镜视线水平、仪器的竖轴铅垂时,悬吊透镜的光心 O 和指标 A 都位于竖盘中心的铅垂线上。当仪器倾斜了 α 角以后,指标移至 A' 点,透镜由于用柔丝悬吊,在重力作用下,由 O 摆至 O'' 的位置,如图3-13(b)所示。指标 A' 通过摆动后的透镜 O'' 而成像于90°位置,如图3-13(b)中虚线所示,即实现了自动归零的补偿要求。

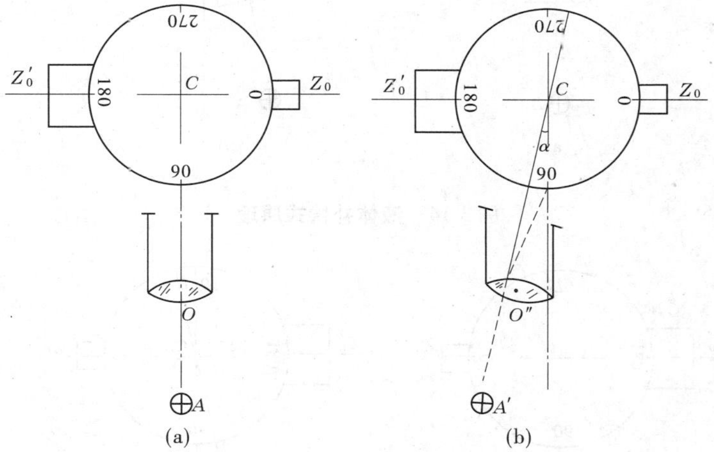

图3-13　透镜补偿式原理

这种悬吊透镜补偿器的结构非常简单,只是将原有的成像透镜进行悬吊,它既起成像作用又起补偿作用,并未增加任何光学零件。采用这一方式的仪器,有苏联的OMT－30型矿山经纬仪,意大利沙漠拉厂4200型经纬仪等。

透镜补偿式的灵敏元件也可以不用吊丝而采用簧片,称为簧片式悬挂透镜补偿器。这类仪器的产品为数更多,如蔡司Theo－020型、Theo－010型和上海第三光学仪器厂的DJK－6型经纬仪等。我国统一设计的 TDJ_6 型光学经纬仪也采用这种结构。

(二)液体补偿式

如图3-14所示,为液体补偿式原理。在仪器倾斜一微角 α 后,由于液体盒是固定在仪器上的,也将随同仪器一起倾斜。然而,液面在重力作用下恒保持水平,于是液体盒变成了一光楔(见图3-14(b)),指标 A' 通过它后产生折射而成像于90°位置。采用这种结构的有瑞士威尔特 T_1－A型经纬仪,西德奥卜通 Th_3 型经纬仪等。

(三)玻璃平板补偿式

图3-15所示为玻璃平板补偿式原理。在仪器倾斜了 α 角后,悬吊在仪器上的玻璃平板将随之而倾斜某一角度。指标 A' 通过倾斜后的玻璃平板时将产生一段平移,使之正好成像于90°的位置。其平移量可以通过改变玻璃平板的厚度来达到。

用柔丝悬吊光学零件的悬吊方式一般有两种:一种是如图3-15所示的V形悬吊,另一种是交叉形(X形)悬吊。两种方式的主要区别在于,前者所吊光学零件的倾斜方向和仪器

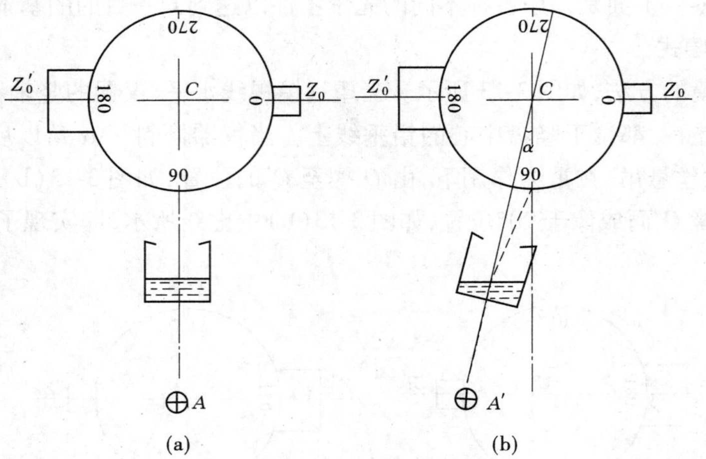

图 3-14　液体补偿式原理

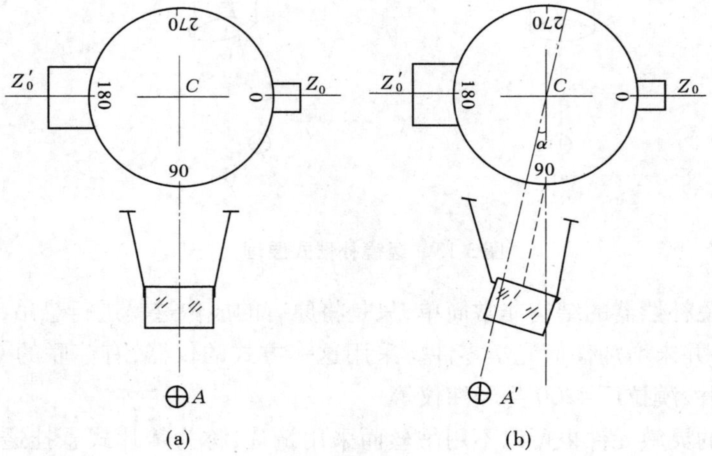

图 3-15　玻璃平板补偿式原理

的倾斜方向相一致，而后者却恰恰相反。

我国统一设计的 TDJ_6 型和 TDJ_2 型光学经纬仪，竖盘指标自动归零都是采用悬吊玻璃平板补偿器。TDJ_6 型用的是 V 形悬吊，而 TDJ_2 型为了获得玻璃平板的反向倾斜，则采用了交叉形（X 形）悬吊。

以上介绍了采用三种不同光学零件的补偿原理。此外，还有采用悬吊转向棱镜等其他方式，在这里不一一介绍了。

小　结

本章主要介绍水准器的概述、分类、灵敏度高低的决定因素以及自动安平水准仪的补偿器的原理、组成，使用自动安平补偿器的测量误差分析。

习　题

1. 水准器的灵敏度由哪些因素决定？

2. 简述自动安平补偿器原理。

3. 简述自动安平补偿器组成。

4. 灵敏元件按其负载情况可分为几类？分别是什么？

第四章　光学经纬仪的测角装置

一台经纬仪的精度最终要通过读数设备才能反映出来。如果仪器机械部分与光学部分的性能都很好,瞄准精度也很高,但读数设备的精度却很低,那么仍然不能成为一台高精度的仪器。

用指标读数的方法由来已久,过去为保证读数精度,便尽量增大度盘尺寸,致使仪器变得十分笨重。游标的发明与使用曾使读数方法前进了一大步,但此后又停滞不前,直到采用了具有光学系统的读数设备后,仪器制造才向着精度高、体积小、质量轻、操作方便的方向大步迈进。

第一节　概　述

测量仪器上的读数设备包括度盘和指标。由于简单的指标满足不了测角精度的要求,在现代的经纬仪上均采用了放大或显微机构,将度盘的刻度放大,并使用测微装置精确地测出不满度盘一格的小量。因此,在现今的读数设备中,均包括度盘、放大机构和测微装置三大部分。

一、读数设备的分类

读数设备中的测微装置是较为复杂而又关键的部分。按测微装置的不同,可将读数设备分为:

(1)机械的:游标。

(2)光学的:光学游标、显微估计器、带尺显微镜、光学测微器等。

(3)光学机械的:显微测微器。

上述三种不同类型的读数设备,在光学经纬仪中最常用到的是光学读数设备。

二、读数方法

光学读数设备的种类虽多,但读数方法却不外乎估读法、平分法、符合法三种。

(一)估读法

估读法就是估读最小间隔的1/10。经验证明,估读时最适宜的间隔宽度 a 为1.0~1.5 mm,而格线及指标线本身的宽度为0.10~0.15 mm。在这种情况下,能达到较高的估读精度,此时估读的极限误差大约为 $a/10$。按眼睛的明视距离(取250 mm)换算成极限误差角值为80″~120″,这和眼睛的分辨角(60″~120″)近似。

采用估读法的读数设备有显微估计器和带尺显微镜(见图4-1)两种。

(二)平分法

使一条直线对称地处于另外两条直线的中央,称为平分法。据试验,用眼睛直接平分的极限误差为10″~30″。

采用平分法的读数设备，常见的有单平板玻璃光学测微器（见图 4-2）。

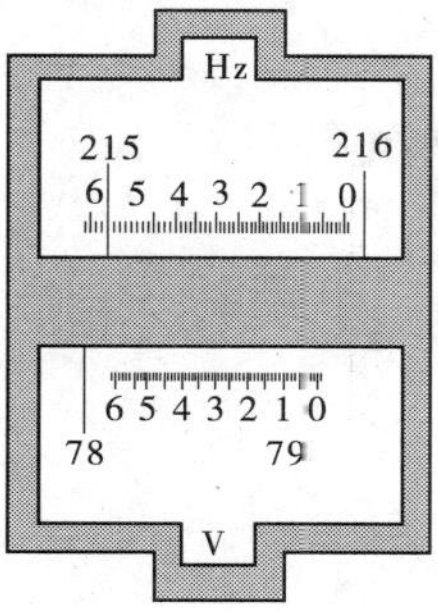

图 4-1　带尺显微镜

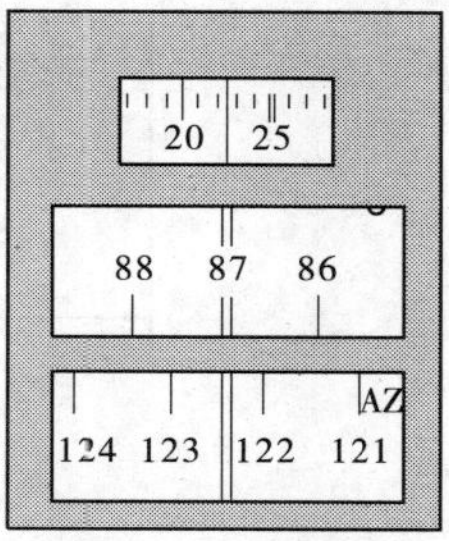

图 4-2　单平板玻璃光学测微器

（三）符合法

使一条直线与另一条直线的延伸方向相符合，称为符合法。据试验，用眼睛符合的极限误差为 8″～15″。

采用符合法的读数设备有游标和符合读数系统的光学测微器。

从图 4-1 及图 4-2 中不难看出，采用平分法或符合法读数的光学测微器，其最后一位读数也是需要估读的。

第二节　放大镜和显微镜

同样大小的物体，距离眼睛越近，视角就越大，在眼睛视网膜上所成的像也越大，因而也就越感到清晰。但是，被观察的物体，也不能无限地移近眼睛，它必须位于眼睛的近点外才行。如果继续将物体移近眼睛，则实际上已不起作用了，因为这时虽然视角很大，或者说视网膜上所成的像很大，但已超出了眼睛的调节范围，得到的却是一个极模糊的像。因此，要想使微小的物体在眼睛的视网膜上形成具有足够大小而又十分清晰的像，必须借助于放大镜或显微镜来进行观察才行。

一、放大镜

最简单的放大镜就是一块短焦距的凸透镜。我们假定为一薄透镜，则其放大原理如图 4-3所示。物体位于透镜的物方焦点 F 以内，眼睛置于透镜的像方焦点 F'处观察（在这个位置能较充分地利用放大镜的视场和亮度），利用放大镜使物体成像在明视距离 G 的位置上。放大镜的角放大率 γ，是指用放大镜看物体时所成的视角和没有放大镜看物体时（位置也在明视距离 G 处）所成的视角之比，即

$$\gamma = \frac{\omega_{放}}{\omega_{眼}} \tag{4-1}$$

如果按照物体在眼睛视网膜上成像的大小之比来确定放大镜的视放大率 Γ，则

$$\Gamma = \frac{\tan\omega_{放}}{\tan\omega_{眼}} \tag{4-2}$$

式（4-1）和式（4-2）实际上并不矛盾。我们知道，当视角 ω 很小时，其角值即可用正切代替。因此，一般并不需要严格区分，概称为放大镜的放大率。由图 4-3 可以看出：

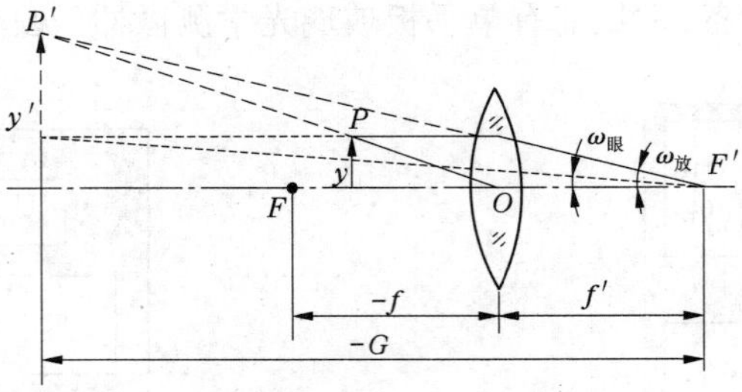

图 4-3　放大镜的原理

$$\Gamma = \frac{\tan\omega_{放}}{\tan\omega_{眼}} = \frac{\frac{y'}{-G}}{\frac{y}{-G}} = \frac{y'}{y} = \frac{-G}{f'} \tag{4-3}$$

式中　G——眼睛的明视距离。

从式(4-3)可以看出,放大镜的放大率与观察者眼睛的明视距离 G 的大小有关。同样的一块放大镜,对于明视距离较远的远视眼来说,可以得到较大的放大率,而对于明视距离较近的近视眼来说,所得到的放大率却较小。正常人眼睛的明视距离 $G = -250$ mm,于是求得放大镜的放大率 Γ 为

$$\Gamma = \frac{250}{f'} \tag{4-4}$$

式中　f'——放大镜的像方焦距,mm。

式(4-4)说明应当采用焦距较短的透镜做放大镜。但焦距太短的透镜,加工后必然是又小又凸又厚的,眼睛观察起来很不方便,且像差也较大。因此,采用单块透镜的放大率,一般不超过 7～8 倍。一般均采用平凸透镜,并使平面朝向眼睛,凸面朝向物(见图 4-4(a)),这样像质较好。当需要放大率为 7～15 倍时,就应采用由两块平凸透镜组成的消像差放大镜(见图 4-4(b))。若放大率还需增大,则只有采用显微镜。

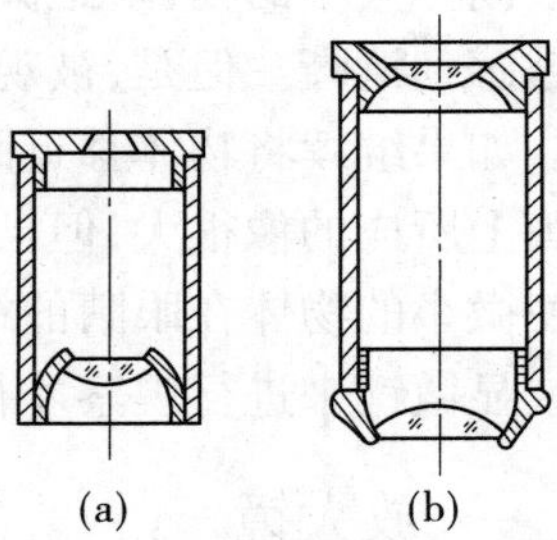

图 4-4　放大镜

二、显微镜

显微镜的成像及放大原理如图 4-5 所示。物体 AB 通过物镜以后,构成一倒立的、放大的实像 $A'B'$,$A'B'$ 位于目镜物方焦距以内的焦点 F_2 附近,由目镜将实像 $A'B'$ 再放大成虚像 $A''B''$。可借助目镜筒的移动使虚像 $A''B''$ 的位置正好处在明视距离 G 处。

显微镜的放大特性与放大镜类似,所以显微镜实质上是复合光学系统的放大镜。因此,显微镜的放大率公式为

$$\Gamma = \frac{-G}{f'} = \frac{250}{f'} \tag{4-5}$$

式中　f'——显微镜物镜和目镜的等效像方焦距。

$$\Gamma = \frac{\Delta}{f'_1} \cdot \frac{G}{f'_2} \tag{4-6}$$

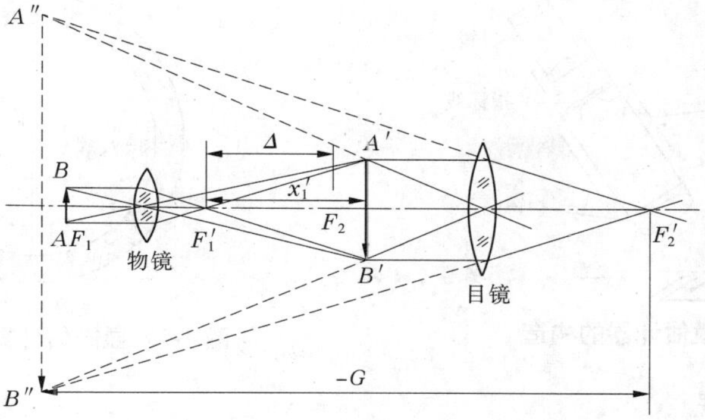

图 4-5　显微镜的成像及放大原理

式中　f'_1、f'_2——物镜和目镜的像方焦距。

由于 $A'B'$成像在 F_2 附近，所以 $\Delta \approx x'_1$，而$\frac{\Delta}{f'_1} \approx \frac{x'_1}{f'_1}$。由式(1-10)可以写出：$\Gamma_{物} = -\frac{x'_1}{f'_1} \approx -\frac{\Delta}{f'_1}$。再参照式(4-1)，最后将式(4-6)化成：

$$\Gamma = \Gamma_{物} \cdot \Gamma_{目} \tag{4-7}$$

式(4-7)表明，显微镜的放大率等于物镜放大率和目镜放大率的乘积。在一些专用显微镜的物镜和目镜上，均标有放大倍数，如物镜 100 倍、目镜 15 倍，则显微镜的放大率为 1 500 倍。一般采用更换不同的物镜或目镜来获得所需要的显微镜放大率。但放大率过大，影像的亮度将会显著地减弱，视场也缩小，以致成像模糊，观察也不方便。显微镜为了获得良好的像质，其物镜和目镜也都采用多片透镜组成的消像差透镜组。

在测量仪器上所使用的读数显微镜放大率一般均不超过 80 倍。放大倍数过大，将给度盘制造及仪器的装调带来很大的困难。

第三节　带尺显微镜和单平板玻璃光学测微器

一、显微估计器和带尺显微镜

(一)显微估计器

显微估计器是利用显微镜成像的原理，将度盘的格线放大，同时在物镜成像平面处装一指标线(见图 4-6)，利用指标线可以估读至度盘格值的 1/10。显微估计器的读数视场如图 4-7所示，图中的读数为 92°34′。

显微估计器对度盘格线的放大并没有很严格的要求，因此不存在行差的问题，故显微物镜组只要一组透镜就可以了。因此，它的构造较为简单，读数也简便，但精度不高，只在一些较为轻便的勘测经纬仪和某些带度盘的水准仪上可以见到。

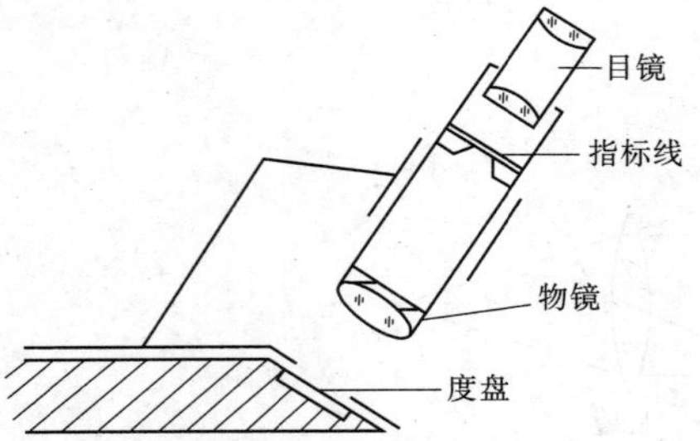

图 4-6　显微估计器的构造

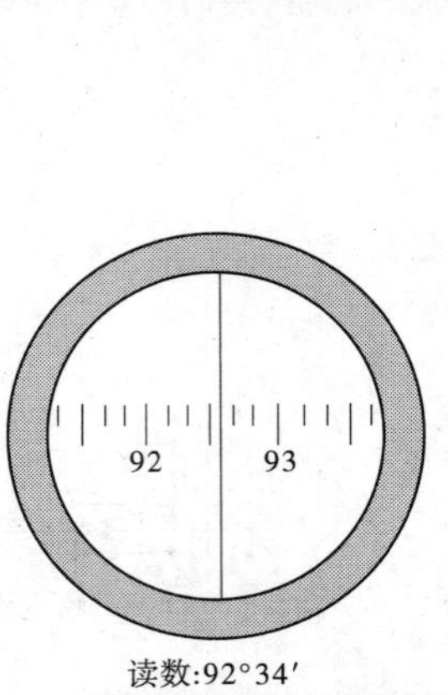

图 4-7　显微估计器的读数视场

(二)带尺显微镜

带尺显微镜也称显微带尺或显微分划尺,这是在显微物镜的成像平面上用一带尺(也称分划尺)代替显微估计器的单指标线。采用这种方法,在同一度盘直径的情况下,可以提高读数的精度。此外,为了满足对行差的调整,显微物镜组必须由两组透镜组成。它的构造原理及读数视场如图 4-8 所示。

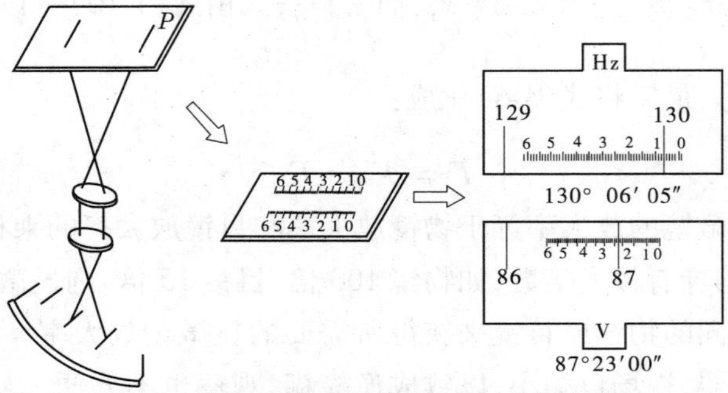

图 4-8　带尺显微镜的构造原理及读数视场

带尺显微镜应满足下列条件:

(1)带尺从 0 ~ n 格的总宽度,应等于经显微物镜放大后的度盘格宽;而且度盘格线也应成像在带尺的平面上。亦即应无行差和视差。

(2)带尺分划格线应与度盘分划格线平行,其相互位置应有部分重叠,以便读数。

带尺显微镜的设计应使经显微镜放大后的度盘格线的粗细最好为 0. 10 ~ 0. 15 mm,度盘格线的宽度最好为 1. 0 ~ 1. 5 mm。度盘格线过宽和过窄都会影响到读数精度。某些进口仪器由于达不到上述要求,给估读带尺格值的 1/10 带来一定的困难。

由于带尺显微镜的读数直观方便,又能保证一定的精度,读数设备的构造也比较简单,所以被广泛地应用于 J_6 级以下的工程经纬仪上,如德国蔡司 Theo - 030 型、意大利沙漠拉 T4150NE 型等。我国生产的 J_6 级光学经纬仪,除北京光学仪器厂的北京 DJ_{6-1} 型以外,都是采用这种类型的结构。

二、单平板玻璃光学测微器

(一)测微器原理

单平板玻璃光学测微器的原理如图 4-9 所示。单平板玻璃光学测微器在显微物镜与读数窗指标线之间安置了一块可以绕着固定轴转动的平板玻璃,利用转动平板玻璃能使通过它的光线产生平行位移的特点而制成的。由式(1-8)可知,当平板玻璃旋转一个小角度 i

(°)后，光线通过平板玻璃产生的平移量 h 可按下列近似公式求得

$$h = d\frac{n-1}{n}i \tag{4-8}$$

对于一定尺寸的平板玻璃，它的厚度 d 和玻璃折射率 n 均为一常量。例如，K9 号玻璃 $n = 1.516\ 3$，取 $d = 10$ mm，则

$$h = 10 \times \frac{1.516\ 3 - 1}{1.516\ 3} \times \frac{i}{57.296} = 0.06i(\text{mm}) \tag{4-9}$$

式(4-8)说明，度盘格线的像在指标面上的移动量 h 是与平板玻璃的旋转角 i 成正比的。但是，平板玻璃旋转角的本身没有显示度盘格线的移动角值，因而还必须通过一种特殊的设备，把平板玻璃旋转角归化为度盘格线的移动角值。这种设备就是利用与平板玻璃连接在一起转动的测微尺(一般是一段圆弧，刻有 n 个分划)。当度盘格线影像移动一整格时，测微尺移动了 n 格，于是测微尺的格值 t 为

$$t = \frac{v}{n} \tag{4-10}$$

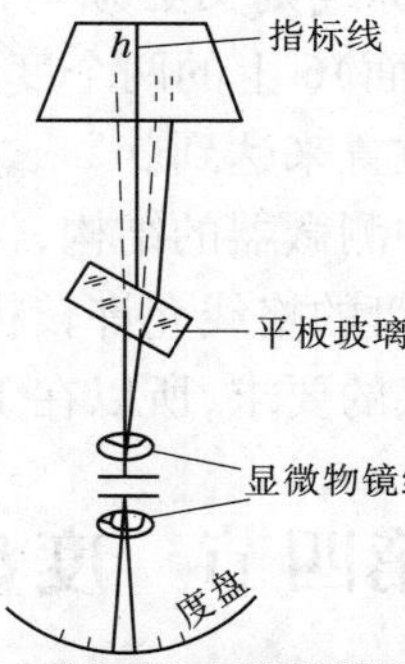

图 4-9　单平板玻璃测微器的原理

例如，瑞士 WILDT 经纬仪的度盘最小格值 $t = 1°$，测微尺刻有 $n = 60$ 格，则测微尺格值 $t = 60'/60 = 1'$。

这种测微结构所用的平板玻璃，其倾斜角不能过大，否则将会影响测微精度，并使度盘影像变形。因此，平板玻璃的最大转动角度一般为 10°～15°。

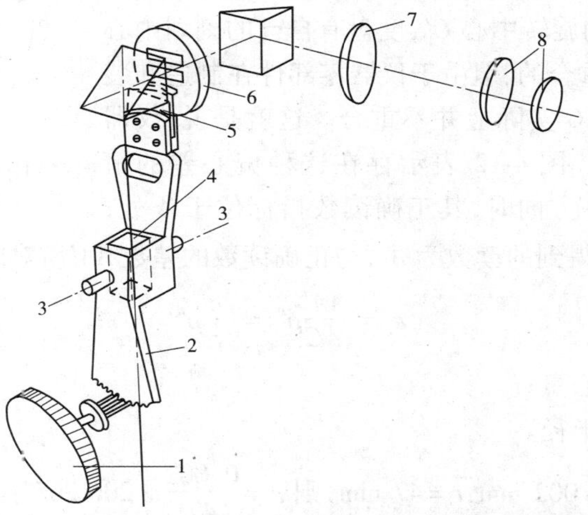

1—测微手轮；2—扇形齿；3—小轴；4—平板玻璃；5—弧形测微尺；
6—读数窗(指标面)；7—转像透镜；8—目镜

图 4-10　DJ_{6-1} 型经纬仪单平板玻璃光学测微器构造

(二)北京 DJ_{6-1} 型经纬仪单平板玻璃光学测微器的构造

北京光学仪器厂生产的 DJ_{6-1} 型经纬仪所采用的单平板玻璃光学测微器的结构比较典型。在图 4-10 中，与测微手轮 1 相连接的小齿轮转动时，带动扇形齿 2 绕小轴 3 旋转，此时与之固连在一起的平板玻璃 4 也一同旋转，其转动量通过与之固连在一起的弧形测微尺 5

表示出来。由于平板玻璃的转动，使度盘格线产生平移，当度盘格线平移至固定双指标线的中央时（视场如图 4-11 所示），即可读得度盘读数为 5°13′30″。

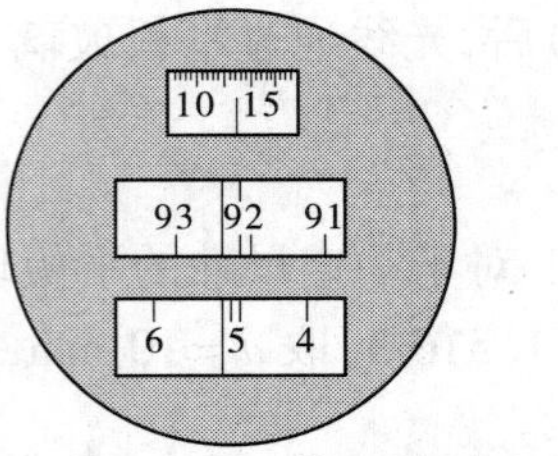

图 4-11　北京 DJ_{6-1} 型读数视场

这种仪器的竖直度盘（竖盘）和水平度盘（平盘）共用同一测微器，两读数必须分别读取。当读取平盘读数时，固定双指标线必须对准平盘格线的中央；而读取竖盘读数时，双指标线则又必须对准竖盘格线的中央。因此，读数窗（指标面）6 上的两个度盘的影像必须要一样宽才行。这一要求可以通过调节竖盘成像透镜组的位置来达到。

这种测微器的结构，仅仅多了一块平板玻璃及其转动机构，然而度盘的刻划工艺却比较简单，度盘的格线允许较粗（0.005 ~ 0.012 mm），测微器使用也稳定可靠，精度又能满足工程经纬仪的要求，所以在 J_6 级精度的光学经纬仪中，目前应用的也不算少。

第四节　度盘对径分划符合读数的原理及测微装置

一、符合读数的原理及符合光学系统

（一）照准部偏心差对读数的影响及其消除

经纬仪在测角时，照准部（指仪器的旋转部分，包括望远镜、支架及制微动设备等）带着指标相对于水平度盘旋转。照准部旋转时有自己的旋转中心 C'，度盘有自己的刻划中心 C，理论上要求它们是重合的，但由于仪器零部件在制造和装调上允许有公差，C' 和 C 实际上并不重合。这就是说，仪器存在着照准部偏心差。图 4-12 表示存在这种偏心差的情况。当望远镜瞄准某一方向时，其正确读数指标位于 A 处，由于存在照准部偏心，得到的读数为 A'，与正确读数的差数 AA' 所对的角值 ε 为

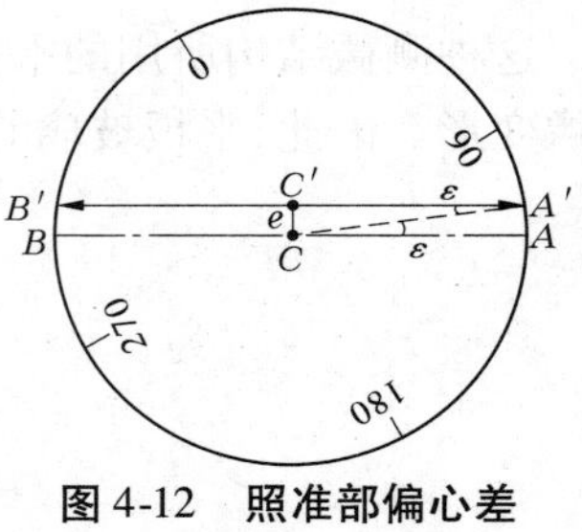

图 4-12　照准部偏心差

$$\varepsilon = \frac{AA'}{AC}\rho'' = \frac{e}{r}\rho'' \tag{4-11}$$

式中　e——照准部偏心量；

r——度盘刻划半径。

例如，假定取 $e = 0.002$ mm，$r = 47$ mm，则 $\varepsilon = \frac{0.002}{47} \times 206\ 265'' = 8.8''$

这样小的偏心量，却引起了这么大的方向偏差。在前述的所有的有关 J_2 级经纬仪的读数设备中，都包含着这种由偏心量 e 所引起的方向误差。这个误差对于照准部旋转所处的不同位置是不一样的。因此，在两个方向相减所得出的角值中，并不能相互抵消。而在式（4-11）中求得的 ε 值为偏心量 e 所引起的最大方向偏差值。

对精度较高的经纬仪（如 J_2 级），这样大的偏心差是不允许的，必须设法消除。最简单的办法是在照准部旋转中心 C' 的对径 180°方向装置两个指标，取两个指标读数的平均数作为某一方向的读数，即可得到消除了偏心差的正确读数。其原理如下。

从图 4-12 可看出，当 C' 与 C 重合时，某方向的正确读数为 A、B，指标读数是一致的，只是相差 180°，即 $B-180°=A$。当取两个指标读数的平均数时：

$$\frac{A+(B-180°)}{2}=\frac{A+A}{2}=A \tag{4-12}$$

若 C' 与 C 不重合，则两个指标的读数分别为 A' 和 B'，当取其平均数时得到某方向的读数 A_0 为

$$A_0=\frac{A'+(B'-180°)}{2} \tag{4-13}$$

由于 $A'=A-\varepsilon, B'=B+\varepsilon$，代入式(4-13)得

$$A_0=\frac{A-\varepsilon+(B+\varepsilon-180°)}{2}=\frac{A+(B-180°)}{2}=A \tag{4-14}$$

式(4-14)说明，只要能用两个指标 A' 和 B'，然后取其读数的平均值，即可得到某一方向不受照准部偏心差影响的正确读数。在老式的游标经纬仪上就是这样做的，但每瞄准一个方向就得增加一次读数，同时须计算出两次读数的平均值，而且在读数时还要围着仪器转，作业很不方便，而采用对径分划符合读数法就能解决这个问题。

(二)度盘对径分划符合读数的原理

上面已经讲到，仪器存在的照准部偏心差，只要取对径的两个指标读数，由下式即可求得某一方向不受偏心影响的正确读数(如 N_A)：

$$N_A=\frac{A'+(B'-180°)}{2} \tag{4-15}$$

在图 4-13 中，设 P 为最靠近指标 A' 的度盘分划线，其读数可直接从度盘刻度上读出，Δ_1 为不满度盘一格的尾数。则指标 A' 读数为

$$A'=P+\Delta_1$$

同理，设 P_{180} 为最靠近 A' 的度盘分划线。由于偏心差 ε 值相对于度盘格值而言是很小的，决不可能会差去一格，所以 $P_{180}=P+180°$，则指标 B' 读数为

$$B'=P_{180}+\Delta_2=P+180°+\Delta_2$$

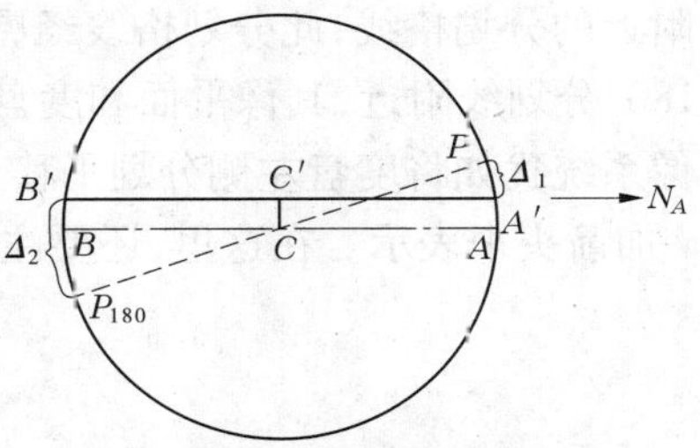

图 4-13　照准部偏心差

将 A' 和 B' 代入式(4-15)并化简得

$$N_A=P+\frac{\Delta_1+\Delta_2}{2} \tag{4-16}$$

由于存在偏心，$\Delta_1 \neq \Delta_2$，取 $\Delta_{平}=\frac{\Delta_1+\Delta_2}{2}$，则

$$N_A=P+\Delta_{平} \tag{4-17}$$

式(4-17)说明，要获得某一方向 N_A 的正确读数，其关键是设法一次读取 $\Delta_{平}$。为此，可通过一光学系统，将度盘分划线成像在它的对径 180°分划线附近(见图 4-14)，不放大也不缩小，方向也不改变，但使其相切。那么，用测微器只要能求出 $\frac{1}{2}(PA'+P_{180}B')=\Delta_{平}$ 即可。

求取 $\Delta_{平}$ 值的测微器，主要是两个相同的能作等速反向移动的光学零件，度盘分划线通过此光学零件后，其影像 P 和 P_{180} 亦作等速反向移动并互相符合，分划线的移动量 $\Delta_{平}$ 可从

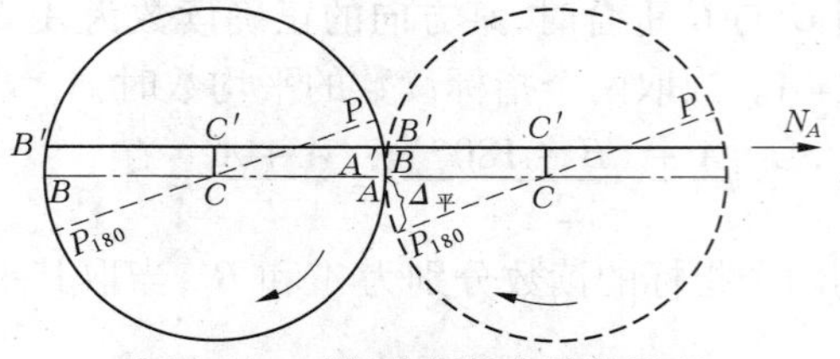

图 4-14 对径分划符合读数原理

测微尺上读出,视场情况如图 4-15、图 4-16 所示。

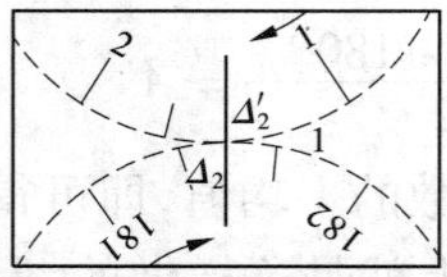

图 4-15 使对径分划作等速反向移动

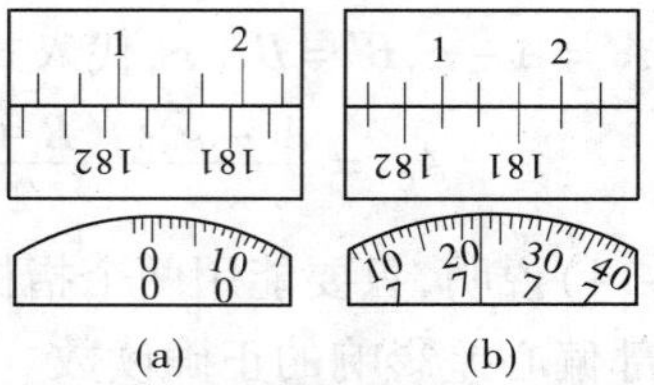

图 4-16 用测微尺确定 $\Delta_{平}$ 值

从上述的符合读数原理不难看出,这种读数法可以不用指标,读数时,只要使对径的分划线上下符合,即起了指标线的作用。事实上有些仪器,如德国蔡司 Theo－010 型、我国苏光 JGJ_2 型等均没有设指标线。

(三)度盘对径 180°分划的符合方法

1. 透射式符合光学系统

透射式符合光学系统的结构如图 4-17 所示。光线经过保护玻璃 1,照亮了度盘 2 在 0°附近的分划格线,此分划格线经屋脊棱镜 3 及 1∶1成像透镜组 4 和直角棱镜 5 成像在对径 180°分划线附近,其像平面和度盘分划平面重合。成像情况:如图 4-17 中右上角所示,此成像系统犹如将度盘左侧分划平移至右侧分划一边。度盘注记方向见右下部俯视图,并用 x、y 加箭头来表示。在这里,还要注意度盘注记在成像过程中箭头方向的变化。

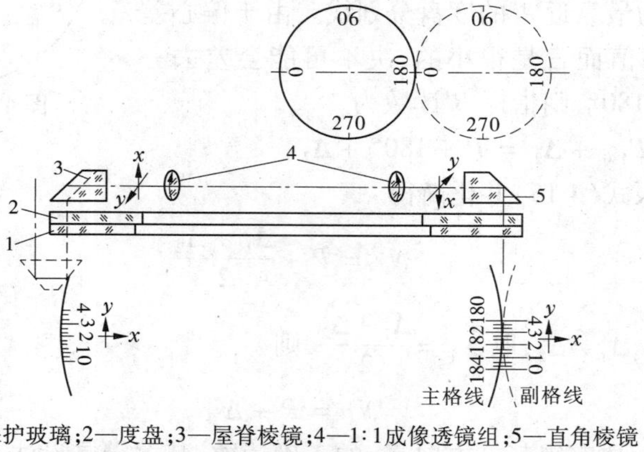

1—保护玻璃;2—度盘;3—屋脊棱镜;4—1∶1成像透镜组;5—直角棱镜

图 4-17 透射式符合光学系统的结构

这种符合系统的对径部分两组分划格线所经过的光学零件并不相同,副格线(见图 4-18 中 0°附近的)较主格线要多通过一组较复杂的成像系统,故影像不如主格线清晰。两个像的衬度也有所差别,这是透射式符合系统的主要缺点。但是,这种系统的光学零件制作工艺比较简单,装调比较方便,所以应用较广。如蔡司 Theo－010 型以及我国统一设计的 TDJ_2

型光学经纬仪等均采用此种结构。

2. 反射式符合光学系统

反射式符合光学系统的结构如图 4-18 所示。照明光线从度盘中心部分射入，经过棱镜 1 的反射进入符合棱镜 2 并照亮度盘 3。由于度盘刻划背面镀有银反射层 4，带有度盘刻划的光线再反射回符合棱镜 2，从度盘中心部分反射上去。对径部分（图中右侧）的光路与此相类似。度盘注记方向如下部俯视图所示。对径分划符合位置在度盘中心部分。右上角为对径分划符合示意图。

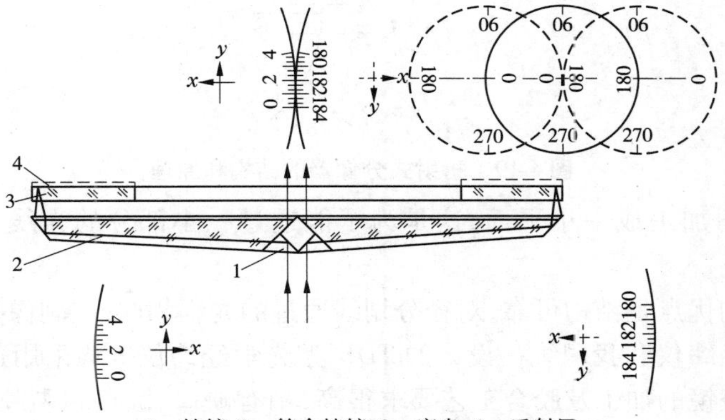

1—棱镜；2—符合棱镜；3—度盘；4—反射层

图 4-18　反射式符合光学系统的结构

这种符合系统的对径两组分划格线所走的光路相同，结构对称，符合的分划可以同样地清晰，成像质量较好，符合精度较高。但这种结构对工艺要求比较高，两只符合棱镜反射面的角度要求严格，对度盘的平面性、平行性和光洁度，以及度盘所镀的反射层等要求都较高，反射层的稳定性、清洁程度等都是不容易保证的。在长期的使用中发现，威尔特 T_2、T_3 型经纬仪的度盘，均有反射银层变质发黄和出现麻点等现象，有的甚至严重到不能使用，必须将其翻新。但经重镀后，一般效果尚好，还能继续使用。

（四）符合读数系统中的分像器

上述的对径分划符合光学系统只能使对径分划圆弧形相切或部分重叠，而我们在读数视场中所见到的对径分划却都是平直相切的，这是分像器所起的作用。平直相切的对径分划能提高符合读数的精度，而且读数方便，因而得到普遍采用。下面介绍分像器的结构和原理。

1. 折射式分像器

折射式分像器的结构和原理如图 4-19 所示。分像器为两块相同的菱形棱镜胶合在一起所组成（见图 4-19(a)）。由于入射光线不垂直于菱形棱镜的入射面，通过菱形棱镜后的出射光线将会产生一段平移，如图 4-19(b) 中阴影线所示。在阴影线之间为对径分划的重叠部分称为“切割区”。在“切割区”内的光线，因越过胶合面以后将进入另一块菱形棱镜，并最后射向我们在镜筒中所看到的视场之外，如图中虚线所示。因而使“切割区”这部分的光线被分隔掉，形成如图 4-19(c) 所示的视场。

读数窗指标面位于直角棱镜底面 P 上。不难看出，读数视场中所见到的细而直的符合线 AB，是两块菱形棱镜胶合面上端线 AB 通过放大系统后所形成的影像。分像器右面一块

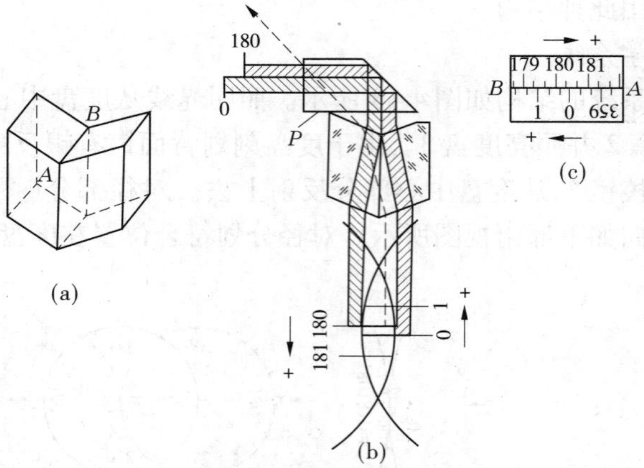

图 4-19　折射式分像器的结构和原理

菱形棱镜的右上角加工成一小平面，这是为了能透过一小部分的光线，借以照亮测微盘之用。

这种分像器的优点是结构可靠，对径分划线通过的光程相同，主副像亮度一致。在威尔特 T_2、T_3 型光学经纬仪和我国统一设计的 TDJ_2 型光学经纬仪等均采用这种结构。但这种结构对两块菱形棱镜的加工及胶合工艺要求很高，稍有缺口、脏点和剩胶等现象，经放大后均是不能允许的缺陷。这部分在修理过程中也要注意，一般不宜拆下，在清洗时，注意清洁液不要渗入胶合面，以免造成脱胶。

2. 反射式分像器

反射式分像器的结构及原理如图 4-20 所示。分像器由一块上半部镀银的直角棱镜和一块一面全部镀银的平板玻璃胶合而成（见图 4-20（a）），平板玻璃镀银的一面靠外（见图 4-20（b）顶面加虚线部分）。度盘分划线的成像光线如阴影线所示。“切割区”内的分划线为棱镜的镀银面所分隔（见图 4-20（b）粗虚线），不能进入视场。不难理解，读数视场中所见的平直的符合线 *AB*（见图 4-20（c））即直角棱镜镀银的分界线 *AB*（见图 4-20（a））。

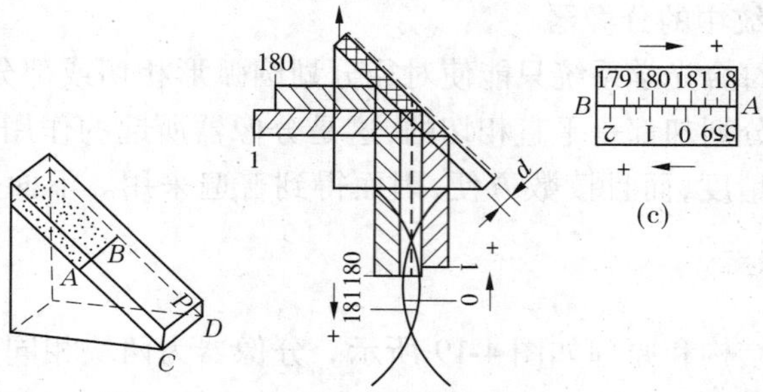

图 4-20　反射式分像器的结构及原理

实际中，均将平板玻璃在 *D* 端作成一个很小的小角（30′～50′），形成楔角很小的楔镜，以更有利于观察。在这里，为了装配上的方便，将分像器与读数窗胶合在一起。

反射式分像器的优点是结构简单，加工和装配均比较容易，故应用至今。如蔡司 Theo－010 型，苏联 TB－T 型及我国苏光 JGJ_2 型经纬仪等均采用此种结构。

但是，这种分像器对镀银的工艺要求很高，分界线要平整，并与直角棱镜的棱 *CD* 平行。

经长期使用后发现,镀银层极易变质、发黄和出现斑点,尤其是符合线 AB 部分,由于胶层的腐蚀使变质更甚,甚至有的仪器仅用几年就无法读数了。如匈牙利莫姆厂生产的经纬仪就有这个问题,就连蔡司厂较老的产品也不例外。

这种结构的另一个缺点是,对径两部分分划所走过的光程不等。图 4-20(b)中右侧的 1°分划线要穿过直角棱镜和平板玻璃,一直到平板玻璃的外表面才反射,多走了平板玻璃内的一段光程。为了补偿与左侧 180°分划的光程差,就不得不将其 1°分划部位(即右侧)光路上的测微光楔加厚。

二、双平板玻璃光学测微器

为了使度盘对径 180°的分划线作等速反向移动,并使它们精确符合,必须有一个能使度盘对径 180°分划线影像作相反运动的测微元件。同时,分划线的移动量 $\Delta_{平}$ 还要从这个测微元件上读出。因此,这个测微元件就包括了能使对径分划线作反向运动的一对光学零件和为了读取 $\Delta_{平}$ 而与之固连在一起的测微尺。

在符合读数系统中最常用的测微元件,有双平板玻璃光学测微器和双楔镜光学测微器。此外,也有少量仪器采用了特殊结构的单平板玻璃光学测微器,如瑞士克恩厂的 DKM_1 型、DKM_2 型和意大利伽利略厂的 TG_1b 型、TG_2b 型等。在这里,我们将对前两种光学测微器的构造和原理进行介绍。

(一)双平板玻璃测微器的结构原理

单平板玻璃光学测微器的原理是根据平板玻璃转动程度来测量度盘分划通过它之后的位移量。双平板玻璃光学测微器的原理也与此类似,所不同的是还要解决用两块平板玻璃实现等量反向转动的问题,如图 4-21 所示。度盘对径分划中 1°与 181°分别通过各自的平板玻璃 1 与 1′。当转动测微盘 4 时,必须同时使两块平板玻璃各自反向旋转,使通过两块平板玻璃的度盘对径分划线各自相对移动 $\Delta_{平}$。如图 4-21(b)右侧所示的 1°与 180°分划线,上下精确符合,$\Delta_{平}$ 的角值就用测微盘的分划来表示。

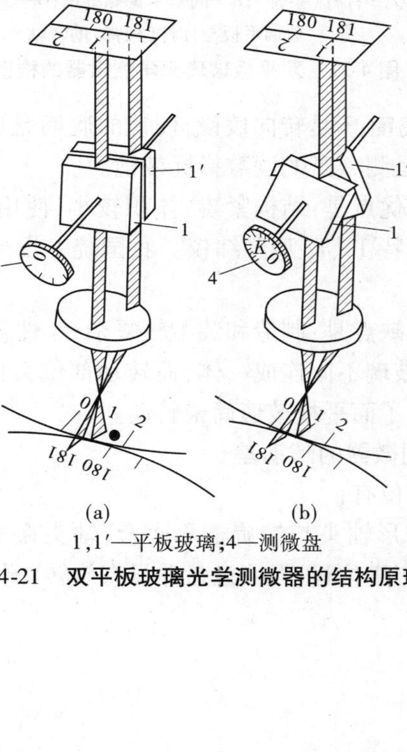

1,1′—平板玻璃;4—测微盘

图 4-21 双平板玻璃光学测微器的结构原理

(二)双平板玻璃光学测微器的构造

双平板玻璃光学测微器的构造如图 4-22 所示。测微手轮连同测微盘 4 绕转轴 O 旋转，而与测微盘 4 连接在一起的金属板上刻有阿基米德螺旋槽尺。杠杆(架臂)Q、Q'上端的球形轴头嵌在螺旋槽尺内，杠杆 Q、Q'下端固定有两块相同的平板玻璃 1、1′，它们可以各自绕小轴 g、g'旋转。当测微盘 4 按图上箭头所示的方向转动时，杠杆 Q、Q'均沿螺旋槽向外推动，此时平板玻璃 1 绕小轴 g 顺时针方向转动，平板玻璃 1′则逆时针方向转动，即实现了反向转动的要求。由于阿基米德螺旋槽在其旋转过程中任意位置的径向位移量是相等的，所以只要两根杠杆的零件尺寸一致，两平板玻璃的等量转动也就能够实现了。

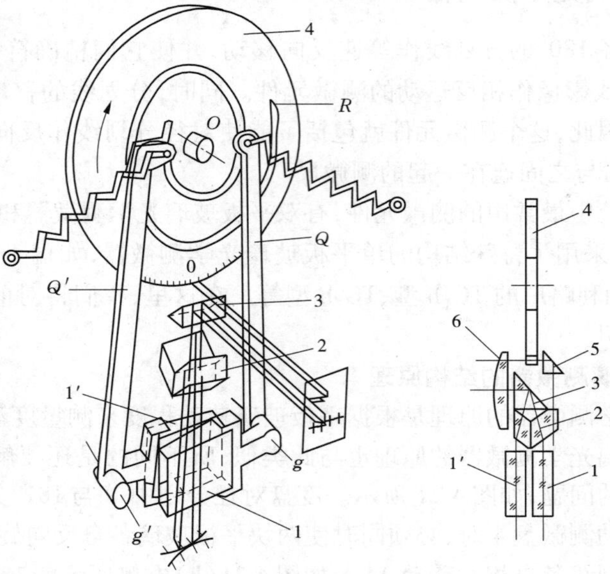

1、1′—平板玻璃;2—分像棱镜;3—转向棱镜;4—测微盘;5—测微盘照明棱镜;
6—场镜;Q、Q'—杠杆(架臂);R—阿基米德螺旋槽;O—测微盘旋转轴;
g、g'—玻璃平板与杠杆(架臂)的转轴

图 4-22 双平板玻璃光学测微器的构造

图 4-22 中 2 就是分像棱镜;3 是转向棱镜，棱镜的底面是读数窗;6 是读数窗场镜;5 是测微盘的照明棱镜，同时也是测微盘的读数指标棱镜。

这种测微器结构的主要优点是:结构紧凑、体积较小，使用性能比较稳定可靠。最早采用这种结构的仪器就是威尔特 T_2、T_3 型经纬仪。我国统一设计的 J_2 级光学经纬仪 TDJ_2 型也采用了这种结构。

这种测微器结构的主要缺点是:制造和装配较复杂;零件较多;平面螺旋槽加工困难，工艺要求严格，测微盘与平板玻璃不固连成一体，而转动部位又比较多，很容易出现所谓的隙动差——测微盘的读数变动了而平板玻璃尚未转动。

(三)双平板玻璃光学测微器的隙动差

产生隙动差的原因与部位有:

(1)杠杆 Q、Q'上端的球形轴头与螺旋槽不密合，轴头在槽内晃动时，平板玻璃即随之转动，此时的度盘分划线亦产生位移，但测微盘并没有旋转，测微盘读数也并没有改变。

(2)转轴 g、g' 有间隙,产生晃动。

(3)测微盘的转轴 O 也可能出现晃动。

为了减小或消除隙动差的影响,在球形轴头部位各加一条拉簧,使轴头永远靠在螺旋槽的外侧,小轴 g、g' 也靠向一侧,这样,即使有点间隙,晃动现象也能基本消除。但当仪器经过一段时间的使用以后,拉簧仍有可能失效,因此必须经常注意检查。检查时,用正反旋测微盘使分划线符合,两次读数差数就是隙动差。我国《国家三角测量和精密导线测量规范》规定,J_2 级经纬仪的隙动差不应超过 2″,超过此值的仪器需要进行检修。修理时,一般只需将拉簧剪去 1 ~2 扣,然后装上试试,直至拉簧生效。

三角测量外业,为了减小或消除隙动差对观测成果的影响,在《国家三角测量和精密导线测量规范》中还规定了度盘分划线符合时,一律采用测微器的旋进方向。所谓旋进,即顺时针方向。图 4-22 中的旋进方向为箭头所示的相反方向,亦即拉簧受力方向。

符合读数法的测微盘格值是这样计算的:当度盘对径上下分划相对移动一格时,实际上两排分划只各自移动 1/2 格,故测微盘格值 t 为

$$t = \frac{v}{2} \cdot \frac{1}{n}$$

式中 v——度盘格值,对于 J_2 级仪器,$v = 20'$;

n——测微盘总格数,对于 J_2 级仪器,$n = 600$。

对于 J_2 级光学经纬仪,一般测微盘格值 $t = 1''$,其读数视场如图 4-23 所示。

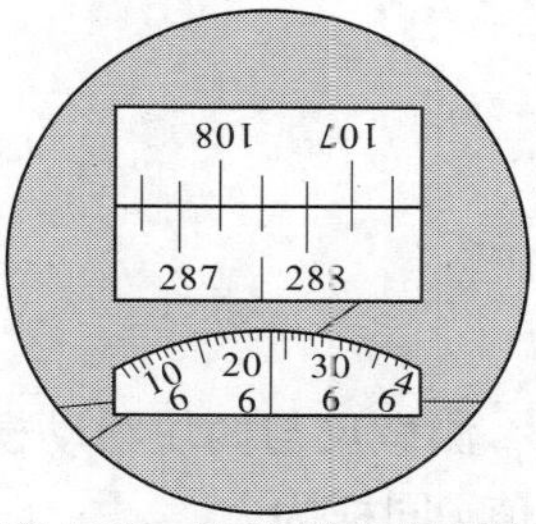

图 4-23 双平板玻璃光学测微器的读数视场

三、双楔镜(光楔)光学测微器

(一)双楔镜测微器的原理

双楔镜测微器是利用楔镜将通过它的光线偏转一个小角的原理制成的。利用楔镜的直线运动就能使通过它的度盘分划线产生位移,位移量与楔镜的运动量成正比(见图 4-24),楔镜的运动量可以通过与楔镜连接在一起的测微尺读数的变化表示出来。

楔镜沿光轴方向移动 l,使光线在垂直于光轴的平面内产生了位移 h。光线通过楔镜产生偏向角 δ,由于 δ 一般很小,于是有:

$$h = \frac{\delta}{\rho} \cdot l$$

根据式(1-7)有:

$$h = \frac{a(n-1)}{\rho} l$$

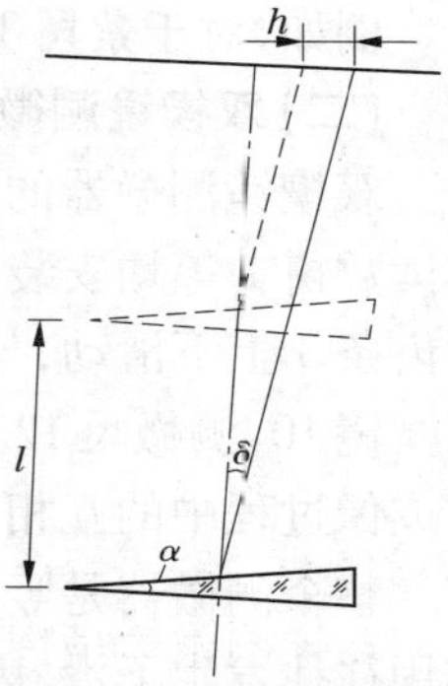

图 4-24 楔镜测微器原理

对于某一固定的楔镜来说,a、n 均为常量,因此 $h = Kl$,K 为一常量。

这就说明了光线的位移量 h 与楔镜的移动量 l 成正比。而平板玻璃光学测微器则存在非线性误差,即当平板玻璃旋转角度比较大时(如大于 10°),光线通过平板玻璃的位移量与平板玻璃的旋转角之间的关系不再是简单的线性关系,而要用复杂的函数式来表示。另外,阿基米德螺旋槽线与平板玻璃之间的传动关系也非简单的线性关系。仪器设计者为了计算上的方便,均采用了近似的简单线性公式。当平板玻璃旋转角增大时,这种非线性误差将明显地反映出来。

应用于符合读数法中的楔镜，要使对径分划作反向移动与上下符合，一定要采用两块相同而又互相倒置的活动楔镜(测微楔镜)。在活动楔镜的下部，为了防止光线偏离主光轴太远和消像差的需要，还对应设置了一对倒置的固定楔镜(补偿楔镜)，如图4-25所示。

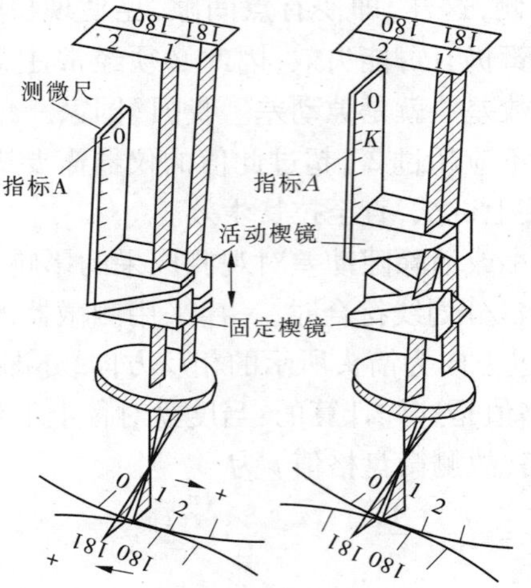

图4-25　双楔镜测微器的原理

测微尺与两块活动楔镜紧固成一体，用测微尺移动量 0 ~ K 来表示 $\Delta_{平}$ 的值。测微尺的格值 t 同样为

$$t = \frac{v}{2} \cdot \frac{1}{n}$$

例如，对于蔡司 Theo－010 型、苏光 JGJ_2 型等2″级经纬仪而言，$v = 20'$，$n = 600$，则$t = 1''$。

(二)双楔镜测微器的构造

双楔镜测微器的构造如图4-26所示。固定楔镜9、活动楔镜10、测微尺12、分像棱镜11和读数窗1等均安装在右支架的盖板上。转动测微手轮5时，由紧固在一起的小齿轮6带动齿条3上下滑动，与齿条3固连的滑架4沿着导轨7有规则地滑动。滑架上固定着的活动楔镜10、测微尺12也随之规则地上下滑动。隔离板2(涂黑的薄铜片)用来隔离对径分划在成像过程中的互相干扰。

整个测微器是竖直安装的，如图4-27为测微器的侧面图。测微器的滑架，由于自重的作用往往发生下滑，因此装一拉簧8，以期能与自重相互平衡。然而，由于测微尺在不同部位时，弹簧所受的拉力各不相同，而自重又始终不变，因此从原理上讲也无法平衡。事实上，这种测微器就存在着自动下滑和回弹现象，解决的办法只有增加滑架的摩擦力，这可以通过调节滑架与导轨的间隙来达到。测微手轮的摩擦力也直接影响滑架的运行情况。这种下滑和回弹现象是双楔镜光学测微器的主要缺点，但由于它的加工工艺比双平板玻璃测微器简单，而且活动楔镜与测微尺固连成一体，从原理上讲不会产生隙动差，精度较高，因此得到广泛的应用。

在双楔镜光学测微器中，两块活动楔镜的厚度是不一样的，有一块明显地较厚，这是为了补偿反射式分像器所产生的度盘对径分划光程不相等的缘故。

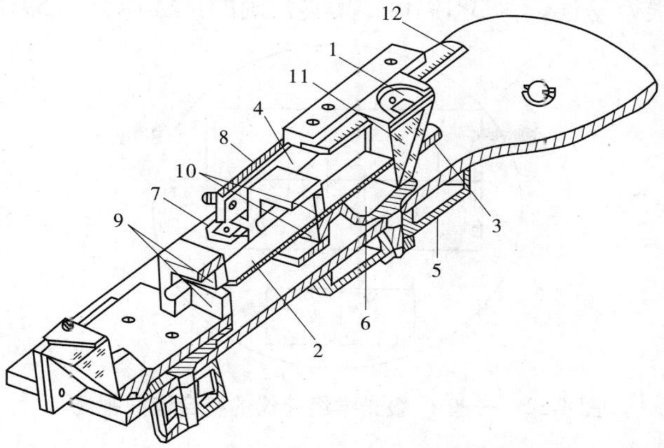

1—读数窗;2—隔离板;3—齿条;4—滑架;5—测微手轮;6—小齿轮;7—导轨;
8—拉簧;9—固定楔镜;10—活动楔镜;11—分像棱镜;12—测微尺

图 4-26　双楔镜测微器的构造

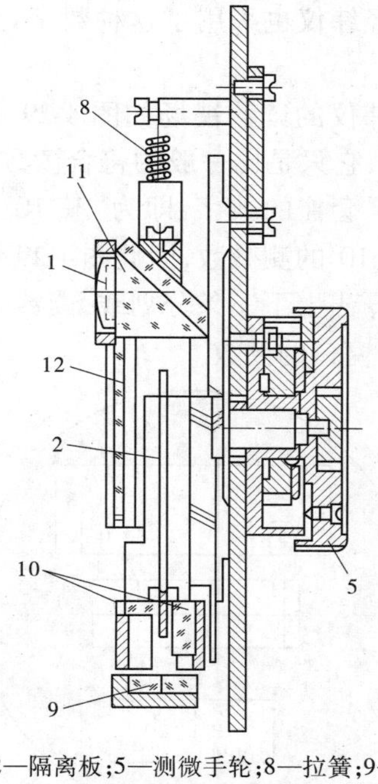

1—卖数窗;2—隔离板;5—测微手轮;8—拉簧;9—固定楔镜;
10—活动楔镜;11—分像棱镜;12—测微尺

图 4-27　双楔镜测微器侧面图

第五节　数字化读数结构

近年来,J_2 级光学经纬仪的读数视场在形式上有了新的改进,这就是所谓的光学数字化结构。在一般的读数视场中,在度盘对径分划符合好后,当读取度盘上的整分数时,需要数对径分划相应注记间的格数,稍有不慎就会发生差错。例如,图 4-28 为一般 J_2 级光学经纬仪的符合读数视场，很容易误读为 3°19′14″，其实正确的读数应为 2°59′14″。

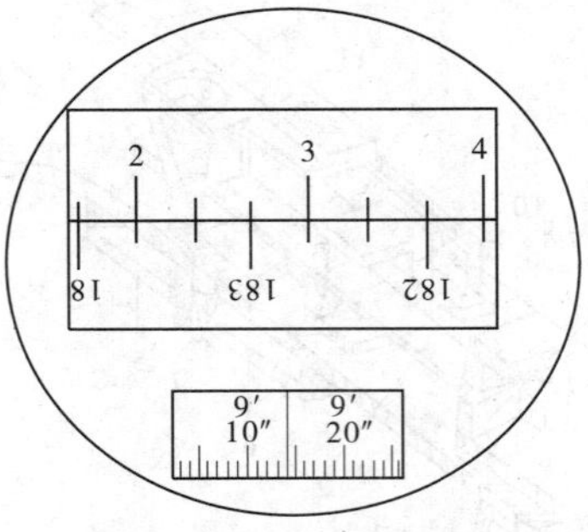

图 4-28　一般 J_2 级光学经纬仪的符合读数视场

采用新的数字化结构的读数视场后，读数就可以一目了然，度、分、秒全部由数字标出，读数又快又不容易出差错。目前，世界各国具有代表性的厂家均已采用数字化结构，如威尔特 T_2 型、克恩 DKM_2－A 型、蔡司 Theo－010 型、奥卜通 Th_2 型经纬仪等。我国 1976 年 7 月完成的全国统一设计的 TDJ_2 型经纬仪也采用了这种数字化结构。下面就这种结构形式进行一些介绍。

我国统一设计的 TDJ_2 型经纬仪的读数视场如图 4-29 所示。视场中有三个小窗，上窗口为读取“度”和“整 10 分”的数，它只是比一般的符合读数法增加一框型标记“门”和一排 0～5 的注记数字。框型标记“门”套住的数字，即为“整 10 分”的倍数。例如，图 4-29 上窗口的读数为 2°50′，下窗口为小于 10′的测微数，因此图 4-29 中总的读数应为 2°59′14″。中窗口为度盘对径分划符合部分，只露出上下三条分划线，读数时必须先转动测微手轮使中窗口对径分划线相符合，然后读上、下窗口的读数。

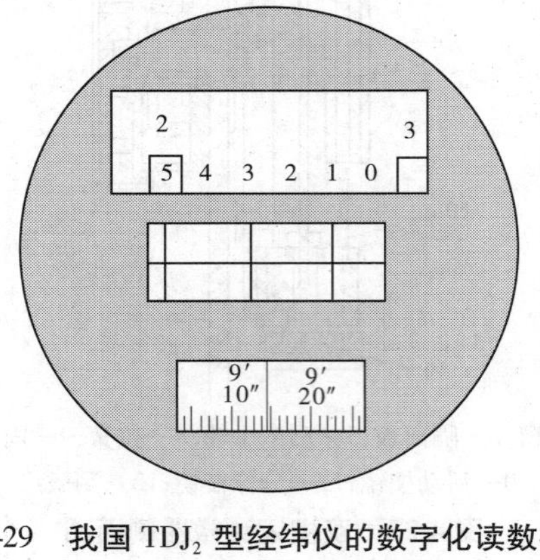

图 4-29　我国 TDJ_2 型经纬仪的数字化读数视场

读数视场实现数字化的读数设备的构造，如图 4-30 所示。所增加的框型标记“门”是刻印在度盘分划线与数字注记之间的。它的对径倒像那一端已被读数窗所遮盖掉。上窗口的一排注记 0～5 是直接刻印在读数窗上的，两个数字的间距为度盘像格宽的一半。不难理解，图 4-30(a)的读数为 176°08′23″，当照准部顺时针方向旋转 10′后，176°分划线向左移动半格(即 10′)，对径 356°那条分划线向右移动半格(即 10′)，176°的框型标记“门”正好套在一排注记中的“1”字上，如图 4-30(b)所示，读数应为 176°18′23″。

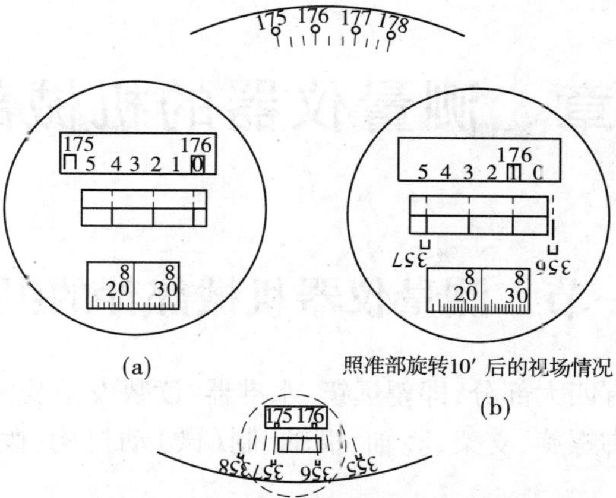

(a)　　照准部旋转10′后的视场情况

(b)

图 4-30　我国 TDJ_2 型经纬仪的数字化结构的构造

国外一些厂家所生产的经纬仪，如威尔特 T_2 型、克恩 DKM_2 - A 型、奥卜通 Th_2 和日本 TM - 1A 型等所采用的数字化结构形式也大致与上述类似。

小　结

本章主要介绍经纬仪读数设备的分类、经纬仪读数设备的读数方法，放大镜和显微镜的工作原理，带尺显微镜和单平板玻璃光学测微器的工作原理，度盘对径分划符合读数的原理、方法及测微装置的工作原理。

习　题

1. 经纬仪读数设备的读数方法有哪几种？分别是什么？
2. 带尺显微镜应满足什么条件？为什么？
3. 单平板玻璃光学测微器的原理是什么？
4. 度盘对径分划不均匀的误差怎样消除？

第五章　测量仪器的机械部件

第一节　测量仪器机械部件的组成

测量仪器的组成共有四大部分，即望远镜、水准器、读数设备及机械部分。其中，机械部分又包括三脚架、基座、脚螺旋、支架、竖轴、横轴、制（微）动机构、拨盘机构、复测机构以及各种连接螺丝等。

要将以上各零件相互组合而构成一个完整的测量仪器，通过各机械零件的运动才能实现测量。仪器上的每个机械零件在测量过程中都有专门的作用。如三脚架起稳定支承与升降仪器的作用；脚螺旋起安平仪器的作用；竖轴使仪器照准部稳定地围绕铅垂线旋转，并使水平盘中心定位。若仪器中某一机械零件失灵，将影响仪器的正常工作，严重时，可使测量工作无法进行。

仪器的精密度越高，对机械结构及零部件的要求也越严格。作为测量工作者而言，应懂得如何检查与维护机械部分的零部件，以保持其性能，使仪器各部件经常处于良好的工作状态，保证测出好结果。

作为仪器检修人员而言，还应熟知各部件的性能、相互关系以及如何保持这些关系，明晰故障的原因以及排除方法等。

第二节　竖　轴

竖轴是测量仪器中关键的精密元件之一，其质量的好坏将直接影响仪器的使用和测量结果的精度。

一、对竖轴的要求

（1）竖轴必须是一个旋转体，其轴心应是一条直线，且垂直于轴心的任何一个截面应该是一个没有扁率的圆形。目前多为圆柱形或圆锥形。

（2）轴在轴套内旋转时必须平稳且无晃动，即应具有较高的定位及定向精度，要求其很好地吻合，不能有过大的间隙。

（3）竖轴旋转的灵活性要好，即平滑舒适。

二、竖轴的类型

为了提高竖轴定向精度和转动的灵活性，对竖轴的形状和结构进行了不断改进，目前测量仪器上使用的竖轴按形状不同大致可分以下五种类型。

（一）圆锥形轴

圆锥形轴最先采用，广泛应用于游标经纬仪中，在高精度仪中也有采用此轴形的。其形状及轴套所受压力如图 5-1、图 5-2 所示。

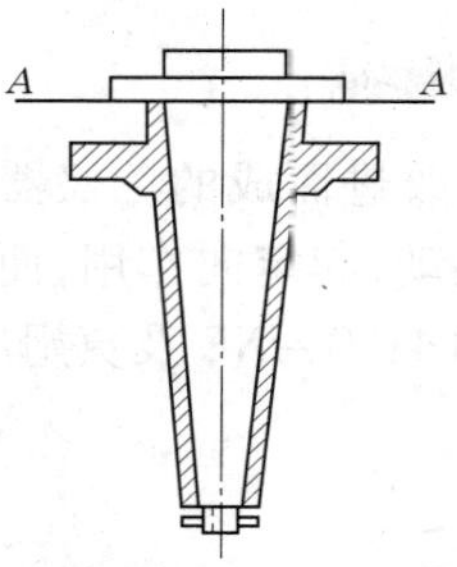

图 5-1 圆锥形轴

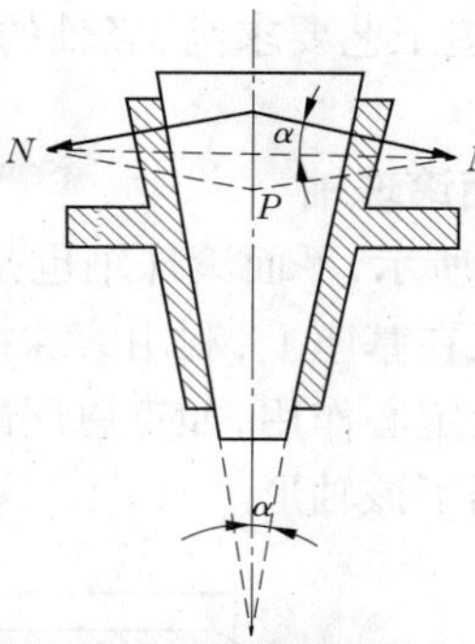

图 5-2 轴套所受压力

优点：加工、维修较方便。

缺点：因仪器大部分或全部质量均由竖轴斜面来支承，使轴与轴套面间产生巨大压力，给测量成果带来误差。

（二）标准圆柱形轴

如图 5-3 所示，标准圆柱形轴由圆柱形柱和圆柱形轴套组成，目前已普遍应用于绝大多数的水准仪及 J_6 级以下中低精度经纬仪之中。其特点是仪器上部的质量由轴的端面 A（见图 5-3（a））或轴的球形末端（见图 5-3（b））或滚珠轴承（见图 5-3（c））来承受的，轴套不承受荷重，它仅在照准部旋转时起定向作用。

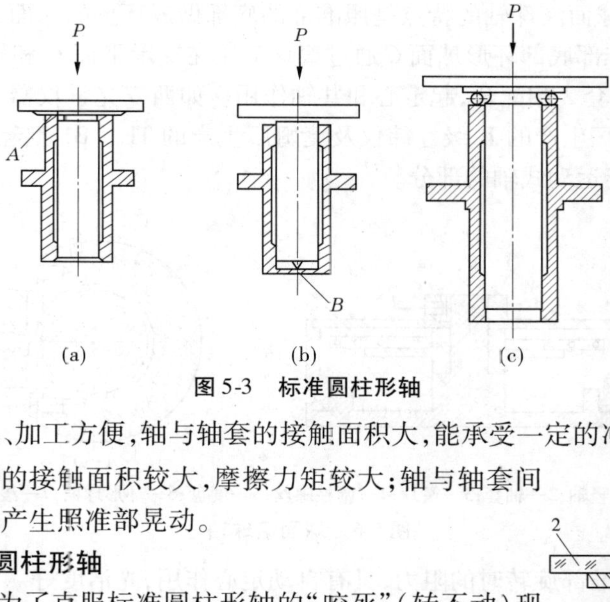

图 5-3 标准圆柱形轴

优点：形状简单、加工方便，轴与轴套的接触面积大，能承受一定的冲击或震动。

缺点：轴与轴套的接触面积较大，摩擦力矩较大；轴与轴套间的间隙无法调整，易产生照准部晃动。

（三）半运动式圆柱形轴

如图 5-4 所示，为了克服标准圆柱形轴的“咬死”（转不动）现象，许多经纬仪都改进成了半运动式圆柱形轴，如国产 DJ_{6-1} 型、蔡司 Theo－010 型等，该轴形是目前经纬仪使用轴系中较为满意的一种轴形，是由标准圆柱形轴改进而来的。在国产仪器 J_{07}、J_1、J_2、J_6 级以及国外生产的中高等精度的光学经纬仪都采用了该轴形。

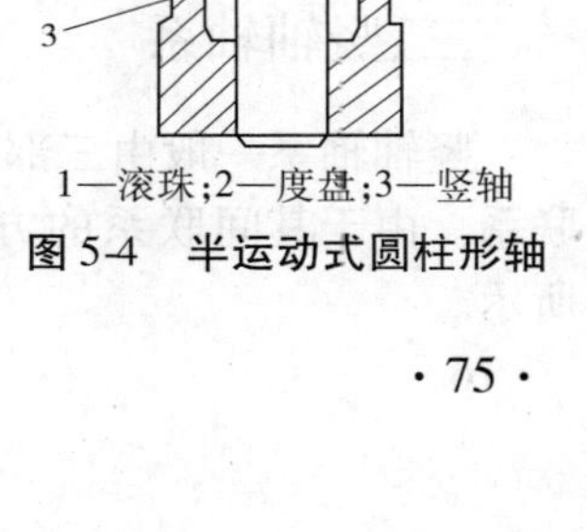

1—滚珠；2—度盘；3—竖轴

图 5-4 半运动式圆柱形轴

优点:滚珠与轴套锥面具有自动定心作用,装配时研磨工作量小,利于批量生产。

缺点:制造工艺要求高,竖轴的中心线与支承端面的垂直度要求高,对滚珠尺寸的精度要求高。

(四)平面滚珠轴

如图 5-5 所示,平面滚珠轴也是在标准圆柱形轴基础上改进而成的。仪器的照准部通过一圆滚珠压在基座上,利用滚珠接触的平面来控制轴的晃动,起定向作用,而短竖轴与轴套只起共轴及定心作用,如克恩厂的 DKM_1、DKM_2,意大利的 4150 - NE 及莫姆厂的 TE - D1 型经纬仪采用了该轴形。

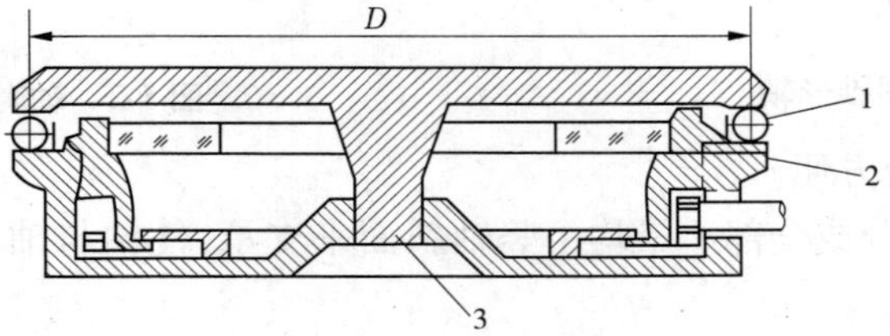

1—滚珠;2—度盘;3—竖轴;D—滚珠间距

图 5-5 平面滚珠轴

优点:利用平面接触起定向作用降低了仪器高度,减小了仪器体积,控制竖轴晃动。

缺点:平面滚珠轴精度并不稳定,转动也过于灵活。

(五)球面滚珠轴

如图 5-6 所示,球面滚珠轴的特点是照准部的底部做成环形的球面,然后通过一圈滚珠支持在基座上。照准部底部环形球面 6 通过滚珠 7 压在支承平面 C 和导向柱面 B 上,竖轴 1 的上端与照准部轴套 2 相配合,起定心和共轴作用。如西安光学仪器厂、上海第三光学仪器厂、武汉光学仪器厂生产的 J_6 级经纬仪及莫姆厂生产的 TE - B1 型经纬仪都采用了这种轴。该轴形保存了半运动式轴的部分。

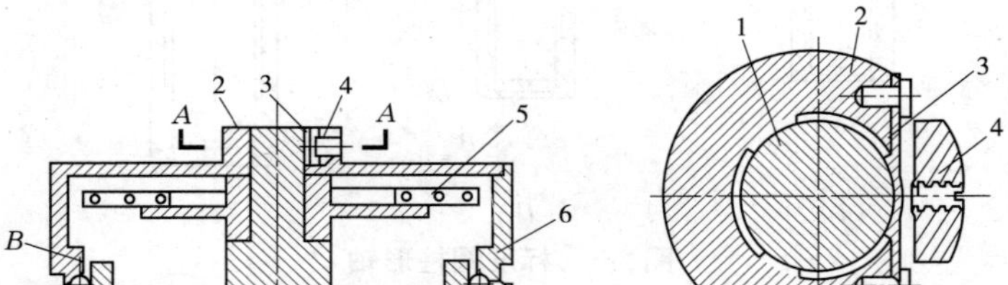

1—竖轴;2—轴套;3—簧片;4—调整螺丝;5—度盘;6—环形球面;7—滚珠

图 5-6 球面滚珠轴

优点:减小了照准部旋转时的阻力,具有自动定心作用,光洁度好。

缺点:球面的中心要保持在轴套 2 的轴心上。

三、竖轴轴系

竖轴轴系一般由三部分组成:一部分与基座联系,一部分与度盘联系,一部分与照准部联系。由于其间联系的方式不同,就构成了各种不同的轴系。常见的几种形式如图 5-7 所示。

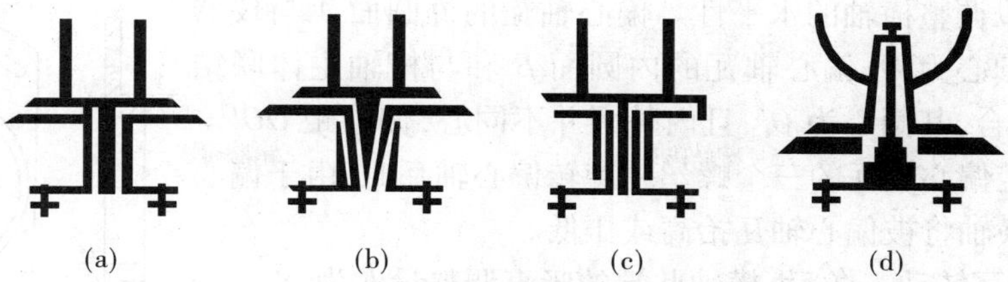

图 5-7　竖轴轴系

目前，使用最多的经纬仪轴系可归纳为以下两种：复测轴系（见图 5-7（b））——照准部的轴套可以旋转的轴系；方向轴系（见图 5-7（c））——照准部的轴套不能转动的轴系。

（一）复测轴系

复测轴系的主要特点是：与照准部相连的竖轴和与度盘相连的轴套直接摩擦接触，其刻制度盘工艺水平不太高。

复测轴系应满足如下两个条件：①照准部旋转时，度盘不应受任何微小带动；②照准部既可单独转动，又可和度盘连在一起转动，且此时度盘不应有滞后现象。

复测轴系的缺点是度盘可能被带动，易产生度盘的滞后现象。

由于上述不足，所以目前经纬仪上较少采用此轴系。

（二）方向轴系

方向轴系的主要特点是基座轴套将照准部和度盘隔开了，这样，照准部旋转时不会直接带动度盘，只有使基座扭转时才能带动度盘偏转，因此该轴系的带动误差比复测轴系要小得多。

第三节　横　轴

在经纬仪的横轴（也称水平轴）上固定着望远镜和竖直度盘，当望远镜和竖直度盘旋转时，横轴在照准部支架的轴承内旋转。横轴应垂直于竖轴。

图 5-8 所示为 DJ_{6-1} 型仪器的横轴，它由横轴主体 3 和接轴 6 联合组成。横轴主体 3 上装有竖盘 1。主体一端围绕轴心 2 转动，而另一端则通过接轴 6 在偏心环 5 的内环中转动。轴心 2 与偏心环 5 分别固定在仪器照准部左右支架 4 上。

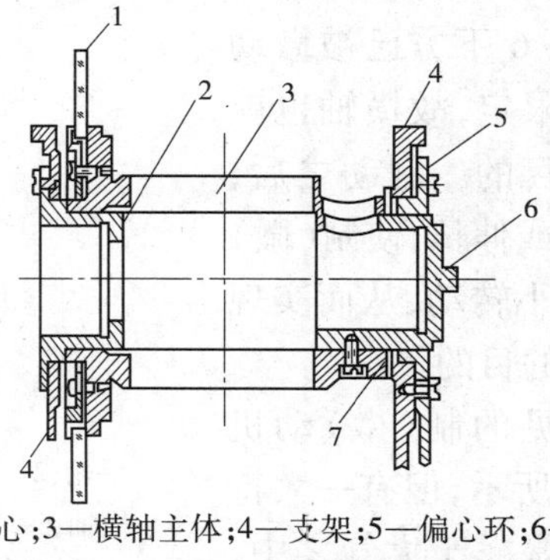

1—竖盘；2—轴心；3—横轴主体；4—支架；5—偏心环；6—接轴；7—垫圈

图 5-8　DJ_{6-1} 型的横轴构造

光学经纬仪中横轴的校正装置，常采用偏心轴瓦（也称偏心轴承，见图 5-9）使横轴一端升降的办法，以调整横轴的水平性。偏心轴瓦的外圆面 A 与仪器支架相配合，圆心为 O；偏心轴瓦的内圆面 B 和与横轴主体联结的接轴 6 相配合，其圆心为 O'，且内外圆并不同心，偏心距 $OO'=e$。当松开固定偏心轴瓦的三个螺丝并旋转偏心轴瓦时，由于偏心距 e 的影响，横轴将被偏心轴瓦抬高或压低。

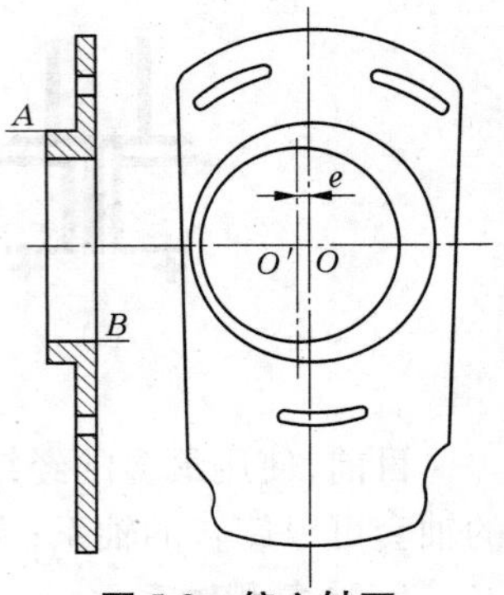

图 5-9 偏心轴瓦

在偏心轴瓦转动 α 角后，横轴此端的竖直调整量 h 为

$$h = e\sin\alpha$$

由此所引起的横轴倾斜变化角量 i'' 为

$$i'' = \frac{h}{L}\cdot\rho'' = \frac{e\sin\alpha}{L}\rho''$$

式中 L——横轴长度。

当 $L=70$ mm，$e=0.5$ mm，$\alpha=5°$时，横轴的倾斜校正量 $i''\approx128''$。

随着仪器加工工艺水平的提高，有的仪器已将横轴的校正装置取消，使横轴的水平性靠仪器的加工制造来保证。若个别仪器因使用过久而出现横轴不水平现象，可在支架的连接处垫上极薄的金属箔加以校正。

第四节　制（微）动机构

为使经纬仪或水准仪的望远镜能精确地瞄准目标，仅用手来控制仪器是十分困难且费时的。因此，在仪器上安装制（微）动机构是十分必要的，它能实现照准部迅速而准确地瞄准目标的目的。测量仪器所使用的制（微）动机构的结构形式花样繁多，但原理基本相同。

一、普通式

图 5-10 所示为常见的制（微）动机构，如苏光 JGJ_2 型经纬仪就采用这一结构。横轴 5 支承在支架 7 上，制（微）动环 6 套在横轴 5 上，手轮 1 安装在制（微）动环的上部。旋转手轮 1（用力不要过猛）通过万向接头 2 和传动螺杆 3，可使制动块 4 压紧横轴，从而使横轴与制（微）动环连成一整体。由于制微动环 6 下方已被微动螺旋 8 与微动弹簧套 10 顶紧限定，故横轴也就不能转动，从而达到了制动的目的。制动之后，旋转微动螺旋 8，使弹簧 9 压缩或伸长，使制（微）动环连同横轴一起绕轴产生微小转动，从而实现使望远镜视准轴发生微小仰俯的目的。

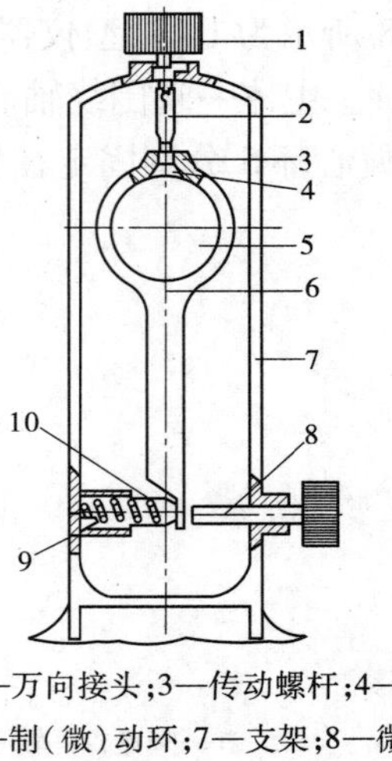

1—手轮；2—万向接头；3—传动螺杆；4—制动块；5—横轴；6—制（微）动环；7—支架；8—微动螺旋；9—弹簧；10—微动弹簧套

图 5-10 普通式制（微）动机构之一

图 5-11 所示也是一种常见的制（微）动机构，其制（微）动原理同图 5-10 所示，但有一大特点，即微动机构的微动螺旋 5 暴露于大气之中，易进灰尘受到磨损，故适用于精度不高的仪器中。

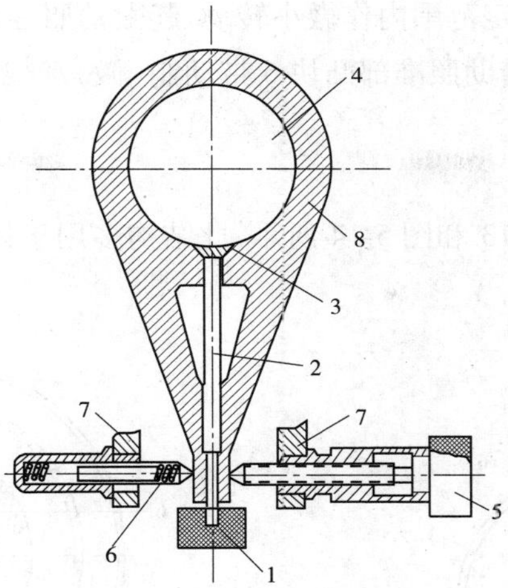

1—制动螺旋;2—传动杆;3—制动块;4—竖轴轴套;5—微动螺旋;
6—弹簧;7—固定架;8—制(微)动环

图 5-11　普通式制(微)动机构之二

二、杠杆微动式

如图 5-12 所示,杠杆微动式结构适用于精度较高的光学经纬仪之中,如威尔特 T_2、T_3 型,制(微)动架 1 套在基座上,照准部壳体上的一个凸块 6 插在制动架上的弹簧 5 与杠杆 8 之间。

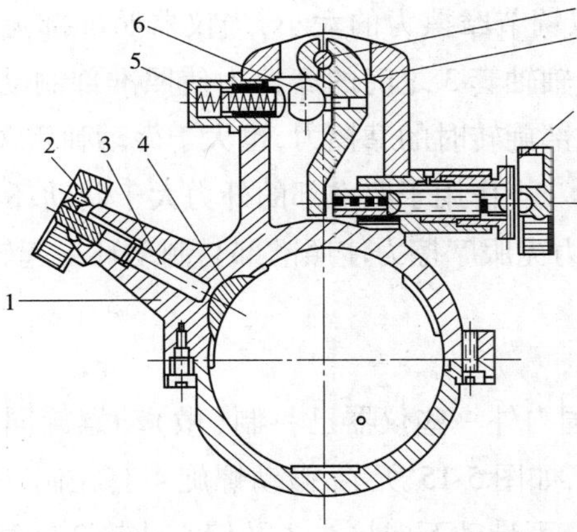

1—制(微)动架;2—制动螺旋;3—传动杆;4—制动块;5—弹簧;
6—照准部凸块;7—小轴;8—杠杆;9—微动螺旋

图 5-12　杠杆微动式制(微)动机构

当旋进制动螺旋 2 时,制动块 4 被推动压紧在基座的轴上,制(微)动架 1 被制动,而照准部凸块 6 被杠杆 8 与弹簧 5 顶紧,因此照准器就被固定了。旋转微动螺旋 9 推动杠杆 8,

可使照准部上的凸块 6 在一定范围内作微小转动，起微动照准部的作用。旋松制动螺旋 2，照准部即可自动转动，同时借助照准部凸块 6 带动制(微)动架 1 与照准部一起旋转。

三、摩擦制动式

摩擦制动式机构如图 5-13 和图 5-14 所示，此结构多用于体积小、质量轻的光学经纬仪及水准仪上。

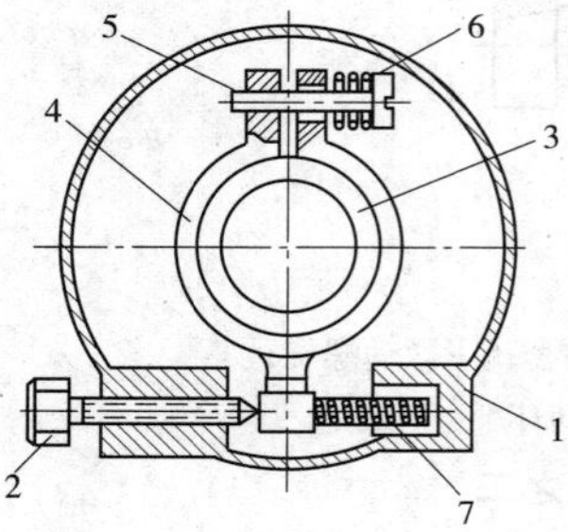

1—照准部壳体；2—微动螺旋；3—竖轴轴套；4—制动环；5—调节螺丝；6—弹簧；7—微动弹簧

图 5-13　摩擦制动式机构之一

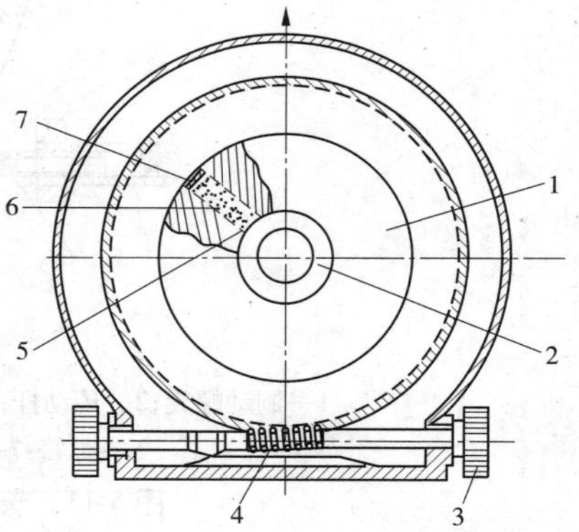

1—蜗轮制动环；2—轴套；3—微动手轮；4—蜗杆；5—制动块；6—弹簧；7—调节螺丝

图 5-14　摩擦制动式机构之二

在图 5-13 中，制动环 4 的一端被安装在照准部壳体 1 上的微动弹簧 7 和微动螺旋 2 所卡住，其制动作用是依靠制动环和竖轴轴套 3 间的摩擦力来实现的。旋紧或旋转调节螺丝 5 时，借助弹簧 6 的弹力可以调节摩擦力的大小，当仪器照准部无外力作用时，由弹簧 6 的张力所产生的制动环 4 与竖轴轴套 3 之间的摩擦力使照准部制动。当旋转微动螺旋 2 时，由于制动的摩擦力大于照准部旋转时的摩擦力，也大于微动弹簧 7 的弹力，从而迫使与微动螺旋相连的照准部产生微动。当作用于照准部的外力大于制动环与竖轴轴套之间的摩擦力时(如用手转动照准部)，外力克服摩擦力使照准部与制动环一起转动。

四、同轴结构式

为了操作方便，近年来国内外一些仪器已将制(微)动螺旋同装在一个轴上，称为同轴结构。如国产 J_{6-2} 型经纬仪，如图 5-15 所示，微动螺旋 4 套在制动螺旋 5 的外面，两者同一轴线。当旋转制动螺旋 5 时，可带动万向接头 3 及偏心凸轮 2 转动，偏心凸轮 2 即推动顶杆 6 及制动块 7，使制动环 9 和轴套 8 依靠摩擦力紧连在一起，产生制动作用。此时，如再旋转微动螺旋 4，由于制动环 9 及制动螺旋 5 都已固定，故只有照准部 1 能相对于微动螺旋 4 移动，产生微动作用。

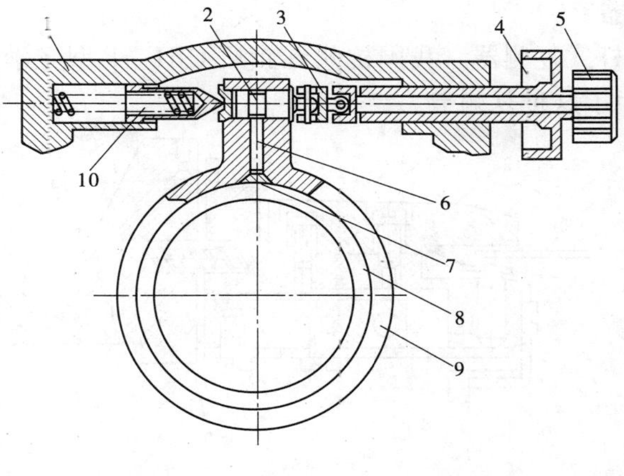

1—照准部;2—偏心凸轮;3—万向接头;4—微动螺旋;5—制动螺旋;
6—顶杆;7—制动块;8—轴套;9—制动环;10—弹簧

图 5-15　同轴结构式制(微)动机构

第五节　复测机构、拨盘机构、脚螺旋(安平螺旋)

一、复测机构

在工程测量和矿山测量中,为了提高测量速度和精度,常采用复测法,这就需要在中低等精度经纬仪安置一复制机构——复测器(复测卡)。该卡子安装在仪器照准部的壳体上,借助它可卡住与度盘相固连的复测盘(片),使度盘和照准部同步旋转,当松开卡子时,照准部又可单独旋转。

常见复测器有搭扣式复测器和杠杆式复测器。

(一)搭扣式复测器

图 5-16 所示为搭扣式复测器。国产 DJ_{6-1}型,意大利 T4150NE 型经纬仪均采用搭扣式复测器。这种复测器的缺点是仪器长期使用后,簧片的弹性容易减弱而失效。

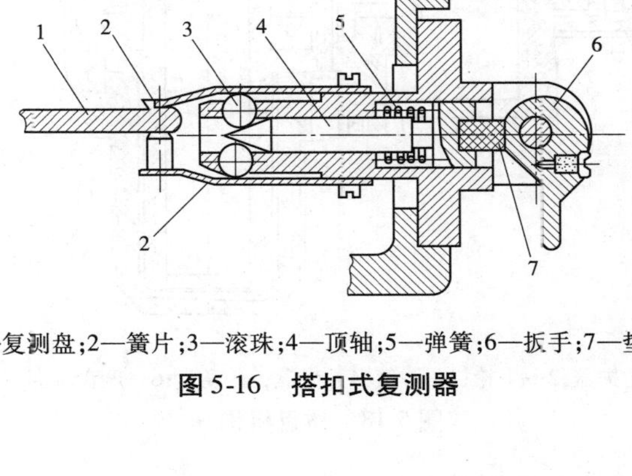

1—复测盘;2—簧片;3—滚珠;4—顶轴;5—弹簧;6—扳手;7—垫块

图 5-16　搭扣式复测器

（二）杠杆式复测器

图 5-17 所示为杠杆式复测器。我国杭州红旗厂 CJH－1 型光学经纬仪及蔡司 Theo－030 型光学经纬仪应用了这种复测卡。

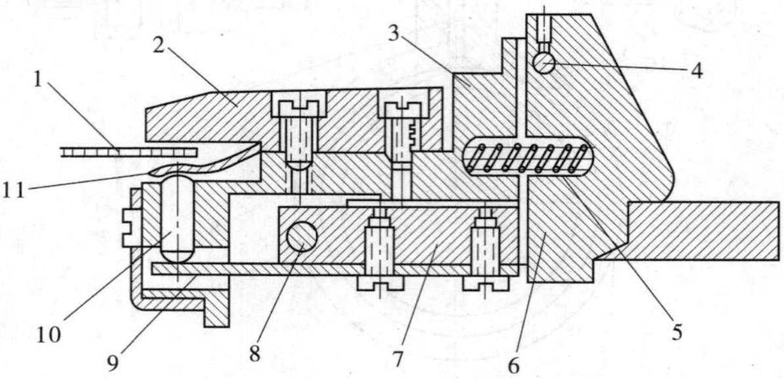

1—复测片（环）；2—压块；3—照准部壳体；4—小轴；5—弹簧；6—顶块；7—扳手；8—小轴；9—下簧片；10—顶杆；11—上簧片

图 5-17　杠杆式复测器

二、拨盘机构

拨盘机构的作用是在观测过程中变换度盘位置，以便在度盘等间隔的不同位置上观测同一目标，减小水平盘刻划误差的影响，提高测角的精度。复测机构都可以起拨盘作用，但拨盘机构不能起复测机构的作用。

下面介绍两种拨盘机构。

（一）拨盘机构一

拨盘机构一如图 5-18 所示，这种机构应用较多，结构简单。度盘轴套 6 上安装着度盘 5 与齿盘 4，照准部的壳体上装有前端带有齿轮 7 的手轮 2。需要拨动度盘时，打开手轮护盖 1 用手紧压手轮 2 使齿轮 7 和齿盘 4 啮合，同时转动手轮 2 即可拨动度盘。除在拨盘手轮上装有护盖外，还借助弹簧 3 的弹力使手轮 2 经常被顶起，齿轮 7 和齿盘 4 经常处于分离状

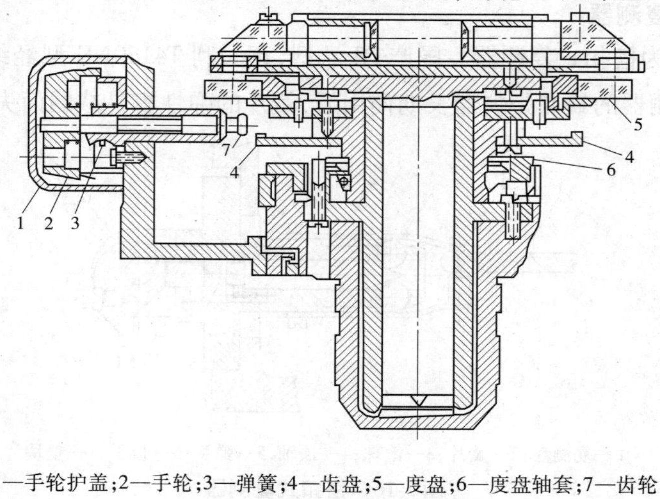

1—手轮护盖；2—手轮；3—弹簧；4—齿盘；5—度盘；6—度盘轴套；7—齿轮

图 5-18　拨盘机构一

态，这样即使误拨手轮，也不会转动度盘。

(二)拨盘机构二

拨盘机构二如图5-19所示，改进后的拨盘机构手轮1与滑杆5相连在拨盘手轮座4上有一螺孔，孔中有弹簧3，其弹力可通过螺丝来调整，当压力调到一定程度时，由于弹簧压力的作用使把手7与滑杆5产生较大的摩擦力，可保证当滑杆头部的伞齿轮插入齿盘后，不致因三个弹簧2的弹力作用而退出。该机构使用方便，因拨盘时无须压紧手轮。拨完度盘后，按下把手7，由弹簧3所引起的把手7与滑杆5间的摩擦力消失，手轮1及滑杆5即被三个弹簧2自动弹出，之后把手7的头部正好落在滑杆5的凹槽内，卡住滑杆5，这时即使再用力也不可能把手轮1推入，避免了误转手轮而拨动度盘。只有再将把手7按下并推入手轮1后，拨盘手轮才能再起拨盘作用。国产TDJ_2型经纬仪采用此种拨盘机构。

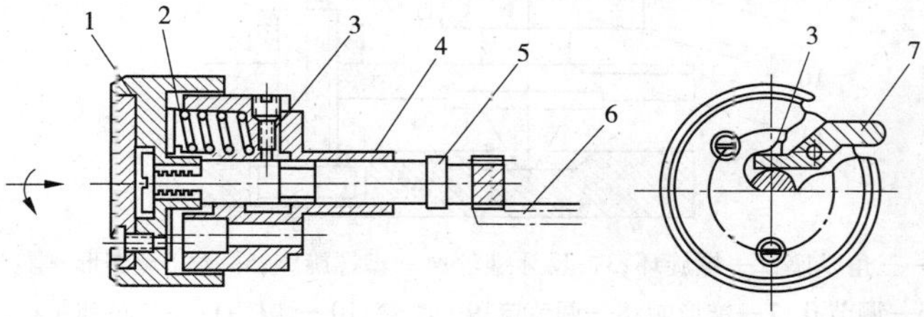

1—手轮；2、3—弹簧；4—手轮座；5—滑杆；6—小轮；7—把手

图5-19 拨盘机构二

三、脚螺旋(安平螺旋)

脚螺旋也称安平螺旋，其作用是借助于水准器的指示，将仪器精确地安置在理想位置上。精密仪器上的脚螺旋，螺杆与螺母一般是配对研磨而成的，拆修时注意不要互换搭配。

早期的仪器上使用的脚螺旋结构简单，如图5-20所示。

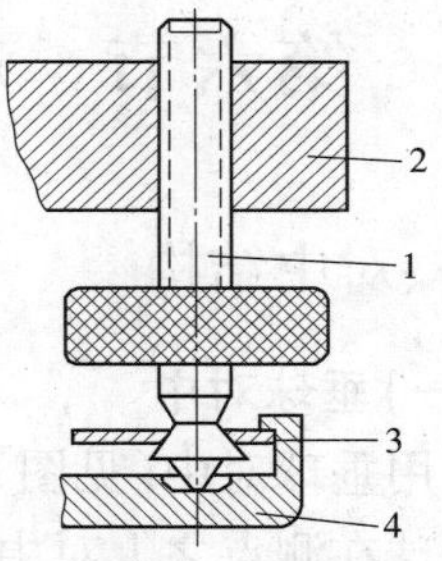

1—螺杆；2—三角基座；
3—三角弹性板；4—三角底板

图5-20 简易脚螺旋

简易脚螺旋的缺点是螺杆和螺母之间容易沾染灰尘，易磨损，无调整螺杆与螺母之间间隙的机构。

目前应用最多的是具有调整机构的封闭式脚螺旋，如图5-21所示。

用螺旋环2将脚螺旋座4紧紧压入三角基座1内；在脚螺旋座4和螺杆10之间放入一个鼓形(枣形)螺母5，鼓形(枣形)螺母5的两端分别开有三条长槽，当旋转调节罩8时，锥形帽7挤压鼓形(枣形)螺母，能使螺母两端略微收紧，从而调节了脚螺旋的紧松。调节时，可用校正针通过调节孔6来拨调节罩8。为防止鼓形(枣形)螺母的转动，使定位螺丝15的一端正好插入鼓形(枣形)螺母的宽槽中。反牙螺丝3的作用则是防止螺杆10旋出过多以致脱出。

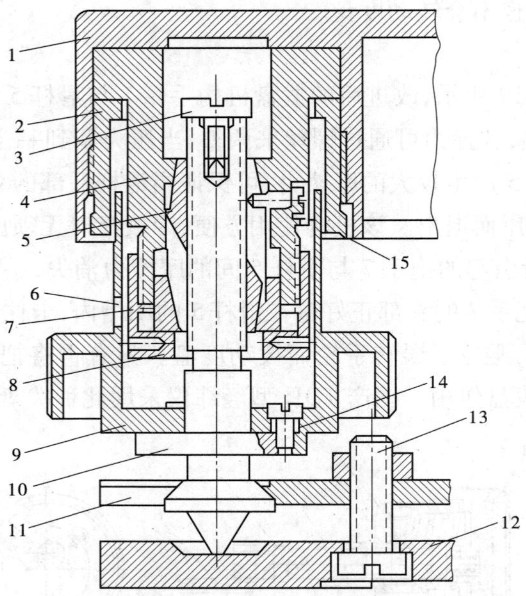

1—三角基座;2—螺旋环;3—反牙螺丝;4—脚螺旋座;5—鼓形(枣形)螺母;
6—调节孔;7—锥形帽;8—调节罩;9—手轮;10—螺杆;11—三角弹簧板;
12—三角底板;13—螺丝;14—三个小螺丝;15—定位螺丝

图 5-21　封闭式脚螺旋

第六节　对中结构、三脚架、测绘仪器的稳定性

一、对中结构

(一)垂球对中

使用垂球对中(见图 5-22),在最理想的条件下对中精度可达 1 mm 左右。但有些经纬仪用垂球在测点之上对中时,精度往往很低,甚至出现不能容许的对中误差,它只能作为粗略的对中使用(如安置三脚架),然后用经纬仪上的光学对点器精确地对中。

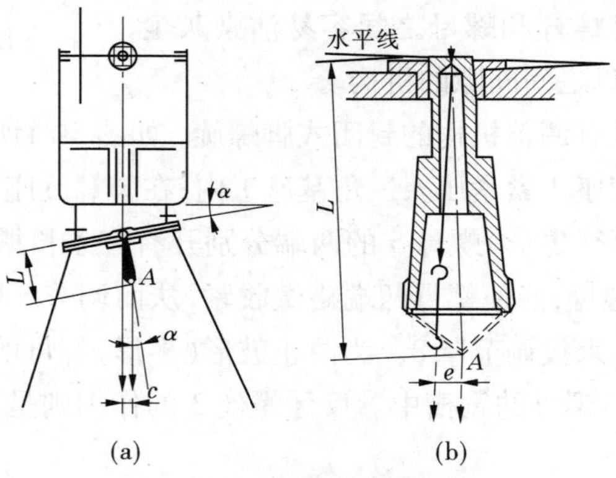

图 5-22　垂球对中

(二)光学对点器

如图 5-23 所示,光学对点器由物镜、直角棱镜、分划板及目镜组成。分划板上的标志是一圆圈,通过调节分划板、直角棱镜及目镜的相对位置来看清楚测点标志。物镜光心与分划板上标志的圆心的连线称为光学对点器的视轴,该视轴必须与仪器竖轴中心线重合。

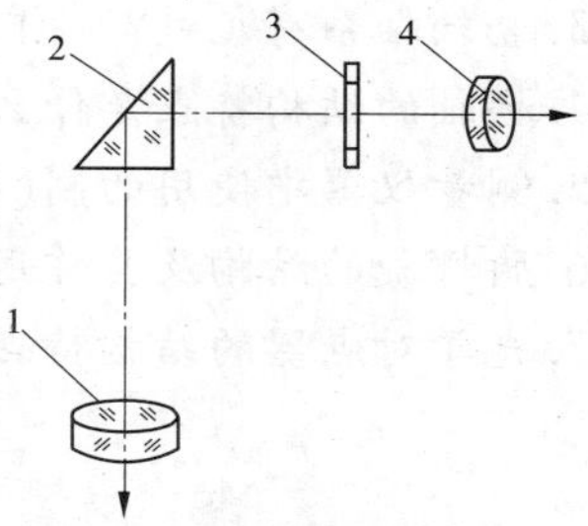

1—物镜;2—直角棱镜;3—分划板;4—目镜

图 5-23　光学对点器

二、三脚架

在测量过程中必须保持仪器的稳定性才能得到精确的测量结果。然而在实际工作中,人们往往只注意仪器本身的稳定性,而忽视了三脚架的稳定性对仪器精度的影响。

检验三脚架的步骤如下:

(1)将三脚架安放在坚实的土地上,踩踏脚架顶尖使之插入地面。

(2)将仪器安置于脚架之上,在离脚架一定的距离上设置两个标志,使其对仪器中心所成的张角为 6′。

(3)瞄准目标 1 并读水平盘读数,然后用力扭转三脚架架头,使望远镜尽可能照准目标 2。

(4)松手后,旋转照准部微动螺旋重新照准目标 1,再次读取水平盘读数。前后两次瞄准目标 1 方向的读数差:精密仪器不应超过 0.1′,一般仪器不得超过 0.3′。

三、测绘仪器的稳定性

观测精度在一定程度上取决于仪器的稳定性,而仪器的稳定性又取决于仪器机械结构的合理精确与严密。

观测过程中度盘被带动,被带动的因素可能来自如下几个方面:

(1)脚螺旋的螺杆与螺母之间有残留的空隙。

(2)由于弹簧板开口处被脚螺旋下端磨损,脚螺旋下端在三角底板槽内产生移动。

(3)三脚架架头、架腿或各连接处残留间隙所造成的扭转。该因素引起的误差在向某一方向旋转的开始表现尤为明显,但随着照准部的继续转动而减弱。对于二、三、四等三角测量,每半测回开始前,应先将照准部旋转 1 ~ 2 周,然后依此方向旋转照准部去照准各个目标,半测回过程中不允许有任何相反方向的转动。

小　结

本章主要介绍了竖轴轴系、横轴(水平轴)、复测(拨盘)机构、脚螺旋(安平螺旋)、对中结构等,以及经纬仪的横轴和比较典型的几种制(微)动结构形式。

习　题

1. 竖轴的作用及其要求是什么?

2. 经纬仪常见的竖轴类型有哪些?其特点是什么?

3. 竖轴轴系有几种？各自的特点是什么？
4. 横轴的结构特点是什么？
5. 测量仪器中使用的制(微)动机构的结构有哪些？工作原理如何？
6. 脚螺旋的结构及其作用是什么？
7. 光学对点器的结构特点是什么？

第六章　普通水准仪和经纬仪的维修和检校

本章主要介绍传统光学测量仪器的日常维护与保养，光学测量仪器在使用过程中常见问题的处理及校正方法。

第一节　测量仪器维修的基本知识和常用器材

一、光学测量仪器维修的基本知识

光学测量仪器是精密光学仪器，精度高、结构紧凑，仪器维修人员要对检修仪器的质量负责。通过检修，应使仪器尽量恢复精度和使用性能。这就要求维修人员要思想上重视，工作上认真负责，耐心细致，努力钻研维修技术，提高检修能力。为保证仪器的检修质量，必须遵守一定的检修规程，做到文明生产、文明检修。防止和避免发生维修质量事故，造成不必要的损失。为此，检修人员在仪器检修过程中应注意下列事项。

（一）维修准备过程

（1）向仪器使用人员或送修人员详细询问仪器的故障表现和产生的原因、仪器的使用和检修历史。

（2）要认真检查仪器，查出仪器的实际故障，然后分析和判断故障的部位、产生的原因。

（3）制订维修方案、方法和维修计划，在没有定好维修方案之前不要盲目地拆卸仪器。

（4）要了解仪器的结构原理，熟悉仪器的有关技术资料和质量指标要求，以便帮助确定维修部位的维修方法。

（二）维修拆卸过程

（1）拆卸仪器的部件、组件和零件时，要方法合适，拆不下来时要立即停止并分析原因，找出阻碍，千万不要盲目蛮干硬拆，防止损伤零部件。

（2）要遵守哪部位有故障就拆修哪部位的原则，不要拆动与故障无关的部位；必须要拆的部位要遵守分批拆卸的原则，不要一下子全部拆下来。

（3）拆卸时要注意零件的相互位置关系，不熟悉的和精度要求高的零部件在拆下之前应画上明显的装配记号，以便排除故障后能顺利地装复到原来位置。

（4）拆下来的零部件应分别存放，防止损伤和弄混零件，光学零件应单独存放。

（5）拆修常用工具要正确使用，螺丝刀的刀口宽度要和螺丝头上的槽宽一致，把柄的长短要合适，使用时要使向下压力大于旋转力；各种活动专用扳手要控制好张口范围，用力大小合适，防止损坏零件。

（三）维修装复过程

（1）零件要认真清洗，特别是光学零件和机械零件；在装配前要仔细检查零件是否已经擦干净。

（2）尽量不要用手直接接触光学零件，尤其是透光面严禁手摸，严禁用金属棒卷棉花擦光学零件，防止划伤表面。

(3)轴系及其他部位润滑时要正确使用润滑油脂，最好使用仪器原来使用的油脂牌号，如有特殊要求(如低温作业)应合理改用适宜的油脂。

(4)装配零部件时要遵守先拆的零部件后装，后拆卸的零部件先装的原则，不可乱装一气，以防止造成不必要的返工。

(5)仪器在装好后，螺丝要拧紧，顶紧的要顶紧，重要位置要适当胶牢，防止松动。

(6)维修装复结束后，清擦整理好仪器外表，正确装入仪器箱内。建立修理日记，写好检修仪器的经验和教训，以便不断提高维修仪器的水平。

二、测量仪器维修的常用器材

测量仪器的维修除要求维修人员具有一定的操作技能外，还应设置必须的维修设备和工具，以及一些辅助材料，因为现在在购买新仪器时，在仪器的装箱单里虽然都配备了部分仪器维修工具，但这些工具大部分是用来校正仪器的，并不能满足维修的需要。另外，要有一个良好的维修室，保证一定的维修环境和条件。

(一)维修室

为保证仪器的维修质量，维修仪器应在良好的环境中进行，最好专门建立一个人员往来较少，室内光线明亮、均匀的维修室。特别要避免维修室周围产生震动，因为所维修仪器以及所使用的设备的灵敏度都很高，周围的震动会直接影响到设备的维修。

(二)主要设备

1. 工作台

工作台主要用来安置维修设备，台上要铺胶皮垫，工作台的支架最好也垫上胶皮垫，用来减少震动的干扰。

2. 光学校正仪

光学校正仪是用来调整光学经纬仪、电子经纬仪、全站仪等仪器光轴的几何关系的设备。光学校正仪由两支平行光管、基座支架及升降台等部分组成，并配有照明设备，在夜间也能操作。使用光学校正仪来检校仪器可在室内进行，并不受室内空间的限制，从而避免了由于仪器的最短视距影响而不能在室内检校的困扰。在使用该设备进行校正前，必须先通过该仪器的脚螺旋来整平仪器，并对仪器上的两支平行光管内的十字丝进行校正，这一般在安置好仪器后由厂家来完成，之后才能使用该设备对测量仪器进行检校。

(三)常用工具

(1)起子(见图6-1(a))：用来拆卸、校正仪器。

(2)镊子(见图6-1(b))：用来夹持镜片、棱镜等光学零件。

(3)锤子(见图6-1(c))：维修仪器。

(4)各种形状和规格的锉刀、刮刀、什锦锉(见图6-1(d))：维修仪器。

(5)吹风球(见图6-1(e))：用以在维修过程中吹拂光学零件表面的的灰尘。

(6)玻璃钟罩、玻璃缸和玻璃盒子，大小规格不等(见图6-1(f))：用以保护仪器的零部件不受外界灰尘的污染。

(7)广口瓶(见图6-1(g))：盛放零件及清洗液。

(8)培养皿(见图6-1(h))：盛仪器的小型零件。

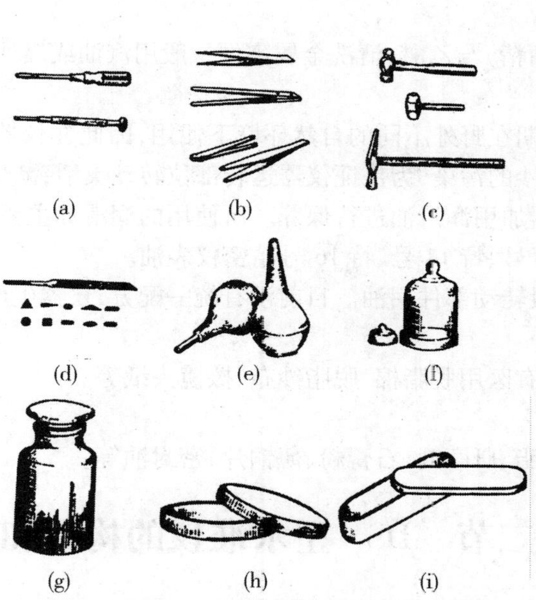

图 6-1　常用工具

(9)腰盒(见图 6-1(i)):盛仪器的小型零件、小型工具及其他辅料等。

(10)其他专用工具:

①两脚扳手,这种扳手的形式和种类很多,但基本上可分为固定的和活动的两种,如图 6-2(a)所示。固定扳亍有它特定的用途,如图 6-2(b)所示,是按镜筒内径做成的凹字形钢片,用来拆装镜头压圈既安全又方便。

②木夹扳手,如图 6-2(c)所示。

③皮带扳手,如图 6-2(d)所示。

④两脚起子,如图 6-2(e)所示。

⑤弹片起子,如图 6-2(f)所示。

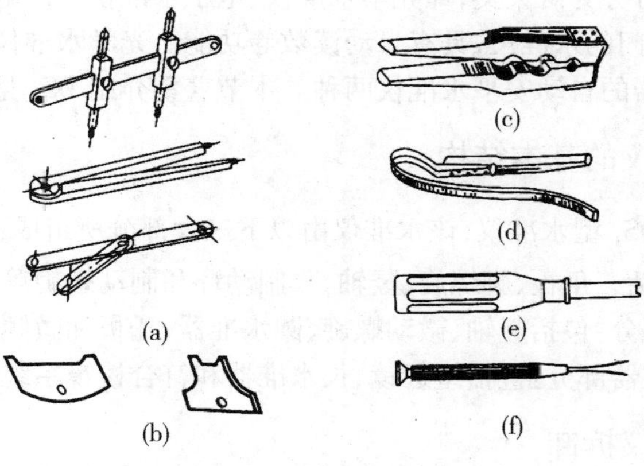

图 6-2　特殊工具

(四)常用材料

1. 清洁液

清洗仪器零件的辅料分为清洗光学零件的和清洗金属零件的两大类,清洗光学零件大都用高纯度的乙醇(酒精)与乙醚,清洗金属零件一般用汽油或煤油。

2. 润滑油

由于测量仪器长期在野外不同的自然环境下使用,因此在仪器使用过程中要不断受到外界环境的侵蚀和风沙的污染,为保证仪器运转部位转动灵活,减少摩擦面的磨损和防止金属锈蚀,需对测量仪器加用润滑油进行保养。所使用的润滑油主要有:

(1)竖轴油:特5号、特14号、特16号精密仪表油。

(2)横轴油:一般转动部件用油。目前没有统一配方,仪器生产厂自行配制。

3. 擦拭材料

常用的擦拭材料有医用脱脂棉、脱脂纱布、擦镜头纸等。

4. 其他用料

其他用料有胶类脂、研磨剂、石膏粉、薄铜片、密封油等。

第二节　DS_3 型水准仪的构造和拆卸

一、光学水准仪概述

水准测量所使用的仪器和工具有水准仪、水准尺和尺垫。水准仪是一种能精确给出水平视线的仪器,我国将水准仪按其精度划分为四个等级:DS_{05}、DS_1、DS_3 和 DS_{10}。字母 D 和字母 S 分别为大地测量和水准仪汉语拼音的第一个字母,其后的数字代表仪器的测量精度,即在不考虑外界环境和人为因素的影响下仪器本身所存在的误差,如 DS_1 表示本仪器每千米往返测量的偶然误差为 ±1.0 mm,DS_3 表示仪器每千米往返测量的偶然误差为 ±3.0 mm。根据观测精度的要求选用不同的仪器不仅能保证观测质量同时能提高观测的工作效率。一般 DS_{05}、DS_1 型的水准仪用于三等以上的水准测量以及变形观测等高精度水准测量工作,DS_3 型的水准仪主要用于四等及以下的水准测量、工程放样、井下测量等测量工作。当前水准仪按其结构可分为两大类,即光学水准仪、电子水准仪。而电子水准仪一般都属于高精度水准仪,配有专门的水准尺,具有自动读数等功能。光学水准仪可分为水准管式微倾式水准仪和具有补偿器的自动安平水准仪两种。本节着重介绍 DS_3 型水准仪。

二、DS_3 型水准仪的基本结构

如图6-3所示为 DS_3 型水准仪,该水准仪由以下三大部分所组成:

(1)基座部分:包括三角板、脚螺旋、竖轴套、制动环和制动螺旋等。

(2)竖轴与托板部分:包括竖轴、微动螺旋、圆水准器、托板和微倾机构等。

(3)望远镜与水准器部分:包括望远镜、长水准器和符合棱镜系统等。

三、DS_3 型水准仪拆卸

DS_3 型水准仪拆卸时,可以将仪器拆卸分为三大部分,即基座部分、竖轴与托板部分、望远镜与水准器部分。

(一)竖轴部分的拆卸

(1)旋下图6-3所示的微动螺旋弹簧座5,拉出弹簧,再旋松(可不旋下)竖轴与轴套连

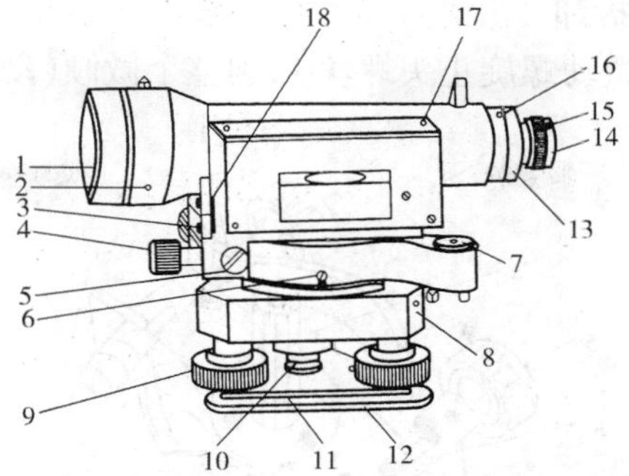

1—物镜;2—物镜座止头螺丝;3—簧片压板固定螺丝;4—制动螺旋;5—微动螺旋弹簧座;
6—竖轴与轴套连接螺丝;7—圆水准器;8—脚螺旋座止头螺丝;9—脚螺旋;10—竖轴调节螺丝固紧螺母;11—三角弹性压板;12—三角底板;13—目镜座;14—屈光度环;15—屈光度环止头螺丝;16—目镜座止头螺丝;17—护罩固定螺丝;18—连接簧片

图 6-3　DS_3 型水准仪

接螺丝 6。

(2)一手握住基座,另一手握住望远镜缓缓旋拔,此时,照准部与基座即可分开。注意:复装时应将防脱片的位置放正,以免仪器旋转时与其他零件接触。

(二)望远镜托板部分的拆卸连接簧片

(1)旋下图 6-3 所示的四个簧片压板固定螺丝 3,取下压板及连接簧片。

(2)旋下图 6-4 所示弹簧板控制螺丝 8,此时望远镜与托板 12 即可分离。

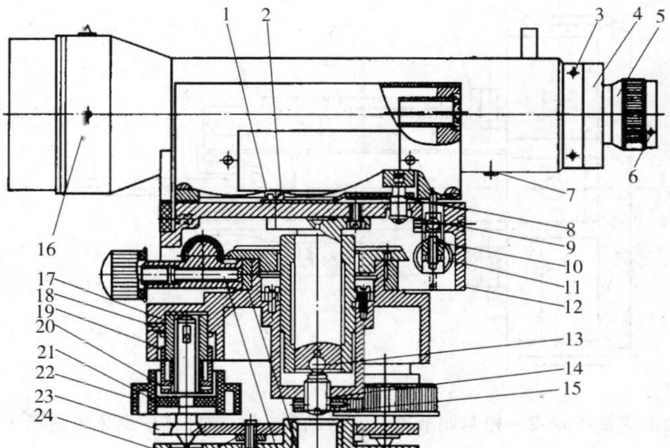

1—弹簧板;2—弹簧板固定螺丝;3—目镜座止头螺丝;4—目镜座套;5—屈光度环;
6—屈光度环止头螺丝;7—调焦镜限程螺丝;8—弹簧板控制螺丝;9—俯仰板转轴螺丝;
10—顶针调节螺丝;11—固紧螺母;12—托板;13—滚珠;14—竖轴调节螺丝;
15—调节螺丝固紧螺母;16—物镜座止头螺丝;17—脚螺旋座;18—脚螺旋座止头螺丝;
19—松紧调节罩;20—调节孔;21—脚螺旋螺杆固连螺丝;22—脚螺旋手轮;
23—三角弹性压板;24—三角底板;25—螺丝帽;26—固连螺丝;27—顶杆;28—制动块

图 6-4　DS_3 型水准仪内部结构

(3)圆水准器是安装在托板上的,需要更换圆水准器时,旋下在其底部的三个校正螺丝和它们中间的一个连接螺丝,则圆水准器连同座子可从托板上拆下。

(三) 微倾(动)机构的拆卸

(1)旋下图 6-5 所示的微动螺旋止头螺丝 1,则整个微倾(动)螺旋即可从托板上旋下。

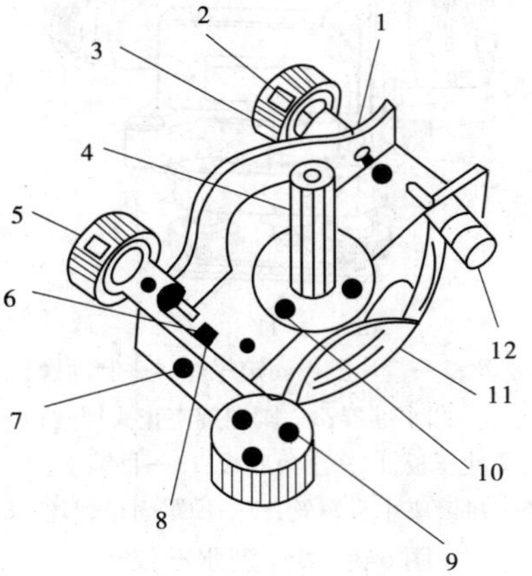

1—微动螺旋止头螺丝;2—松紧调节罩;3—微动手轮;4—竖轴;5—微倾手轮;6—微倾俯仰板;7—俯仰板转轴螺丝;8—调节螺丝孔;9—圆水准器校正螺丝;10—竖轴固定螺丝;11—托板;12—微动弹簧座

图 6-5　竖轴与托板结构

(2)用校正针插入图 6-6 所示的松紧调节罩的调节孔 9 内,旋下松紧调节罩 2,则微倾(动)螺旋即可从微动套中抽出。

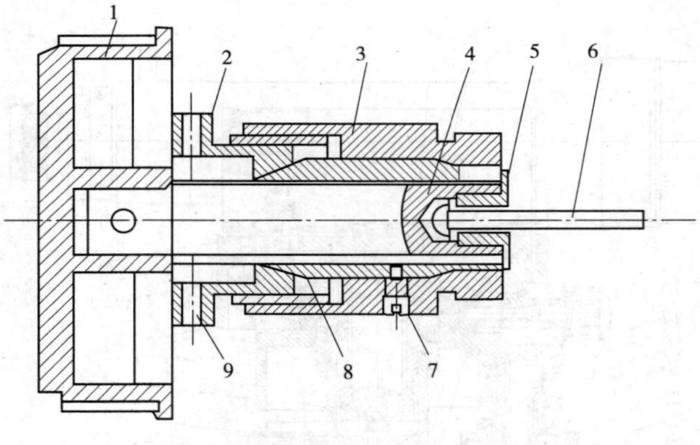

1—微动螺旋手轮;2—松紧调节罩;3—微动套; 4—螺杆;5—反牙防脱螺丝环;6—顶杆;7—枣形螺母定位螺丝;8—枣形螺母;9—调节孔

图 6-6　微动螺旋结构

(3)用专用工具插入图 6-6 所示反牙防脱螺丝环 5 的槽口内,顺时针方向将其旋下。

(4)将枣形螺母 8 旋下,松紧调节罩 2 也可取下。

(四)制动环的拆卸

(1)用两脚扳手插入图 6-7 所示的对径拆卸孔 3 内。

(2)旋下制动环压圈 4 和制动环 2 即可取下。

(五)脚螺旋的拆卸

(1)将三个脚螺旋均匀地旋出至极限位置,再分别旋松脚螺旋座止头螺丝 8(见图 6-3)。

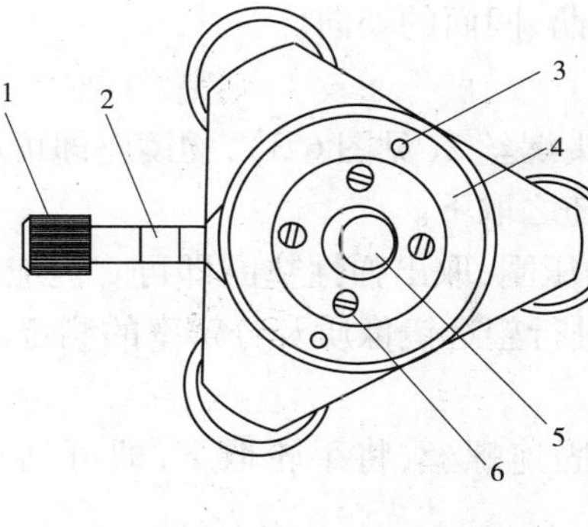

1—制动螺旋;2—制动环;3—对径拆卸孔;4—制动环压圈;5—竖轴套;6—竖轴套固定螺丝

图 6-7　基座部分

(2)用校正针插入松紧调节罩 19 的调节孔 20 内(见图 6-4),旋下松紧调节罩,此时三个脚螺旋即可从基座中拔出。

(3)用起子按顺时针方向旋下图 6-8 所示的反牙防脱螺丝 1,即可旋下鼓形螺母 3,并取下松紧调节罩 4。

(4)脚螺旋座 17(见图 6-4)一般不拆。

(六)望远镜部分的拆卸

1. 目镜部分的拆卸

(1)旋下目镜座的三个止头螺丝 16(见图 6-3),则整个目镜座即可拔出,其结构如图 6-9 所示。

(2)旋下十字丝分划板座压圈 1(见图 6-9),则十字丝分划板座 2 即可取下。

(3)旋下屈光度环 3 的三个止头螺丝 4,屈光度环 3 即可取下(不取下屈光度环也可以,因为它不影响下一步拆卸)。

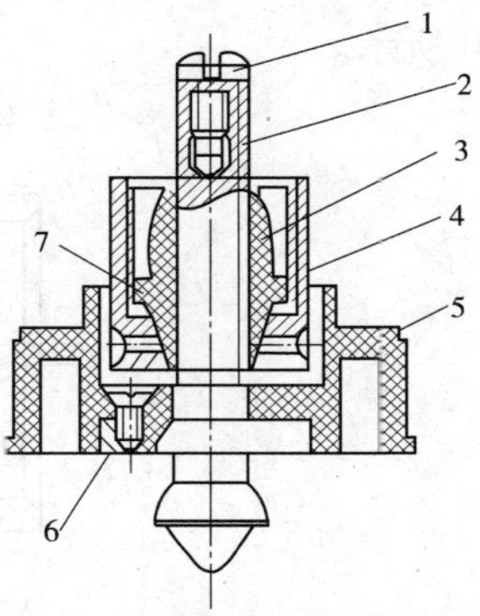

1—反牙防脱螺丝;2—螺杆;3—鼓形螺母;
4—松紧调节罩;5—脚螺旋手轮;
6—脚螺旋螺杆固连螺丝;7—凸块

图 6-8　脚螺旋内部结构

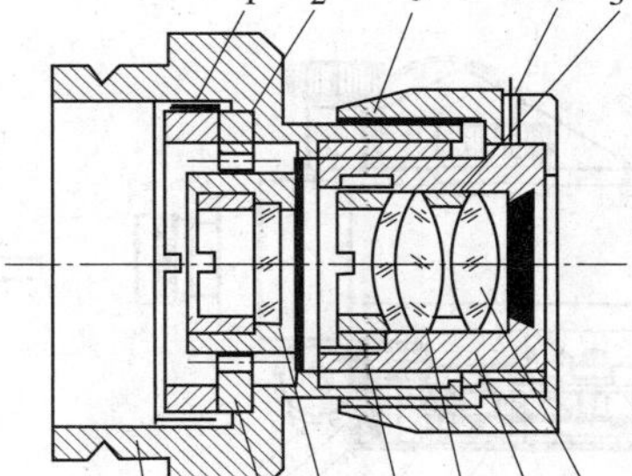

1—十字丝分划板座压圈;2—十字丝分划板座;3—屈光度环;4—屈光度环止头螺丝;5—垫圈;6、7—目镜片;
8—目镜筒;9—压圈;10—十字丝分划板;11—十字丝分划板压圈;12—目镜座

图 6-9　目镜座结构

(4)目镜筒 8 可直接从目镜座上旋下来,再从目镜筒中旋出压圈 9,则可将目镜片 6、7 和垫圈 5 倒出。但在一般情况下,进行清洁时,不必将目镜片倒出,也不必将压圈 9 旋下。

若需拆卸,应记住目镜片的平、凸、凹面的朝向。

2. 物镜部分的拆卸

(1)旋下物镜座的一个止头螺丝2(见图6-3),物镜座即可旋下。

(2)视距乘常数调节圈可随之取下。

(3)若需拆下物镜片,旋出压圈,取出弹性垫圈即可。但应注意,拆卸时应作好记号,以便尽量按照原样复原,并且应进行望远镜像质及分辨率的测定。

3. 调焦镜部分的拆卸

(1)旋下调焦手轮中间的固连螺丝,将手轮取下,即可见到螺旋轴座上有三个固定螺丝。

(2)旋下这三个固定螺丝,即可将轴座连同齿轮一起取下。

(3)旋去调焦镜限程螺丝7(见图6-4),则调焦滑筒即可从物镜端抽出,其结构如图6-10所示。

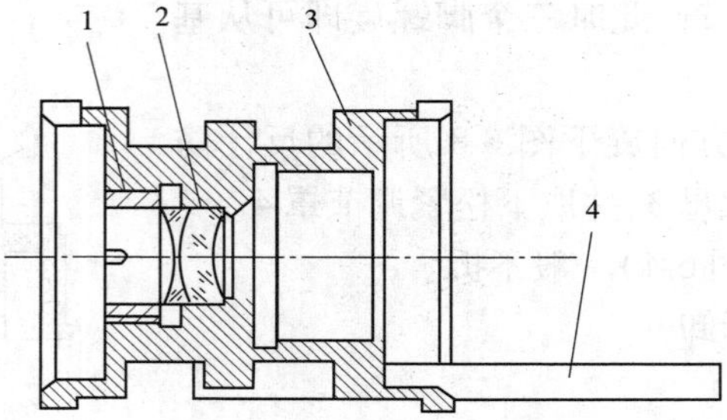

1—压圈;2—调焦镜片;3—调焦滑筒;4—齿条

图6-10 调焦滑筒结构

(七)符合水准器部分的拆卸

(1)将符合水准器组护罩的四个固定螺丝17(见图6-3)旋下,取下护罩,即可见符合水准器内部结构,如图6-11所示。

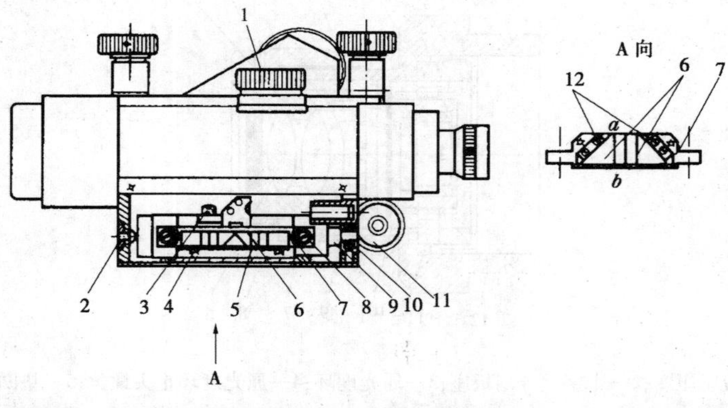

1—望远镜调焦手轮;2—球形螺丝轴固连螺丝;3—直角棱镜座固定螺丝;4—符合棱镜压板固定螺丝;
5—棱镜压板;6—符合棱镜;7—棱镜架座;8—棱镜架座固定螺丝;9—水准管座;10—水准管校正螺丝;
11—圆水准器;12—符合棱镜压片固定螺丝

图6-11 符合水准器内部结构俯视图

(2)旋下符合棱镜架座的两个固定螺丝8(见图6-11),则整个棱镜架座7可从仪器上取下。注意：一般不必再将棱镜拆开，以免损坏。

以上是 DS_3 型水准仪各部分的拆卸方法，当各部件拆下后，即可进行清洁或加油。各部件的安装步骤一般均与拆卸的顺序相反进行即可。

第三节　水准仪的检验与校正

一、水准仪几何轴线及其关系

微倾式水准仪有四条主要轴线，即望远镜视准轴 CC、水准管轴 LL、圆水准器轴 $L'L'$ 和仪器的竖轴 VV。根据水准测量的原理，水准仪必须满足以下三个条件：

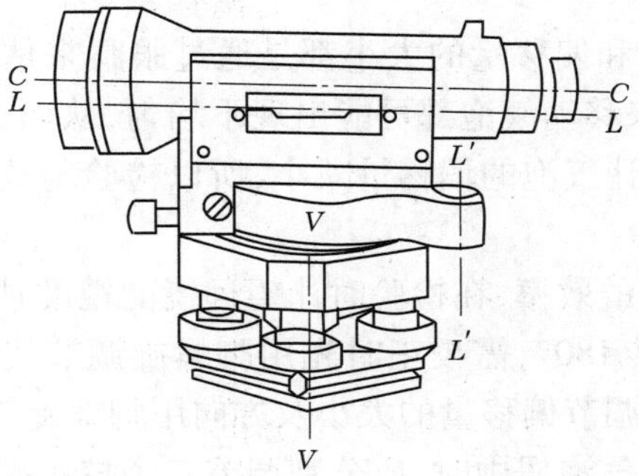

图 6-12　水准仪轴线

(1)圆水准器轴应平行于仪器的竖轴。

(2)望远镜视准轴应垂直于仪器的竖轴。

(3)水准管轴应平行于仪器视准轴。

为了保证仪器的测量精度，轴线之间必须相互垂直或相互平行。这种轴线间的相对位置关系在测量上称为仪器的几何关系。一般仪器出厂时都经过严格的检验，轴线间条件应该是满足要求的，但由于仪器长期使用或运输过程中震动等，会使各轴线间关系产生变化。因此，对于使用过一段时间的仪器或经过长途搬运的仪器以及在外业工作开始之前都要对水准仪进行检验和校正。

二、水准仪的检定

(一)圆水准器轴平行于竖轴的检验与校正

1. 检验

安置仪器后，用脚螺旋使圆水准气泡居中，然后将仪器绕竖轴旋转 180°，如果气泡仍然居中，则圆水准器轴平行于仪器竖轴；如果不居中，出现气泡偏移，则圆水准器轴不平行于仪器竖轴，需校正。

2. 校正

在仪器绕竖轴旋转 180°后，气泡出现了偏移，这时根据气泡的偏移大小及偏移方向首先用脚螺旋调节气泡向偏移的反方向移动偏移量的一半，然后用校正针拨动圆水准器的三个校正螺丝，调节气泡继续往气泡偏移的反方向移动使气泡居中，如图 6-13 所示。

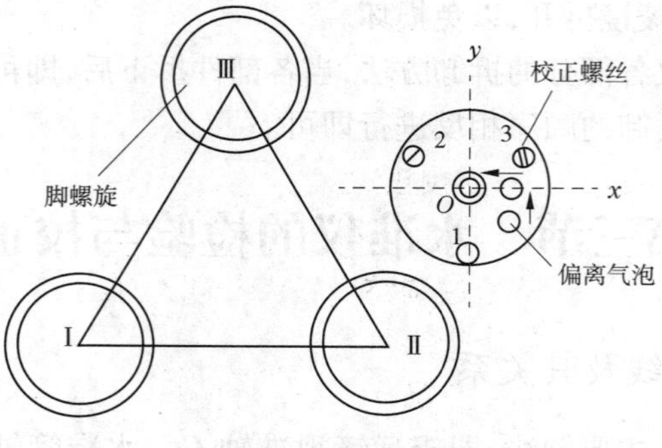

图 6-13　圆水准轴的校正

3. 校正注意事项

(1)由于气泡偏移方向和偏移量的大小都是通过眼睛来估计的,因此在校正过程中使用脚螺旋或拨动校正螺丝来移动气泡都可能出现不均匀,从而会造成在第一次校正结束后并没有达到校正要求,但会让气泡的偏移量减小,所以检验与校正应反复进行,直至望远镜转到任何位置时气泡都居中。

(2)为提高检验与校正的效率,在检验时让望远镜的视准轴平行于任意两个脚螺旋,调节脚螺旋使气泡居中并旋转 180°,需校正时先用脚螺旋调节气泡偏移量的一半,再用校正针使气泡居中,因为第一次调节偏移量的大小及方向用脚螺旋较容易掌握。

(3)利用校正针来调节气泡居中时,应分别调节三个校正螺丝,不能只使用其中的一个或两个,防止单个螺丝在校正结束后过紧或过松从而导致螺丝损坏或脱落。

(4)如按上述校正方法无法把气泡调节居中,则应该检查仪器水准器、竖轴及其他部件是否松动、变形。

(二)十字丝的检验与校正

水准测量读数一般使用十字丝的横丝来进行读数,当横丝不水平时就可能造成读数出现偏差,如图 6-14 所示,因此十字丝的检验主要就是检验横丝是否水平或横丝是否垂直于竖轴,而十字丝的竖丝和横丝之间的垂直性在仪器制造时能够得到保证,一般不用检验。

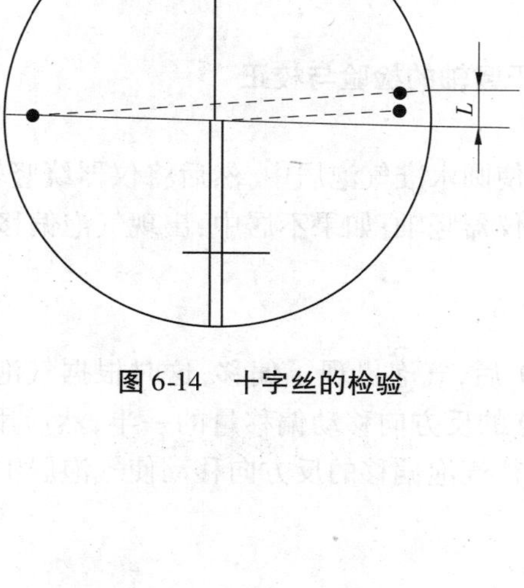

图 6-14　十字丝的检验

1. 检验

安置、整平仪器，并用横丝一端瞄准目标，使用水平微动螺旋转动仪器，观察横丝和目标的相对位置情况，如果照准目标一直在横丝上则说明横丝是水平的，如果目标在横丝移动过程中偏离横丝则说明横丝不水平，需要校正。

2. 校正

对十字丝不水平的校王一般是通过调整十字丝分划板来完成的，十字丝分划板的调整就是通过整体旋转十字丝分划板来让十字丝的横丝水平。

首先，卸下目镜筒上的十字丝保护罩，用螺丝刀松开十字丝分划板的四个固定螺丝，如图 6-15 所示，按十字丝倾斜的相反方向整体转动十字丝分划板，直到横丝水平，最后旋紧十字丝分划板的固定螺丝，拧好十字丝保护罩。

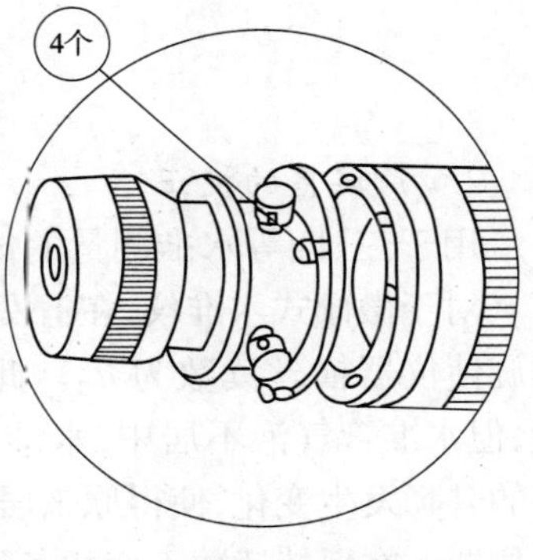

图 6-15　十字丝的校正

3. 校正注意事项

(1) 十字丝分划板的四个固定螺丝不要完全旋出，只要把固定螺丝松开后就可以转动十字丝分划板。

(2) 转动十字丝分划板让横丝水平后，在旋紧固定螺丝时四个螺丝要逐渐旋紧，避免一次性旋紧某个螺丝造成十字丝分划板偏移。

(3) 如出现松开固定螺丝后十字丝分划板不能旋转的情况，则检查校正部位是否由锈蚀造成，若是，应修复后再校正。

（三）水准管轴与望远镜视准轴平行的检验与校正

长水准管的内表面是一个规则的圆弧面，过对称的圆弧顶做圆弧的切线，该切线即为长水准管轴，如图 6-12 所示的直线 LL。它和望远镜的视准轴 CC 是空间的两条直线，该两条直线在水平面上的投影如果不平行将产生交叉误差；在垂直面上的投影如果不平行将产生视准误差，其值常用两线的夹角 i 来表示，故又称 i 角误差。

1. i 角误差的检验与校正

如图 6-16 所示，在一较平坦的场地上相距 61.8 m 处设站 J_1、J_2，J_1、J_2 之间等分为 $D=20.6$ m 的三段。在等分点 A、B 上做固定标志，供安置水准尺。分别在 J_1、J_2 点安置仪器，用水准测量的方法对 A、B 点上的水准尺进行读数。每一站均需观测红、黑面读数，取其中数来进行记数。

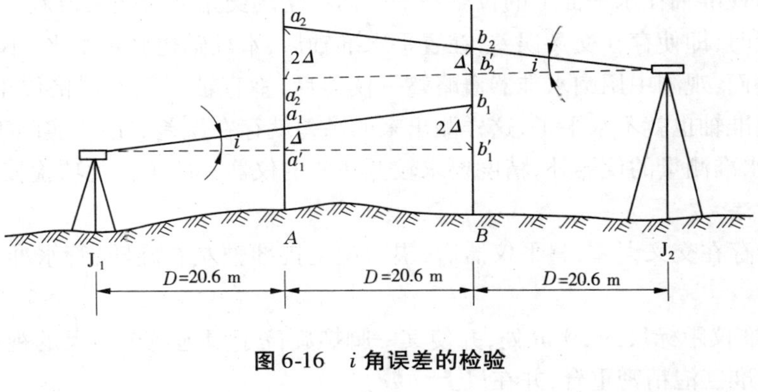

图 6-16　i 角误差的检验

设在 J_1 测站上，有 i 角影响的 A、B 标尺的读数中数为 a_1、b_1；无 i 角影响的正确读数为 a'_1、b'_1；在 J_2 测站上，相应的有 a_2、b_2 和 a'_2、b'_2，由图 6-16 可得：

$$\Delta = \frac{i''}{\rho''} \cdot D$$

$$a'_1 = a_1 - \Delta, \quad b'_1 = b_1 - 2\Delta$$

$$a'_2 = a_2 - 2\Delta, \quad b'_2 = b_2 - \Delta$$

$$\Delta = \frac{1}{2}(h_2 - h_1)$$

$$i'' = \frac{\rho'' \cdot \Delta}{D} \approx \frac{206 \times 10^3 \times \Delta}{20.6 \times 10^3} = 10\Delta$$

2. i 角误差的校正

用于三、四等水准测量的仪器 i 角不得大于 20″，超过该值时应予以校正。

对于微倾式水准仪，在 J_2 处，瞄准 A 尺，用竖直微动螺旋使仪器横丝读数为 a'_2。此时，视准轴处于水平位置，但水准管气泡不居中，水准管轴的位置随着微倾螺旋的升降发生变化，使得原来居中的管水准气泡偏离中央位置。在保持读数不变的条件下，通过调节管水准器一端的上下两个相对位置的校正螺丝（见图 6-17），将管水准器的一端抬高或降低使偏离的气泡居中。

这时，水准管轴也就水平了。

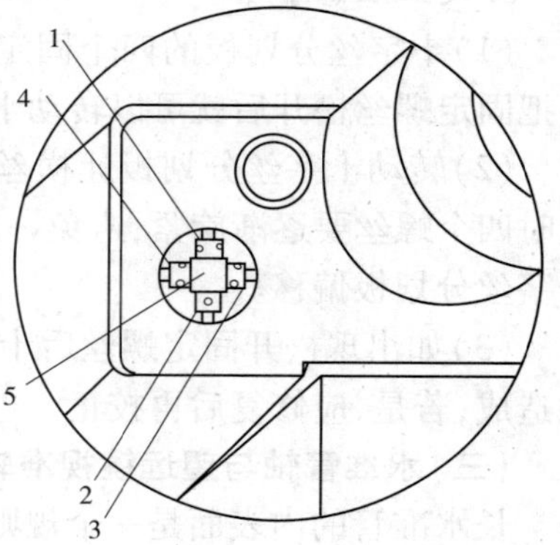

1、2—上下校正螺丝；3、4—左右校正螺丝；5—水准管盒端面

图 6-17　水准管校正螺丝

3. i 角误差的校正注意事项

(1) 在计算 i 角时，要特别注意各个计算值的正负号，否则 i 角会越校越大。

(2) 第一次校正完成后，要旋转仪器重新照准或用手轻轻拍一下仪器，看气泡是否居中，否则应继续校正。

(3) 在校正时所量取的距离主要是为了计算的方便，在实际校正中可根据场地情况来调整。

(四) 交叉误差的检验与校正

水准轴与视准轴在水平面上的投影不平行而产生的交角即为交叉误差。当仪器垂直轴处于垂直位置时，即使存在交叉误差，在置平水准轴后，水准轴也必定水平，不会对标尺读数产生影响。然而，观测中用圆水准器概略整平仪器后，垂直轴一般不严格位于铅垂线上，这时望远镜的视准轴也就不水平了，这样测出来的高差就存在误差。但在实际工作中，除用于国家一、二等水准测量的仪器外，精度要求较低一些的仪器一般不作此项检校。

1. 检验方法

如果仪器存在交叉误差，整平仪器后，望远镜绕视准轴左右旋转，管水准气泡就会向不同方向移动。

(1) 置水准仪距标尺约 50 m 处，并使其一脚螺旋位于望远镜至标尺的视准面内。用微倾手轮使管水准气泡精密重合，并在尺上读数。

(2)将视准面侧方的一脚螺旋向一方向转动2圈,使仪器向一方倾斜,同时转动另一侧方的脚螺旋,以使中丝仍保持上述读数。

(3)观测气泡两端是否吻合或相互离开若干距离。然后反向转动两侧的脚螺旋,以使中丝保持原有读数的情况下气泡两端恢复吻合的位置。

(4)同法,使仪器向另一侧方倾斜,并在中丝保持原有读数的情况下观测气泡两端是否吻合或相互离开若干距离。

(5)仪器在上述向两侧倾斜的情况下,若气泡两端保持吻合或同向离开相同的距离,则表示没有该项误差;若气泡两端异向离开,而数值大于2 mm,则必须校正。

2. 校正方法

校正时将管水准器水平方向的一校正螺丝放松,旋紧另一侧方校正螺丝,使气泡两端吻合时为止(见图6-18)。必须注意,此项校正一般应在 i 角校正之前完成。同时,在此项校正完成后,两侧校正螺丝必须夹紧以免松动。

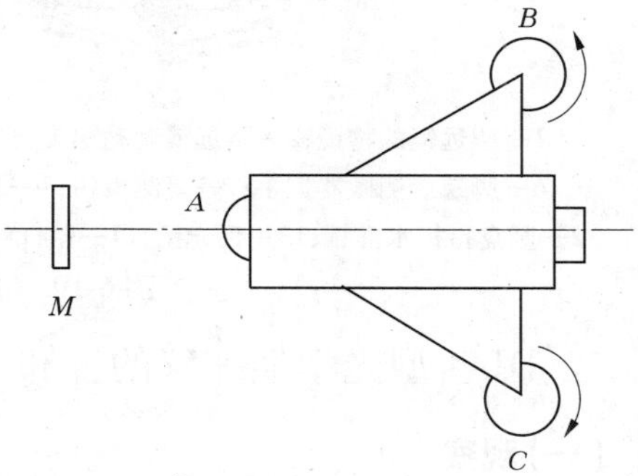

图6-18 交叉误差的检校

三、自动安平水准仪的检校简述

自动安平水准仪在结构方面的最大特点就是取消了管水准器,而借助自动安平补偿器将望远镜的视准轴自动安至水平。其校正内容主要是:圆水准器校正、i 角的校正。其中,圆水准器的校正与微倾式水准仪相同。i 角的校正,对于自动安平水准仪,则是通过调节望远镜十字丝的横丝上下移动到正确读数 a_2' 来实现的。

第四节 国产 DJ_{6-1} 型光学经纬仪的拆卸

一、DJ_{6-1} 型光学经纬仪概述

按我国测量仪器系列规定,经纬仪的代号为“J”,在注脚写明使用该仪器观测时,一测回的方向中误差,J_6 型光学经纬仪即一测回的方向中误差为 ±6″。J_6 型光学经纬仪是中等精度的光学经纬仪,它广泛运用于工程测量、矿山测量及低等控制测量等测量领域中。

二、DJ_{6-1} 型光学经纬仪的基本结构

DJ_{6-1} 型光学经纬仪(见图6-19)用来进行水平角和垂直角的观测。要完成角度测量,经纬仪必须具有瞄准目标用的望远镜、望远镜绕之转动的竖轴和横轴系、角度基准器水平度盘和垂直度盘、支承和整平仪器用的基座以及转轴的制(微)动机构。在这些结构中,其主要结构望远镜和读数系统都使用了光学零件并构成光学系统,形成光学经纬仪的特点。

要正常地使用经纬仪完成测角工作,必须具备几条轴线,这几条轴线互相间有严格的位置关系。为保证这些轴线精确的位置关系,一般仪器都设有必要的调整环节,以便方便地校正仪器。

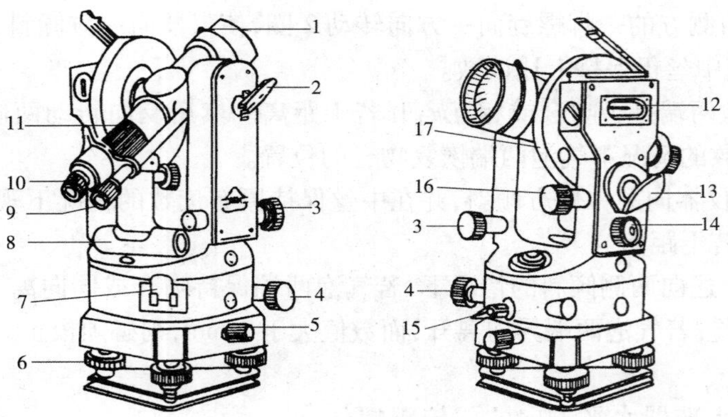

1—望远镜的物镜;2—望远镜制动螺旋;3—望远镜微动螺旋;4—水平微动螺旋;5—轴座固定螺旋;
6—脚螺旋测微器扳手;7—复测扳钮;8—水准管;9—读数显微镜;10—望远镜目镜;11—对光螺旋;
2—竖盘指标水准管;13—反光镜;14—轮;15—水平轮动螺旋;16—竖指标水准管微动螺旋;17—竖盘外壳

图 6-19　DJ_{6-1} 型光学经纬仪外貌

三、DJ_{6-1} 型光学经纬仪的拆卸

(一)观察

DJ_{6-1} 型光学经纬仪的结构观察,具体步骤从略。

(二)横轴系的拆卸

1. 左支架的拆卸

(1)旋下固定左盖板的 6 个螺丝,取下盖板即可见如图 6-20 所示的结构。

(2)旋下竖盘水准器微动弹簧筒 10。

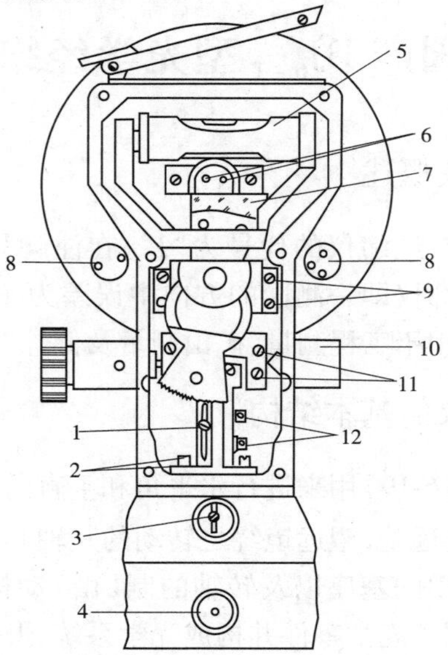

1,3—水平度盘显微镜物镜调节螺丝;2—水平度盘显微镜物镜筒固定螺丝;4—水平度盘转向棱镜座调节螺孔;
5—竖盘指标水准器;6—转向棱镜调节螺孔;7—测微尺;8—竖盘护壳堵盖;9—测微器架固定螺丝;
10—竖盘水准器微动弹簧筒;11—水准器架固定螺丝;12—竖盘成像透镜调节螺丝

图 6-20　左支架内部结构一

(3)旋下固定水准器架上的4个固定螺丝11后,即可取下水准器架。

(4)旋下4个测微器架固定螺丝9,取出测微器架。此时左支架一侧的内部结构如图6-21所示。

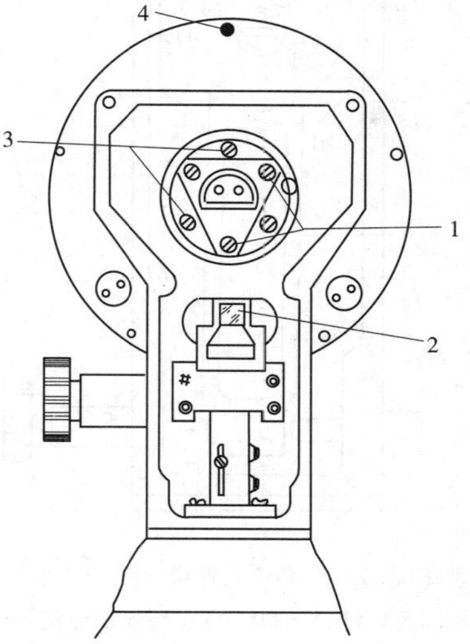

1—读数窗座固定螺丝;2—竖盘转向棱镜;3—短横轴固定螺丝;4—竖盘护盖固定螺丝

图6-21　左支架内部结构二

2. 右支架的拆卸

(1)旋松望远镜制动扳手的夹紧螺丝,取下制动扳手及制动杆。

(2)旋下右盖上的4个固定螺丝,取下盖板、防尘圈和弹簧,此时右支架如图6-22所示。

(3)旋下微动螺旋弹簧筒2(见图6-22)及制(微)动环的四个固定螺丝5,即可取下制(微)动环3。

3. 横轴的拆卸

(1)旋下5个竖盘护盖固定螺丝4(见图6-21),使护盖与支架分离。

(2)旋下左支架短横轴的3个固定螺丝3(见图6-21),取下左轴承,这时横轴左端已失去支撑,则用左手握住望远镜筒,右手抓住横轴右端的望远镜微动架,旋转地拔出,最后将横轴与望远镜从支架内向上提出。

(三)竖轴和水平度盘的拆卸

(1)扳上复测器把手1(见图6-23),旋下复测器的2个固定螺丝,水平拉出复测器。注意:拆卸前对其位置作一记号,以便复装。将仪器的照准部从基座中取出,卧放在铺有橡皮的工作台上。

(2)旋下水平度盘外壳底部的4个固定螺丝,然后一手托着度盘外壳,另一只手握着支架轻轻转动护壳部分,直到转动灵活时,旋转着拔出竖轴,随即将其放在安全处。注意:轴套顶端的一圈钢珠不得弹落。

(3)将仪器下部放回基座中,旋紧基座固定螺丝,取下水平度盘轴套上端的钢丝弹簧片圈及两块半圆形卡环和一个弹性垫圈。然后将度盘护壳适当倾斜,避免水平度盘场镜挂住复测盘。用手捏住度盘外缘或度盘轴套,轻转并顺势向上提,拔出水平度盘连同其轴套,将

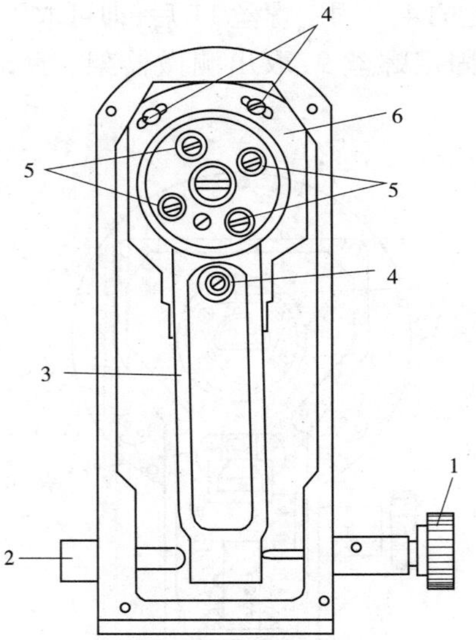

1—望远镜微动螺旋；2—微动螺旋弹簧筒；3—望远镜制（微）动环；
4—横轴偏心轴承固定螺丝；5—制（微）动环固定螺丝；6—横轴偏心轴承

图 6-22　右支架内部结构

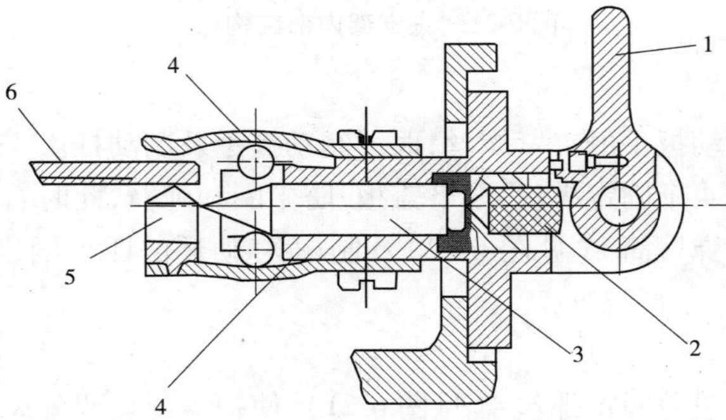

1—复测器把手；2—垫块；3—顶轴；4—上、下簧片；5—铆钉；6—复测盘

图 6-23　复测器结构

水平度盘放于安全处，并用钟罩盖好。

至此，DJ_{6-1}型光学经纬仪拆卸完毕，安装时可按拆卸的相反顺序进行。

第五节　光学经纬仪的检校

一、光学经纬仪几何轴线及其关系

由角度测量原理可知，为了精确测量水平角和竖直角，经纬仪各轴系之间必须满足一定的几何条件。

（一）经纬仪结构的主要轴线

（1）经纬仪的旋转轴——竖轴（*VV*）：是指经纬仪照准部旋转的中心线，当度盘水平时，竖轴应保持铅垂。

(2)望远镜的旋转轴——横轴(*HH*):是指望远镜旋转的中心线,当度盘水平时,水平度盘应当保持水平。

(3)望远镜的瞄准线——视准轴(*CC*):是指十字丝中心与物镜光心的连线。

(4)长水准管内壁圆弧中点的切线——水准管轴(*LL*):长水准管轴气泡居中,水平度盘水平。

经纬仪轴线见图 6-24。

(二)经纬仪主要轴线应当满足的条件

(1)水准管轴(*LL*)应当垂直于竖轴(*VV*)。

(2)十字丝竖丝应垂直于横轴。

(3)视准轴(*CC*)应当垂直于横轴(*HH*)。

(4)横轴(*HH*)应当垂直于竖轴(*VV*)。

经纬仪除满足上述四个条件外,竖盘指标差应为零,光学对点器的光学垂线与仪器的竖轴应重合。为保证经纬仪各轴系关系的正确性,在仪器的日常维护中应当对仪器进行检验与校正。

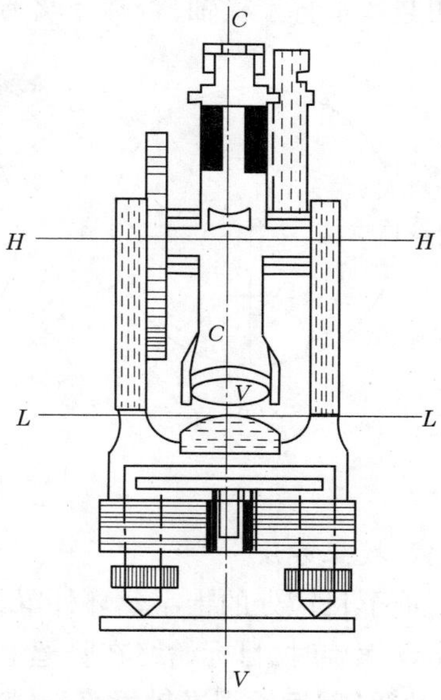

图 6-24　经纬仪轴线

二、光学经纬仪的检定

(一)照准部水准管轴垂直于竖轴的检验与校正

仪器竖轴的垂直性是通过照准部水准管来反映的,因此照准部水准管轴垂直于竖轴的几何关系必须进行检验和校正。

1. 检验方法

将仪器粗略整平后,转动仪器使照准部水准管平行于任意两个脚螺旋,用这两个脚螺旋使水准管气泡居中,再将照准部旋转 180°,若水准管气泡居中,则证明照准部水准管轴垂直于竖轴;若气泡偏离中央超过一格,则说明水准管轴不垂直于竖轴,必须进行校正。

2. 校正方法

用平行于水准器的两个脚螺旋移动气泡偏移量的一半,另一半用水准器一端的上下两个校正螺丝调整至气泡完全居中。接着转动照准部 90°,使水准器一端处于第三个脚螺旋的位置,用第三个脚螺旋使水准管气泡居中。此项检校需反复进行,直到照准部转到任意方向气泡偏离不超过 1 格。

(二)圆水准器的检验与校正

1. 检验方法

根据校正后的管水准器将仪器整平后,如果圆水准气泡不居中,则需要校正。

2. 校正方法

用校正针拨动圆水准器下面的校正螺丝,使圆水准气泡居中。

(三)十字丝竖丝垂直于横轴的检验与校正

1. 检验方法

用望远镜照准远处一明显的目标(目标越小越清晰越好),固定照准部制动螺旋,转动望远镜竖直微动螺旋，如果目标始终在竖丝上由上而下或由下而上的移动（见图6-25（a）），说明竖丝垂直于横轴，否则竖丝不垂直于横轴（见图6-25（b）），必须进行校正。

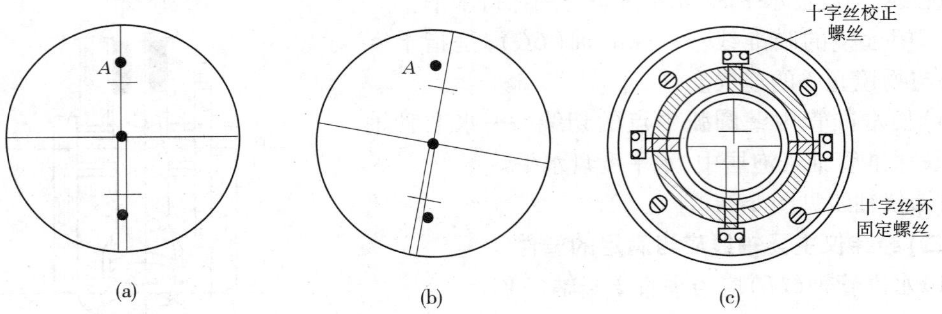

图6-25　十字丝竖丝检校

2. 校正方法

取下目镜处的十字丝环外罩，松开4个十字丝环固定螺丝，转动十字丝环，直至旋转竖直微动螺旋时，目标始终在竖丝上移动，最后旋紧十字丝环固定螺丝。

（四）望远镜视准轴垂直于横轴的检验与校正

当横轴处于水平位置，望远镜视准轴若与横轴垂直，望远镜绕横轴上下旋转时，视准轴扫过的面应是一个竖直平面；否则，望远镜绕横轴上下旋转时，视准轴扫过的面是一个圆锥面。如果用仪器观测同一竖直面内不同高度的点，则水平度盘的读数各不相同，从而产生测角误差。望远镜视准轴不垂直于横轴所偏离的角度 c 称为视准轴误差，且盘左、盘右的 c 的绝对值相等而符号相反。

1. 检验方法

检验时，在地面一点安置经纬仪，远处照准一个与视准轴大致同高的目标，盘左位置照准目标，读取水平度盘读数 L；在盘右位置照准该目标，读取水平度盘读数 R。

若 $L-R\pm180°=2c=0$，表示视准轴垂直于水平轴；若 $2c\neq0$，则有视准轴误差。对于 DJ_6 型经纬仪，若 $|c|>1'$，需进行校正。

2. 校正方法

用 $R_{正}=R+c$ 计算出盘右的正确读数 $R_{正}$；在盘右位置调节照准部微动螺旋使水平度盘读数为 $R_{正}$，此时望远镜十字丝交点已偏离了目标。取下十字丝环的保护盖，通过调节十字丝环左右两个校正螺丝，一松一紧，水平移动十字丝分划板座，直到十字丝交点对准目标点。

3. 校正注意事项

（1）用 $R_{正}=R+c$，$L_{正}=L-c$ 计算时应主要区分盘左读数和盘右读数，同时 c 要带符号进行计算。

（2）在完成第一次校正后，应反复检验，直至 c 值满足要求。

（3）在通过调节左右螺旋使十字丝分划板对准目标时，一定要保证调节螺丝在校正完成后都处于固定、拧紧的状态。

（五）横轴垂直于竖轴的检验与校正

如果横轴垂直于竖轴，当竖轴铅垂时，横轴水平，此时望远镜上下转动时，视准轴将在一个垂直面内转动；如果横轴不垂直于竖轴而倾斜了一个 i 角，在望远镜上下转动时，将在一个倾斜面内竖轴铅垂而横轴不水平，与水平线的夹角 i 称为横轴误差。在盘左、盘右观测时，横轴误差 i 角大小相同，方向相反（见图 6-26）。

1. 检验方法

整平仪器，在距仪器 20 m 以外处与仪器同高位置横放一毫米尺。安置该尺时，要注意尺子上方仰角不小于 30°的地方有可供瞄准的目标 M。正镜时，用望远镜竖丝对准高处目标 M，固定照准部制动螺旋，将望远镜向下移动，以竖丝照准横放的毫米尺读一数为 m_1；倒镜再照准目标 M，固定照准部制动螺旋，将望远镜向下转动，竖丝在毫米尺上读数为 m_2。若 $m_1 = m_2$，说明横轴垂直于竖轴；若 $m_1 \neq m_2$，则表示横轴不垂直于竖轴。横轴不垂直于竖轴所构成的倾斜角可按下式计算：

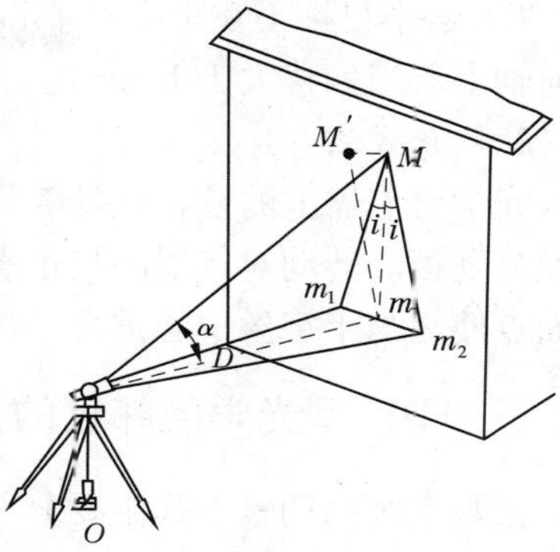

图 6-26　横轴垂直于竖轴的检验

$$i = \frac{m_1 m_2 \rho}{2D} \cot\alpha$$

式中　D——仪器至 M 点的水平距离；

　　α——M 点的竖直角，通过瞄准 M 点时盘左、盘右读数算出。

当横轴误差 $i > 20''$时，需校正。

2. 校正方法

瞄准墙上 m_1、m_2 两点的中点 m，再将望远镜上仰。此时，十字丝交点必定偏离了 M 点而照准 M'点，打开仪器的支架护盖，通过调节横轴一端支架上的偏心环，使横轴的一端升高或降低，使十字丝中心对准 M 点，这时横轴误差消除，横轴水平。由于横轴是密封的，故校正应由专业维修人员进行。

（六）竖盘指标差的检验与校正

利用望远镜盘左、盘右观测竖直角时，指标差的大小不影响测角精度，但是指标差过大，当只进行半测回时，指标差无法消除，所以必须进行校正。

1. 检验方法

（1）在仪器整平的情况下，盘左、盘右分别用横丝瞄准远处一目标，读数分别为 R、L（读数前使竖盘指标水准管气泡居中）。

（2）计算指标差 $I = \frac{1}{2}(L + R - 360°)$，当 $|I| > 30''$时，应进行校正。

2. 校正方法

在盘右位置，调节竖盘水准管微动螺旋，使竖盘读数为 $R - I$。

此时，竖盘水准气泡不再居中，拨动竖盘水准管校正螺丝，使气泡居中。在盘左时，调节竖盘水准管微动螺旋，使读数为 $L + I$。

此项检查和校正需反复进行，直到$|I| < 30''$。

对于采用自动补偿器的经纬仪，设置有专门的指标差调整机构，通过调节该装置来进行指标差的校正。

（七）光学对点器的检验与校正

光学对点器的视准轴应与竖轴重合，照准部转到任何位置时，对点误差不得大于 1 mm。

1. 检验方法

将仪器置于三脚架上并整平，使对点器十字丝中心对准地面上的一个小目标，照准部旋转180°，若小目标不在十字丝中心上，则说明对点器十字丝中心经棱镜转向后不在竖轴的几何轴上。当偏移大于1 mm时，需校正。

2. 校正方法

光学对点器上的校正螺丝随仪器的类型而异，有些校正视线转向直角棱镜，有些校正十字丝分划板。转动对点器的校正螺丝使十字丝移动偏移量的一半，拧紧旋松的螺丝，再移动地面点使之与十字丝中心重合。该方法需反复进行，直到达到要求。

三、TDJ_6 型光学经纬仪的光路调整

读数系统的调整工作主要分三部分进行，即读数目镜系统的调整、水平光路系统的调整和垂直光路系统的调整。

（一）读数目镜系统的调整

读数窗方位的调整是在读数目镜系统调整过程中进行的，其要求是当望远镜视轴水平时，水平和垂直光窗应成水平状态，即窗的长边处于水平位置，如果光窗发生倾斜，则应拆下棱镜与带尺组，用扳手或手镊旋松光窗座压圈，旋转光窗座即可。

当通过读数目镜系统的调整将视场中的亮度、光窗的位置和大小、成像的清晰性，以及光窗带尺左右视差及上、下窗视差调整好后，即可进行水平光路系统和垂直光路系统的调整。

（二）水平光路系统的调整

水平光路系统包括反光镜、进光筒、棱镜、水平聚光镜、水平度盘、水平底棱镜、水平物镜组和转像棱镜以及读数窗。

水平光路系统的调整主要包括度盘刻划线长短、歪斜、像质的调整，水平视场亮度的调整，行差和视差的调整。

1. 度盘刻划线长短的调整

影响水平刻划线上下位置即刻划线长短的光学零件只有水平物镜组和转像棱镜，物镜组里外位置不正确或转像棱镜上下位置及里外位置不正确，都会引起度盘刻划线长短的变化。但是水平物镜组在调好像质及亮度的均匀性以后，一般不宜再变动位置，因此调整水平度盘刻划线长短的主要环节是调整转像棱镜，最方便的是上下移动其位置。

2. 度盘刻划线歪斜的调整

度盘刻划线的歪斜主要是转像棱镜绕出射光轴旋转造成的。当将光窗调整好后，即当视准轴水平时，带尺刻划线应处于铅垂位置，整个光窗处于水平位置即可，度盘刻划线应与带尺刻划线平行。如果不平行则说明度盘刻划线产生歪斜，此时也采用调整转像棱镜的方法来消除刻线的歪斜。

3. 度盘刻划线像质的调整

当度盘刻划线成像在水平窗上时，应成像清晰，左右刻划应成像一致。

影响水平度盘成像质量的主要原因是水平物镜组本身质量不好或位置不正确。当水平物镜的光轴因平移或倾斜偏离光路主光轴时，会引起像虚或左右虚实不一致。此时，应打开左挡板，松开两个螺丝，左右平移水平物镜架可解决问题。

4. 水平视场亮度的调整

度盘读数系统照明的关键是如何将有关的照明棱镜位置调整好，使照明亮度均匀一致，移动和旋转棱镜、转像棱镜和水平物镜架都可以调整视场亮度的均匀性。当然，改变物镜组的位置和转像棱镜的位置用以调整视场亮度，通常是和调整刻划线的像质和长短、歪斜结合进行的。

5. 行差和视差的调整

水平度盘的刻划线被水平物镜组成像在读数窗上的水平窗内。具体要求是度盘的1°间隔宽度正好等于光窗内带尺60格的宽度，且度盘刻划线的像应和带尺刻划线在一个平面内。如果刻划线间隔和带尺60格宽度不等称为行差，度盘刻划和带尺刻划不在一个平面内称为视差。度盘有行差和视差时，应进行调整。上下移动水平物镜前管和后管，可调整行差和视差。由于水平物镜前组和后组移动时，行差和视差相互干扰，所以欲消除行差和视差需反复移动两个透镜组，逐渐趋近到合适为止。

（三）垂直光路系统的调整

垂直光路系统包括反光镜、进光窗、垂直照明棱镜组、垂直度盘、小平板、垂直转像棱镜、垂直物镜组、补偿平板、转像棱镜、斜方棱镜和读数窗。

垂直光路系统的调整主要包括度盘刻划线长短、歪斜、像质的调整，垂直视场亮度的调整，行差和视差的调整以及方位的调整。

1. 度盘刻划线长短的调整

垂直度盘刻划线在光窗中的要求同水平度盘刻划线一样。光路中可知影响垂直度盘刻划线长短的光学零件是转像棱镜和垂直物镜组，它们的位置不正确会引起度盘刻划线长短的变化，一般是通过调整转像棱镜的上下位置或里外位置来调整刻划线长短的。

2. 度盘刻划线歪斜的调整

垂直度盘刻划线歪斜是由于转像棱镜位置安装倾斜造成的。装调时，用旋转转像棱镜的方法来解决刻划线的歪斜问题。

3. 度盘刻划线像质的调整

同水平度盘一样，垂直度盘刻划线成像质量也主要是由垂直物镜组的质量及安装位置所决定的。在选择好垂直物镜组以后，则通过移动垂直物镜组的位置来调整像质。

4. 垂直视场亮度的调整

垂直光路系统中照明棱镜组 、垂直转像棱镜、垂直物镜组、转像棱镜、斜方棱镜的位置不正确均可引起垂直视场内亮度不足或照明不均匀的现象。尤其是垂直照明棱镜组要调整好它的位置，首先要保证垂直度盘得到最充足和均匀的照明。在调整垂直光路亮度的均匀性时，斜方棱镜的位置要十分注意，要上下左右移动好它的位置，防止切割光线，引起视场亮度下降或局部发暗。

5. 行差和视差的调整

垂直度盘行差和视差的调整同水平度盘原来一样，反复上下移动垂直物镜前组和后组的相对位置，可将行差和视差调整好。由于垂直物镜组的两组透镜中间不是平行光，所以调整行差时相互干扰，比较费事，需反复进行。

6. 方位的调整

垂直度盘刻划线在读数窗中应该有正确的方位，具体要求是：当望远镜水平时，竖轴铅垂时垂直度盘读数应是90°或270°,如果不是这个读数,就产生了方位误差。垂直度盘方位的调整较为复杂,一般需由专业人员来进行调整。

四、光学经纬仪常见故障的排除

TDJ_6 型经纬仪与 TDJ_2 型经纬仪在结构上有很高的相似性,它们的望远镜、基座、竖轴系、光学对点器等部件基本相同,这些部件的故障排除将在 TDJ_2 型仪器部分介绍,这里主要说明 TDJ_6 型仪器的制(微)动机构、读数系统及自动补偿器的常见故障排除。

(一)制动机构故障的排除

制动机构的故障主要表现为制动失灵,制动失灵有两种表现:一是制动扳把转到制动位置时,横轴或照准架制动不住;二是制紧以后将扳把转到旋松位置,照准架和横轴仍然转不动或很紧。

(1)制动扳把在制动位置时,起不到制动作用的故障排除:

①制动扳把上的螺丝松动,使扳把在制动螺丝的轴上打滑。排除方法是用改锥先旋转制动螺丝使照准架或横轴制动,然后将扳把旋到制动位置,再旋紧螺丝。

②水平固定挡头变位,使制动位置改变。固定挡头变位主要是挡头上的螺丝松动,此时只要将固定挡头重新旋到正确位置,再旋紧螺丝即可。

③制动螺丝松动,使得扳把带动螺丝旋转时顶棍不紧,造成制动失灵。排除方法是先松开扳把上的螺丝,用改锥旋转制动螺丝使照准架或横轴制动住,然后将扳把调到制动位置,旋紧螺丝即可。

(2)制动扳把旋松时,照准架和横轴仍被制动或转动紧涩的故障排除:

①扳把上的螺丝松动,造成扳把空转打滑。排除方法是将扳把上的锁紧螺丝旋紧。

②水平制动垫片变形或卡死致使扳把旋松后,顶棍退出,而制动垫片弹不回来。排除方法是将制动机构和竖轴系拆卸,修整制动垫片,清洗加油后重新装复即可。

(二)自动补偿器的故障排除

(1)当锁紧手轮打开后,轻轻摇动仪器照准部架听不到摆体的响声,说明摆体受阻,卡住不动了,这是停摆故障。自动补偿器停摆故障的排除:

①阻尼活塞变位,碰撞阻尼盒。排除方法是应松开螺母,重新调整活塞位置,保证间隙均匀,然后拧紧螺母,封好胶。但需注意,TDJ_6 型光学经纬仪的间隙调整比较困难,它不能直接观察,要边调边试验,直到合适。

②吊丝折断也会造成补偿器停摆,这是较严重的故障,此时应先拆下补偿器,重新更换一组吊丝,重新装调测试。

(2)自动补偿器偏摆故障的排除:

①补偿器固定架的两个固定螺丝松动,使整个补偿器偏斜,离开零位。此时用调整零位的方法,转动固定架,恢复补偿零位。

②平衡螺母移动,造成偏摆。平衡螺母是专门调整摆体左右平衡的,如果平衡螺母松动、移位,则摆体就失去左右平衡,向一边倾斜,此时应移动螺母位置,向倾斜相反的方向移动即可。

③限位叉左右移动,使摆体左右摆动不对称。应先把补偿器安置到零位,然后松开两个螺丝,左右移动限位叉,使之相对长丝杆左右对称,间隙相等。

第六节　测绘仪器的“三防”(防霉、防雾、防锈)

普通光学仪器在一定的条件下生霉、生雾及生锈(“三害”),仪器遭到“三害”后会降低观测读数的精度,影响操作使用,严重者会使仪器受到极大的损坏。尤其是我国南方地区,潮湿多雨,仪器生霉、生雾及生锈现象更为严重,因此对仪器进行三防,即防霉、防雾、防锈处理是测量仪器维护过程中十分重要的工作。

一、仪器生霉的原因及防霉方法

仪器的光学零件表面上长了很多絮状物,像蜘蛛网一样,这就叫光学零件长霉,这些絮状物是霉菌繁殖形成的。光学零件生霉后可使光学零件透光率损失25%,生霉严重时,可使零件表面膜层脱离,玻璃表面被腐蚀,严重影响零件的透光和成像,降低仪器的使用寿命。

(一)生霉的原因

仪器生霉是霉菌孢子落入仪器内部零件上生长繁殖的结果。霉菌是一种真菌,由菌絮体和孢子组成,一个孢子在合适的条件下会萌发成菌絮体,并最后完成一个繁殖循环,所以仪器生霉的首要条件是有霉菌孢子的存在。另外,霉菌的形成还需要适合的生长条件:温度,霉菌生长最适宜的温度是25~35 ℃。湿度,霉菌在相对湿度70%以上就开始繁殖,最适宜的湿度是75%~90%。霉菌在条件不适宜时并不会死亡,只要温度和湿度一满足条件,霉菌就会萌发。食物,霉菌的生长需要食物,如糖、蛋白质、脂肪、水等都是霉菌生长的食物。

仪器之所以会生霉,就是因为仪器内部具备了霉菌生长的条件,而形成这些条件的主要原因是:

(1)仪器在装配过程中空气中的孢子落到仪器内部,仪器在保管使用过程中因密封不良,空气中的孢子也会进入仪器内部。

(2)仪器在装配维修过程中,人的手直接触摸光学零件、手汗留在零件上、光学零件清洗不干净都会给霉菌留下丰富的食物。

(3)垫片和各种辅料不清洁,未进行防霉处理或脱脂处理也会在零件上形成适合霉菌生长的条件。

(4)仪器保管不当,长期存储在潮湿的环境中,也给生霉创造了条件。

(二)防霉的方法

由于测量仪器在正常的维修及使用过程中,适合霉菌生长的几个环境因素要对其进行限制都不容易做到,一般都是采用杀死孢子或断其营养的方法解决问题。

1.化学药剂防霉

化学药剂防霉的根本就是使用化学药品杀死霉菌,它是一种效果良好的方法。

对防霉药剂的要求如下:

(1)对霉菌毒效高,对人体无毒或低毒。

(2)不腐蚀仪器的光学零部件及金属零件。

(3)操作工艺简单,使用方便。

(4)使用浓度低,有效期长。

防霉药剂的使用方法:

(1)熏蒸法防霉：主要使用对硝基苯甲醛，它是淡黄色晶体，低毒，防霉效果好，使用方便，持续时间长，对金属零件及光学零件没有腐蚀。通常是压成药片放置于仪器包装箱内。

(2)接触法防霉：将防霉药剂直接涂到光学零件表面上，或加在密封油灰里及防尘脂中。常用的有三丁基氧化锡，将它与乙醇、乙醚混合后涂在玻璃零件表面上可起防霉效果。

2. 严格操作规程

严格遵守操作规程可使仪器在装配和维修过程中限制霉菌的生长条件。

(1)清洁光学零件必须使用卷棉器，不许用手接触棉球。

(2)光学零件的金属管座必须清洗干净，然后进行烘干处理。

(3)仪器装配维修中使用的辅料(如棉花、纱布)要进行脱脂处理，各种垫片要进行防霉处理。

(4)仪器维修室要干燥、整洁，零件在拆卸过程中应存放于干燥的器皿中。

二、仪器生雾的原因及防雾方法

在光学零件表面上长了许多的小露珠，这些露珠由水滴或矿物盐的水溶液构成，也有些由油性物质的小点构成，这就是光学零件生雾。

光学零件生雾会严重降低零件的透光率，使视场亮度变低，由于光线经过雾层会发生散射，也会使零件的成像质量降低。

(一)生雾的原因

(1)光学零件表面不清洁、擦得不干净，留下的灰尘或油迹会形成结雾的核心，在吸收了空气中的水分后就会生雾。

(2)光学玻璃化学稳定性差也会引起生雾，光学玻璃大部分是硅酸盐玻璃，它们遇到水后发生不同程度的水解，水解后的碱溶液会吸收空气中的酸性气体二氧化碳形成碳酸盐。当空气干燥水分蒸发后留下的碳酸盐小结晶堆积在玻璃表面时，就形成了雾。

(3)霉菌的分泌物能形成水性雾。

(4)金属表面零件上油脂会挥发扩散到光学零件表面上，形成油性雾，清洁金属零件的汽油残留物挥发后落在光学零件表面也会形成油性雾。

(5)在高温条件、低温条件及温度变化大的条件下，仪器光学零件表面也易生雾。

(二)防雾的方法

1. 化学药剂防雾

防雾药剂主要是一些有机硅油，如甲基硅油、乙基含氢硅油，把它们配制成溶液涂在光学零件表面上，使零件表面形成一层憎水层，可以起到良好的防雾效果。

2. 严格遵守操作规程

严格遵守操作规程，在装配和维修仪器过程中严禁用手接触光学零件表面，要将零件清洁干净。使用的辅料必须脱脂，清洁液乙醇、乙醚应是无水的，仪器的润滑油脂应是低挥发的，其化学稳定性要好。

三、仪器生锈的原因及防锈方法

(一)仪器生锈的原因

(1)空气中相对湿度大，含水汽多，容易使金属零件表面附着水汽，容易生锈。

(2)内外湿差大时，仪器零件表面也易凝结水汽，容易生锈。

(3)空气中含有腐蚀性较大的气体，如二氧化硫，它溶于水后形成亚硫酸，腐蚀金属表面。

(二)防锈方法

(1)金属零件表面涂上一层防锈油,防锈油是由基础油和添加剂合成的,而添加剂主要是油溶性缓蚀剂。

(2)外露金属零件表面镀保护层,一般多是镀一层铬,或镍或镍铬层。

(3)仪器内金属零件多进行氧化处理,使零件表面形成保护层,保护内部零件不受氧化。一般钢件氧化发蓝,铜件氧化发黑,铝件氧化成黑色或黄色。

小 结

本章介绍了国产 DS_3 型水准仪、DJ_6 型光学经纬仪和 DJ_2 型光学经纬仪的结构与检验,详细讲解了光学仪器的拆卸步骤、维修与调整方法。为延长仪器的使用寿命和保证仪器的观测精度,本章还介绍了对日常使用和经过维修的水准仪、光学经纬仪的几何关系的检验与校正以及测量仪器日常保养的基本知识。

习 题

1. 在对仪器维修前应做哪些准备工作?
2. 微倾式水准仪的构造有哪些特点?它主要由哪些部分组成?
3. DS_3 型水准仪如何拆卸为三大部分?
4. 水准仪的符合气泡影像有哪些常见故障?产生的原因是什么?如何调整?
5. 光学经纬仪的构造与水准仪的哪几部分基本相同?
6. DJ_6 型光学经纬仪和 DJ_2 型光学经纬仪的相同点和不同点分别是什么?
7. 水准仪的几何轴线有哪些?各应满足什么关系?
8. 经纬仪的几何轴线有哪些?各应满足什么关系?
9. 水准仪的日常校正项目有哪些?
10. 经纬仪的日常校正项目有哪些?
11. 简述水准仪 i 角的检验方法及校正方法。
12. 简述经纬仪 $2c$ 和指标差的检验方法及校正方法。
13. 什么是测量仪器的"三防"?
14. 简述仪器防霉的方法。

第七章　电子经纬仪

第一节　电子经纬仪概述

20 世纪 60 年代电子经纬仪的出现标志着经纬仪的发展到了一个新的阶段,为测角工作提供了技术自动化的有利条件。

电子经纬仪具有与光学经纬仪类似的结构特征,因而电子经纬仪测角的方法步骤与光学经纬仪基本相同,电子经纬仪和光学经纬仪的最主要不同点在于读数系统(包括键盘、电子线路、光栅度盘或编码度盘等)。光学经纬仪是采用光学读盘和人工读数系统,电子经纬仪则采用光电扫描读盘和自动读数系统。电子经纬仪是光学、机械、电子三结合的部件,种类繁多,如光栅度盘、编码度盘、计时测角度盘等,电子经纬仪从测角的精度来看主要是减少人为读数误差。因此,电子经纬仪相比光学经纬仪能够提高测角精度及作业速度。

第二节　电子经纬仪的测角原理

一、光栅度盘电子测角原理

在电子经纬仪中,光栅度盘电子测角是电子经纬仪测角的一种方法。其方法是在度盘上均匀地刻有许多等间隔狭缝的直尺或圆盘,这种度盘称为光栅盘。刻在直尺上用于直线测量的为直线光栅,如图 7-1 所示;刻在圆盘上的由圆心辐射的等角距光栅称为径向光栅(或圆光栅),如图 7-2 所示。光栅的基本参数是刻划线密度(每毫米刻的线条数)和栅距(相邻两栅之间的距离)。设光栅的刻线密度为 a,缝隙宽度为 b,通常 $a = b$,栅距为 d,$d = a + b$。圆光栅中,栅距所对应的圆心角即为栅距的分划值。电子经纬仪采用的是圆光栅,光栅的线条处为不透光区,缝隙处为透光区。在光栅盘上下对应位置装上照明器和光电接收管,则可将光栅的透光与不透光信号转变为电信号。若照明器和接收管随照准部相对于光栅度盘移动,则可由计数器累计求得所移动的栅距数,从而得到转动的角度值。

图 7-1　直线光栅

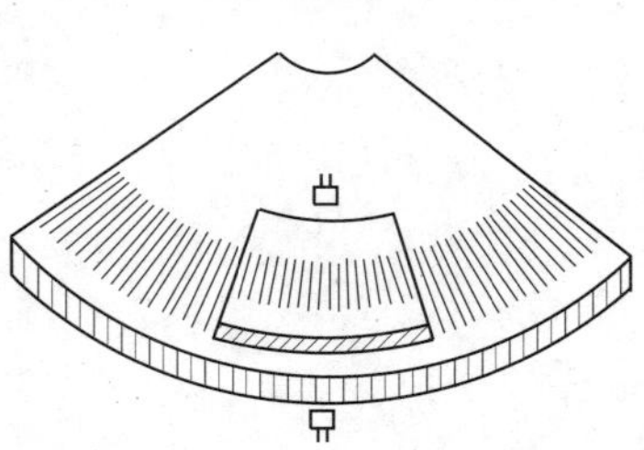

图 7-2　径向光栅

一般光栅的栅距都很小,而分划值却仍然很大。例如,在 80 mm 直径的度盘上刻有

12 500条线(刻线密度为50 线/mm),其栅距的分划值为1′44″。为了提高测角精度,还必须对栅距细分,即将一个栅距用光电的方法细分成几十到上千等份。由于栅距太小,计数和细分都不易准确,所以在光栅测角系统中采用了莫尔条纹技术,将栅距放大,然后进行细分和计数。

产生莫尔条纹的方法是:取一小块与光栅度盘具有相同密度和栅距的光栅,称为指示光栅(见图7-3(a)),若将指示光栅与光栅度盘以微小的间距重叠起来,并使其刻线互成一微小的夹角 θ,这时就会出现放大的明暗交替的条纹,这些条纹称为莫尔条纹(栅距由 d 放大到 w),如图7-3(b)所示。

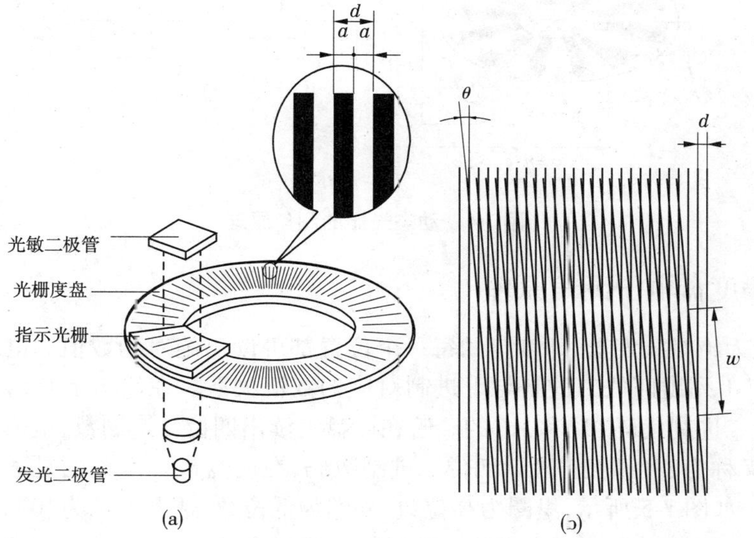

图7-3　增量式光栅的测角原理

(一)增量式光栅测角系统

当分析光栅随着望远镜转动时,随着分析光栅对于度盘光栅的角移,使产生的莫尔干涉条纹在径向移动,这种移动使得在某固定点上接收到的莫尔条纹的光强呈正弦变化。若在该点设置光电探测器进行光电转换,便可得到正弦信号输出。正弦信号一周即为一个莫尔条纹宽 w,也就是相当于分析光栅和度盘光栅间相对移动的一个栅距 d。将正弦信号经过放大、整形后由微分电路变成脉冲信号,则每一个脉冲信号就与一定的角值相当。计算接收脉冲信号的个数便可得到角度值。光栅度盘的测角是在相对运动中读出角度变化量,这种测角方法被称为增量法测角(见图7-3)。

由于仪器在照准目标时,可能正转也可能反转,假设正转时经过的栅距要增加,则反转时应相减,为了保证仪器能进行不同转动情况下的正确计数,它是利用度盘相位上相差90°的两个光电管 A、B 来完成的。仪器正转时,由光电管 A 输出的电信号比由 B 输出的电信号在相位上超前90°,而反转时落后90°。利用仪器正转与反转时,由 A 和 B 输出的两个信号相位上的差别来判别仪器的旋转方向,进而给出一个方向的判别信号,判别信号通过电子门电路控制计数脉冲的正确输出。例如,仪器正转时输出加法脉冲信号,仪器反转时输出减法脉冲信号,在可逆计数器中,加法脉冲使计数增加,减法脉冲使计数减少,从而实现正确计数。

(二)动态光栅度盘的测角原理

动态光栅度盘的测角原理如图 7-4 所示。度盘光栅可以旋转,另有两个与度盘光栅交角为 φ 的指标光栅 L_S 和 L_R,L_S 为固定光栅,位于度盘外侧,它不随照准部转动;L_R 为可动光栅,位于度盘内侧,随照准部的转动而转动。φ 角可按下式计算:

$$\varphi = n\varphi_0 + \Delta\varphi \tag{7-1}$$

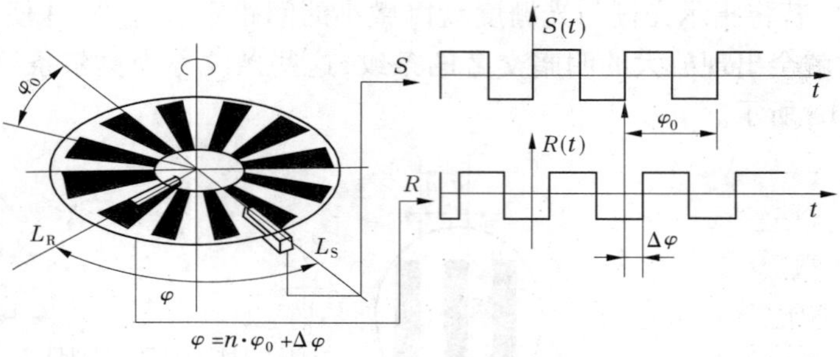

图 7-4　动态光栅的测角原理

二、编码度盘电子测角原理

编码度盘为绝对式度盘,即度盘的每一个位置都可读出绝对的数值。电子计数一般采用二进制,表 7-1 列出四位二进制与十进制对应的数值关系。在码盘上是以透光和不透光两种状态表示二进制代码"0"和"1"的。若在度盘上读出四位二进制数,就需在度盘上刻四道同心圆环,又称为四条码道,表示四位二进制数码,在度盘最外圈刻的是透光和不透光相同的 16 个格。如图 7-5 所示,里圈为高位数,外圈为低位数,透光表示为"0",不透光表示为"1",沿径向方向由里向外可读出四位二进制数,如图 7-5 所示,由 0000 起,顺时针方向可依次读得 0001,0010,…,1111,也就是十进制数 0 ~ 15。

表 7-1　四位二进制与十进制编码对应关系

十进制	二进制	十进制	二进制
0	0000	8	1000
1	0001	9	1001
2	0010	10	1010
3	0011	11	1011
4	0100	12	1100
5	0101	13	1101
6	0110	14	1110
7	0111	15	1111

实现码盘读数的方法是:将度盘的透光和不透光两种信号,由光电转换器件转换成电信号,再送到处理单元,经过处理后,以十进制数自动显示读数值。其结构原理如图 7-6 所示。四位码盘上装有四个照明器(发光二极管),码盘下面相应的位置上装有四个光电接收二极管,沿径向排列的发光二极管的光通过码盘产生透光或不透光信号,被光电二极管接收,并

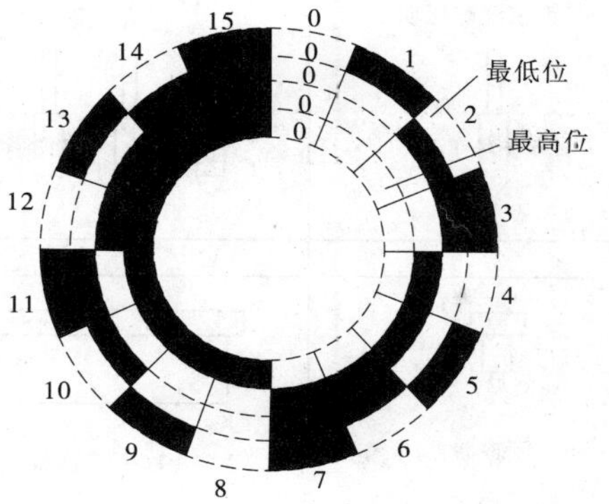

图 7-5 编码度盘

将光信号转换为“0”和“1”的信号，透光区的输出为“0”，不透光区的输出为“1”，四位组合起来就是某一径向码盘读数，如图 7-6 中输出为 0101。

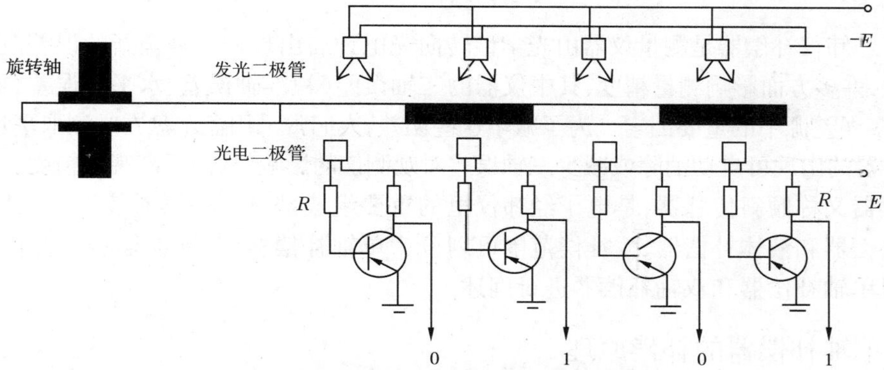

图 7-6 编码度盘光电传感器读数原理

设想观测时码盘不动，照明器和接收管(又称传感器)随照准部转动，则可在码盘上沿径向读出任何码盘位置的二进制读数。

在仪器上，如果要求码盘分划值为 10″，则度盘上最低位的码道将分成 360 × 60 × 6 = 129 600 等份，需要以 18 条码道(称为 18 位码盘)表示成二进制读数，相应地需要一个传感器组成光电扫描系统。在现有技术条件下，要在 80 mm 左右直径的玻璃盘上刻制 18 位码道是不易实现的。因此，在电子经纬仪中，是用码道和各种细分方法相结合进行读数的。例如，编码盘的码道数为 8，其角度分辨率约为 1.4°。为了提高角度分辨率，通常采用电子细分的方法，也就相当于光学经纬仪中的测微装置，如图 7-7 所示是码盘和正弦缝隙比相细分系统的布置。图中 A 为 8 条格莱码道及数字传感系统，用来确定角度的“度”值，其格值 $t = 1.4$。

B 为码盘中心刻出的一圈 128 个周期的正弦刻缝，它对应着码盘上一定的码区，在此正弦刻缝周期上对应着两个码区，即格莱码盘上的 2 格为 2.8°，利用相位计作比相细分能测到一个周期上的 1/1 000，即达到 10″，这是仪器的第一套测微系统。

C 为在码盘上最外圈刻的 4 096 条径向隙缝，每个隙缝的格值为 5.27′，同样按正弦细分，测得其格值的 1/1 000，即 0.32 ″，这是仪器的第二套测微系统。为了消除偏心差在4 096 条径向隙缝采用对径两端读数，取其平均值，微机处理系统综合这三个系统的读数，取 A 的“度”数，B 的“分”数和 C 的“秒”数，就得到一个方向的绝对读数。

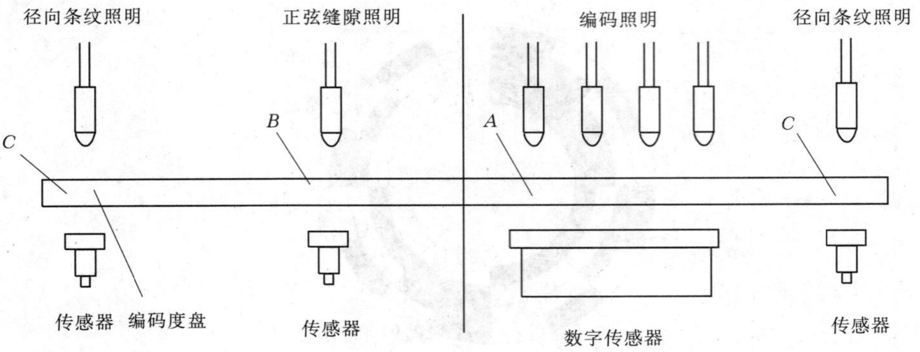

图 7-7　码盘和正弦缝隙比相细分系统的布置

第三节　电子经纬仪竖轴补偿器的补偿原理

电子经纬仪补偿器是测量仪器由光学型转向光电型后出现的一种全新的误差改正器件。在作业中,许多方面影响测量精度,其中仪器的三轴误差(视准轴误差、水平轴误差、垂直轴误差)是诸多误差源中的重要因素。为了减小这些误差,人们常采用盘左盘右观测取平均值的方法。补偿器的出现可自动消除或减少三轴误差对观测值的影响,从而提高观测精度。

补偿器又称倾斜传感器,是电子经纬仪里的重要组成部分。补偿器按工作原理可划分为摆式补偿器和液体补偿器,按补偿范围可划分为单轴补偿器、双轴补偿器和三轴补偿器。这里只对单轴补偿器和双轴补偿器进行阐述。

一、单轴补偿器的补偿原理

单轴补偿只能自动改正由于垂直轴倾斜误差对垂直度盘读数的影响。当仪器倾斜时,将引起吊摆的微小摆动,这个变化通过光路引起垂直度盘影像的相应变化,垂直指标的位移和仪器的倾斜量相等,从而对仪器的倾斜起到了补偿作用。

图 7-8 所示是国内某厂采用的电容式单轴补偿器,当仪器倾斜时,将引起气泡的运动,从而导致电容的变化,只要测量极板间的电容变化,就可以测量仪器的倾斜量。

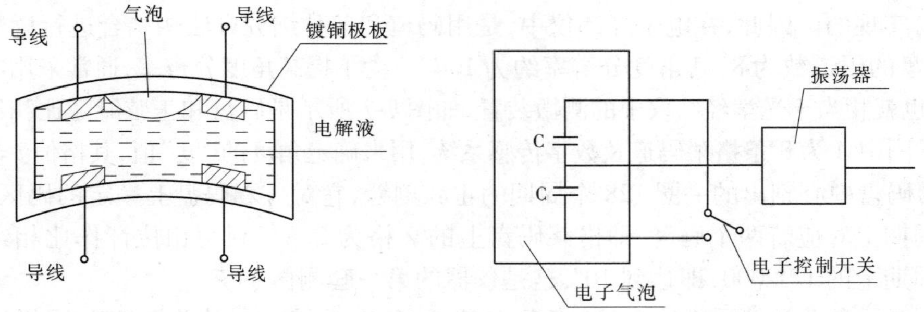

图 7-8　电容式单轴补偿器

二、双轴补偿器的补偿原理

双轴补偿器是当仪器垂直轴倾斜时，能自动改正由于垂直轴倾斜误差对垂直度盘和水平度盘读数的影响。目前，绝大部分具有双轴补偿的仪器均采用液体补偿器。

图 7-9 所示为 ZEISS 仪器使用的双轴液体补偿器，属于光电式双轴液体补偿器。其液体（硅油）表面为补偿器基准面，液体装在一个封闭玻璃器（补偿器液体盒）中，一个直径为 100 μm 的光源经物镜和棱镜后，在液体表面形成全反射，经过接收物镜聚焦，在一大幅面光电二极管上成像，从光电二极管上可以获得成像的具体位置，借助于一个多项式实现其数字化，获得垂直轴倾斜在视准轴和横轴方向的分量。也有的厂家采用 2 个单轴补偿器，安装时使它们的位置相互垂直，同样能起到双轴补偿的作用。

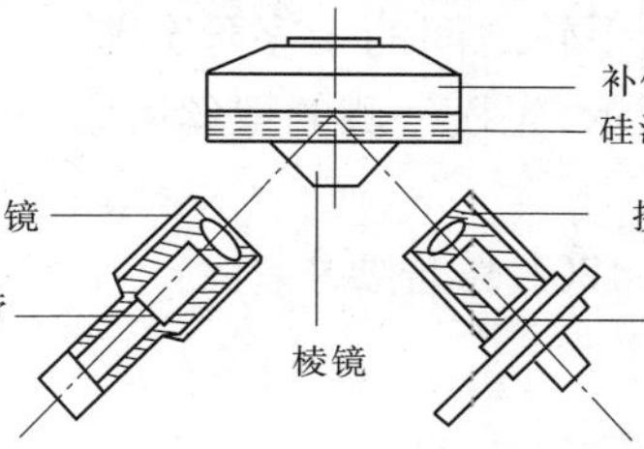

图 7-9　光电式双轴液体补偿器

第四节　电子经纬仪的检定

一、外观及一般功能检定

对于新购置的仪器或在作业前后，首先对仪器应作一般的检视。例如，检查外表是否清洁，有无损伤；各部件及附件是否完整齐全；检查整机及各旋钮、按钮是否灵活；光学部件是否干净无损；并按说明书的使用步骤通电检查仪器是否正常工作，如果仪器使用时没有信号不能显示数据，或虽能显示数据但明显错乱，这是仪器发生故障不能使用，需送工厂进行修理。如果仪器正常显示角度，说明仪器可以使用，是否能达到规定的精度和相应的技术指标，就需进行检验。

二、电子经纬仪的检定

电子经纬仪的检验项目主要包括以下几个方面。

（一）照准部水准管轴垂直于竖轴的检验与校正

照准部水准管轴垂直于竖轴的检验与校正方法同经纬仪的检验与校正，参见第六章第五节。

（二）圆水准器的检验与校正

圆水准器的检验与校正方法同经纬仪的检验与校正，参见第六章第五节。

（三）望远镜十字丝竖丝垂直于横轴的检验与校正

望远镜十字丝竖丝垂直于横轴的检验与校正方法同经纬仪的检验与校正，参见第六章第五节。

(四)视准轴与横轴的垂直度($2c$)的检验与校正

1.视准轴与横轴的垂直度($2c$)的检验

(1)距离仪器同高的远处设置目标 A,精确整平仪器并打开电源。

(2)在盘左位置将望远镜照准目标 A,读取水平角(例如水平角 $L=10°13'10''$)。

(3)松开垂直及水平制动手轮,转动望远镜,旋转照准部盘右照准同一 A 点(照准前应旋紧水平及垂直制动手轮)并读取水平角(例如水平角 $R=190°13'40''$)。

(4)$2c=L-(R\pm180°)=-30''\geq\pm20''$,需校正。

2.视准轴与横轴的垂直度($2c$)的校正

(1)用水平微动手轮将水平角读数调整到消除 c 后的正确读数:$R+c=190°13'40''-15''=190°13'25''$。

(2)取下位于望远镜目镜与调焦手轮之间的十字丝分划板座护盖,调整十字丝分划板水平左右两个校正螺丝,如图 7-10 所示,先松一侧的螺丝后紧另一侧的螺丝,移动十字丝分划板使十字丝中心照准目标 A。

(3)重复检验步骤,校正至 $|2c|<20''$,符合要求。

(4)将护盖安装回原位。

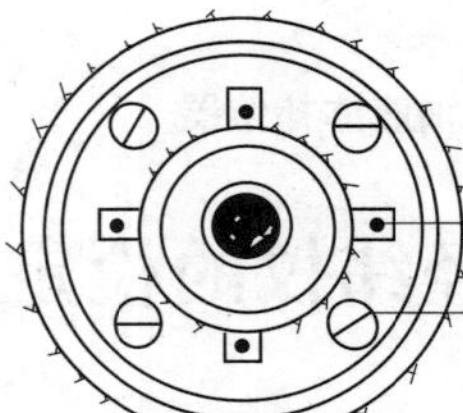

图 7-10 校正螺丝和固定螺丝

(五)竖盘指标差的检验与校正

1.竖盘指标零点自动补偿的检验

竖盘采用了电容式指标零点自动补偿装置的仪器,指标零点是否能自动补偿,可用下述方法检验:

(1)安置和整平仪器后,使望远镜的指向和仪器中心与任一脚螺旋的连线相一致,旋紧水平制动手轮。

(2)开机后指示竖盘指标零点,旋紧垂直制动手轮,仪器显示当前望远镜指向的竖直角值。

(3)朝一个方向慢慢转动脚螺旋至 10 mm(圆周距)左右时,显示的竖直角由相应随着变化到消失出现"b"信息,表示仪器竖轴倾斜已大于 3′,超出竖盘补偿器的设计范围。当反向旋转脚螺旋复原时,仪器又复现竖直角(在临界位置可反复试验观其变化),表示竖盘补偿器工作正常。

2.竖盘指标差(I 角)的检验

(1)安置整平好仪器后开机,将望远镜照准任一清晰目标,得竖直角盘左读数 L。

(2)转动望远镜照准 A,得竖直角盘右读数 R。

(3)若竖直角天顶为 0°,则 $I=(L+R-360°)/2$;若竖直角水平为 0°,则 $I=(L+R-$

180°)/2 或($L+R-540°$)/2。

(4)若 $|I| \geq 10''$,则需对竖盘指标零点重新设置。

3. 竖盘指标差校正(竖盘指标零点设置)

(1)整平仪器后,按住"V%"键开机,三声蜂鸣后松开按键,显示:

V OSET SET－1

(2)在盘左水平方向附近上下转动望远镜,待上行显示出竖直角后,转动仪器精确照准与仪器同高的远处任一清晰稳定目标 A,按"V%"键,显示:

V 90°20′30″ SET－2

(3)转动望远镜,盘右精确照准同一目标 A,按"V%"键,设置完成,仪器返回测角模式。

(4)重复检验步骤重新测定指标差(I)。若指标差仍不符合要求,则应检查校正指标零点设置操作是否有误,目标照准是否准确等,按要求再重新进行设置。

(5)经反复操作仍不符合要求时,应送厂检修。

(六)光学对点器的检验与校正

光学对点器的检验与校正方法同光学经纬仪的检验与校正,见第六章第五节。

(七)其他调整

若脚螺旋出现松动,可以调整机座上脚螺旋两侧的2个校正螺丝,拧紧螺丝的压紧力到合适的力度。

(八)南方电子经纬仪错误代码信息表

当操作仪器不当或仪器内部电路出现故障时,显示屏上会显示错误信息,其内容和处理办法如表7-2所示。

表7-2　南方电子经纬仪错误代码信息

错误代码	代码含义及处理方法
Err 01	水平盘测量出错。关机再开机,若仍出现"Err 01"则需送修理
Err 02	望远镜转动太快。按"V%"键,提示"V OSET"后,指示竖盘指标重新归零(即在盘左水平附近上下转动望远镜)
Err 03	照准部转动太快,按"OSET" 键清零
Err 04	竖直光电转换器(Ⅰ)出错。需送修理
Err 05	水平光电转换器(Ⅰ)出错。需送修理
Err 06	水平光电转换器(Ⅱ)出错。需送修理
Err 07	竖直光电转换器(Ⅱ)出错。需送修理
Err 08	竖盘测量出错。关机后重新置平仪器,开机后若仍出现"Err 08"则需送修理
Err 20	竖盘指标零点设置错误,需送修处理
Err 21	竖直角电子补偿器零点超差。关机后重新置平仪器,开机后若仍出现"Err 21"则需送修理

小 结

本章主要讲述了电子经纬仪的测角原理,包括光栅度盘的测角原理及编码度盘的测角原理,讲述了电子经纬仪竖轴补偿器的补偿原理及电子经纬仪的检校方法。通过本章的学习,要了解电子经纬仪的发展历史,了解电子经纬仪的结构原理,掌握电子经纬仪检校方法及校正过程。

习 题

1. 电子经纬仪与光学经纬仪有何异同?
2. 简述光栅度盘的测角和动态测角原理。
3. 简述编码度盘的测角原理。
4. 简述单轴补偿器的补偿原理。
5. 简述双轴补偿器的补偿原理。
6. 作业前,电子经纬仪应作哪些检查?
7. 简述视准轴与横轴垂直的检验与校正。

第八章　测距仪

第一节　电磁波测距的基本原理

建立高精度的水平控制网，需要测定控制网的边长。过去精密距离测量都是用因瓦基线尺直接丈量待测边的长度，虽然可以达到很高的精度，但丈量工作受地形条件的限制，速度慢、效率低。从20世纪60年代起，由于电磁波测距仪不断更新、完善和愈益精密，它以速度快、效率高取代了因瓦基线尺，广泛应用于水平控制网和工程测量的精密距离测量中。

随着近代光学、电子学的发展和各种新颖光源（激光、红外光等）相继出现，电磁波测距技术得到了迅速发展，出现了以激光、红外光和其他光源为载波的光电测距仪及以微波为载波的微波测距仪。因为光波和微波均属于电磁波的范畴，故它们又被统称为电磁波测距仪。

由于光电测距仪不断地向自动化、数字化和小型轻便化方向发展，大大地减轻了测量工作者的劳动强度，加快了工作速度，所以在工程控制网和各种工程测量中，多使用各种类型的光电测距仪。

一、光电测距仪的分类

光电测距仪按仪器测程大体分为以下三类。

（一）短程光电测距仪

短程光电测距仪的测程在3 km以内，测距精度一般在1 cm左右。这种仪器可用来测量三等以下的三角锁网的起始边，以及相应等级的精密导线和三边网的边长，适用于工程测量和矿山测量。这类测程的仪器很多，如瑞士的ME3000（精度可达 $\pm(0.2\ \text{mm}+0.5\times10^{-6}D)$）、DM502、DI3S、DI4，瑞典的AGA－112、AGA－116，美国的HP3820A，英国的CD6，日本的RED2、SDM3E，原西德的ELTA2、ELDI2等，精度均可达 $\pm(5\ \text{mm}+5\times10^{-6}D)$；原东德的EOT2000，我国的HGC－1、DCH－2、DCH3、DCH－05等。

短程光电测距仪多采用砷化镓（GaAs或GaAlAs）发光二极管作为光源（发出红外荧光），少数仪器也用氦－氖（He－Ne）气体激光器作为光源。砷化镓发光二极管是一种能直接发射调制光的器件，即通过改变砷化镓发光二极管的电流密度来改变其发射的光强。

（二）中程光电测距仪

测程在3～15 km的仪器称为中程光电测距仪，这类仪器适用于二、三、四等控制网的边长测量。如我国的JCY－2、DCS－1，精度可达 $\pm(10\ \text{mm}+1\times10^{-6}D)$，瑞士的ME5000（精度可达 $\pm(0.2\ \text{mm}+0.2\times10^{-6}D)$）、DI5、DI20，瑞典的AGA－6、AGA－14A等精度均可达到 $\pm(5\ \text{mm}+5\times10^{-6}D)$。

（三）远程激光测距仪

测程在15 km以上的光电测距仪称为远程激光测距仪，精度一般可达 $\pm(5\ \text{mm}+1\times10^{-6}D)$，能满足国家一、二等控制网的边长测量。如瑞典的AGA－8、AGA－600，美国的

Range master，我国研制成功的 JCY－3 型等。

中、远程光电测距仪，多采用氦－氖（He－Ne）气体激光器作为光源，也有采用砷化镓激光二极管作为光源的，还有其他光源的，如二氧化碳（CO_2）激光器等。由于激光器发射激光具有方向性强、亮度高、单色性好等特点，其发射的瞬时功率大，所以在中、远程测距仪中多用激光做载波，称为激光测距仪。

根据测距仪出厂的标称精度的绝对值，按 1 km 的测距中误差，测距仪的精度分为三级，如表 8-1 所示。

表 8-1　测距仪的精度分级

测距中误差（mm）	测距仪精度等级
<5	Ⅰ
5～10	Ⅱ
11～20	Ⅲ

电磁波测距是通过测定电磁波束在待测距离上往返传播的时间 t_{2D} 来计算待测距离 D 的，电磁波测距的方法如图 8-1 所示。A 点安置测距仪，B 点安置反射器。已知光波传播速度 c 为定值，如果能测出测距仪发射的光波传播至反射器，再经反射器回到测站的时间 t_{2D}，即可按式（8-1）计算 A 点到 B 点的距离 D。

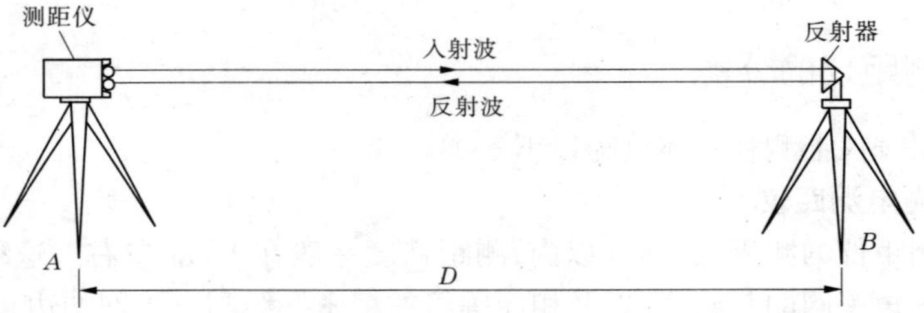

图 8-1　电磁波测距

$$D=\frac{1}{2}ct_{2D} \tag{8-1}$$

其中
$$c=\frac{c_0}{n}$$

式中　c——电磁波在大气中的传播速度；

c_0——真空中的光速，$c_0=(299\ 792\ 548\pm1.2)$ m/s；

n——大气折射率。

t_{2D} 的测定方法有两种：一种是直接测定由测距仪发出的光脉冲自发射到接收所消耗的时间，称为脉冲法测距；另一种是通过测定测距仪发出的连续调制光波经往返测程所产生的相位差来间接测定时间，称为相位法测距。

二、脉冲法测距原理

脉冲式光电测距是通过直接测定光脉冲在测线上往返传播时间 t_{2D}，并按式（8-1）求得距离。

图 8-2 是脉冲式光电测距仪的工作原理。仪器的大致工作过程如下：

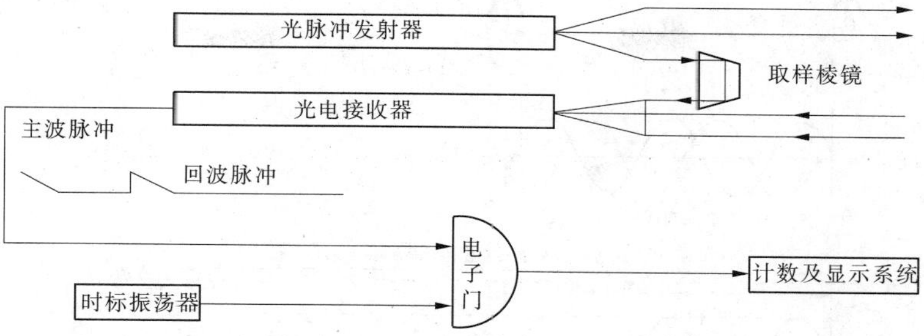

图 8-2　脉冲式光电测距仪的工作原理

首先由光脉冲发射器发射出一束光脉冲，经发射光学系统后射向被测目标。与此同时，由仪器内的取样棱镜取出一小部分光脉冲送入接收光学系统，再由光接收器转换为电脉冲（称为主波脉冲），作为计时的起点。从目标反射回来的光脉冲通过接收光学系统后，也被光电接收器接收并转换为电脉冲（称为回波脉冲），作为计时的终点。因此，主波脉冲和回波脉冲之间的时间间隔就是光脉冲在测线上往返传播时间 t。为了测定时间 t，将主波脉冲和回波脉冲先后（相隔时间 t）送入门电路，分别控制电子门的开门和关门。由时标振荡器不断地产生具有一定时间间隔 T 的电脉冲（称为时标脉冲）。在测距之前电子门是关闭的，时标脉冲不能通过电子门进入计数系统。测距时，在光脉冲发射的同一瞬间，主波脉冲把电子门打开，时标脉冲一个一个地通过电子门的计数系统，当从目标反射回来的光脉冲到达测距仪时，回波脉冲立即把电子门关闭，时标脉冲就停止进入计数系统。由于每进入技术系统一个时标脉冲就要经过时间 T，所以如果在开门（即光脉冲离开测距仪的时刻）和关门（即目标反射回来的光脉冲到达测距仪的时刻）之间有 n 个时标脉冲进入计数系统，则主波脉冲和回波脉冲之间的时间间隔 $t = nT$。由式(8-1)可求得待测距离 $D = \frac{1}{2}c \cdot nT$。令 $l = \frac{1}{2}cT$ 表示在时间间隔 T 内光脉冲往返所走的一个单位距离，则有：

$$D = nl \tag{8-2}$$

由式(8-2)可以看出，计数系统每记录一个时标脉冲，就等于记下一个单位距离 l。由于测距仪中 l 值是预先选定的（例如 10 m、5 m 或 1 m），因此计数系统在计数通过电子门的时标脉冲个数 n 后，就可以直接把待测距离 D 用数码管显示出来。

三、相位式测距原理

（一）相位式光电测距的基本公式

如图 8-3(a)所示，测定 A、B 两点的距离 D，将相位式光电测距仪整置于 A 点（称测站），反射器整置于另一点 B（称镜站）。测距仪发射出连续的调制波，调制波通过测线到达反射器，经反射后被仪器接收器接收（见图 8-3(b)）。调制波在经过往返距离 $2D$ 后，相位延迟了 ϕ。我们将 A、B 两点之间调制光的往程和返程展开在一直线上，用波形示意图将发射波与接收波的相位差表示出来，如图 8-3(c)所示。

设调制波的调制频率为 f，它的周期 $T = 1/f$，相应的调制波长 $\lambda = cT = c/f$。由图 8-3(c)

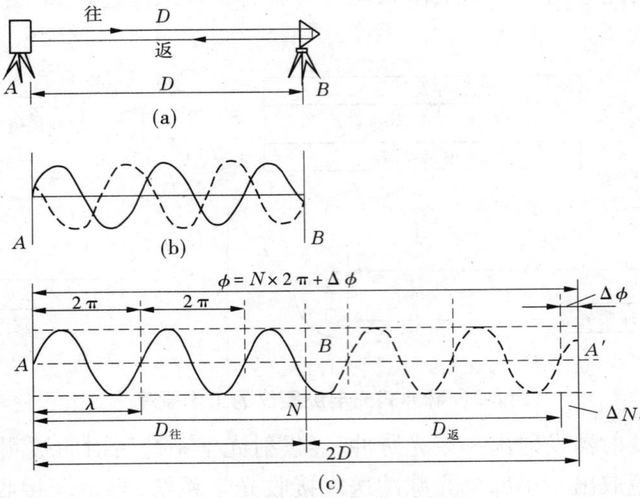

图 8-3　相位法测距原理

可知，调制波往返于测线传播过程所产生的总相位变化 ϕ 中包括 N 个整周变化 $N\times2\pi$ 和不足一周的相位尾数 $\Delta\phi$，即

$$\phi = N\times2\pi + \Delta\phi \tag{8-3}$$

根据相位 ϕ 和时间 t_{2D} 的关系式 $\phi=\omega t_{2D}$，其中 ω 为角频率，则

$$t_{2D} = \phi/\omega = \frac{1}{2\pi f}(N\times2\pi + \Delta\phi) \tag{8-4}$$

将式(8-4)代入式(8-1)中，得

$$D = \frac{c}{2f}(N + \Delta\phi/2\pi) = L(N + \Delta N) \tag{8-5}$$

式中　L——测尺长度，$L=c/2f=\lambda/2$；

N——整周数；

ΔN——不足一周的尾数，$\Delta N=\Delta\phi/2\pi$。

由此可以看出，这种测距方法同钢尺量距类似，用一把长度为 $\lambda/2$ 的尺子来丈量距离，式中 N 为整尺段数，而 $\Delta N\times\frac{\lambda}{2}$ 等于 ΔL 为不足一尺段的余长，则

$$D = NL + \Delta L \tag{8-6}$$

式中 c、f、L 为已知值，$\Delta\phi$、ΔN 或 ΔL 为测定值。

由于测相器只能测定 $\Delta\phi$，而不能测出整周数 N，因此使相位式测距式(8-8)或式(8-9)产生多值解。可借助于若干个调制波的测量结果(ΔN_1，ΔN_2…或 ΔL_1，ΔL_2…)推算出 N 值，从而计算出待测距离 D。

(二)测尺频率方式的选择

如前所述，由于在相位式测距中存在 N 的多值性问题，只有当被测距离 D 小于测尺长度 $\lambda/2$ 时(即整尺段数 $N=0$)，才可以根据 $\Delta\phi$ 求得唯一确定的距离值，即

$$D = \frac{\lambda}{2}\times\frac{\Delta\phi}{2\pi} = L\times\Delta N \tag{8-7}$$

如只用一个测尺频率 $f_1 = 15$ MHz，我们只能测出不足一个测尺长度的尾数，若距离 D 超过 L_1（10 m）的整尺段，就无法知道该距离的确切值，而只能测定不足一整尺的尾数值 $\Delta L_1 = L_1 \times \Delta N_1 = \Delta D$。若要测出该距离的确切值，必须再选一把大于距离 D 的测尺 L_2，其相应测尺频率 f_2，测得不足一周的相位差 $\Delta\phi_2$，求得距离的概略值 D' 为

$$D' = L_2 \times \Delta\phi_2 / 2\pi = L_2 \times \Delta N_2 \tag{8-8}$$

将两把测尺频率的测尺 L_1 和 L_2 测得的距离尾数 ΔD 及距离的概略值 D' 组合使用，得到该距离的确切值为

$$D = D' + \Delta D \tag{8-9}$$

综上所述，当待测距离较长时，为了既保证必需的测距精度，又满足测程的要求。在考虑到仪器的测相精度为 1/1 000 情况下，我们可以在测距仪中设置几把不同的测尺频率，即相当于设置了几把长度不同、最小分划值也不相同的尺子，用它们同测某段距离，然后将各自所测的结果组合起来，就可得到单一的、精确的距离值。

测尺频率的选择有直接测尺频率方式和间接测尺频率方式。直接测尺频率方式一般用两个或三个测尺频率，其中一个精测尺频率，用它测定待测距离的尾数部分，保证测距精度。其余的为粗测尺频率，用它测定距离的概值，满足测程要求。由于仪器的测定相位精度通常为 1/1 000，即测相结果具有三位有效数字，它对测距精度的影响随测尺长度的增大而增大，则精测尺可测量出 cm、dm 和 m 的数值，粗测尺可测量出 1 m、10 m 和 100 m 的数值。这两把测尺交替使用，将它们的测量结果组合起来，就可得出待测距离的全长。如果用这两把尺子来测定一段距离，则用 10 m 的精测尺测得 5.82 m，用 1 000 m 的粗测尺测得 785 m，二者组合起来得出 785.82 m。这种直接使用各测尺频率的测量结果组合成待测距离的方式，称为直接测尺频率方式。间接测尺频率方式是用差频作为测尺频率进行测距的方式，在测相精度一定的条件下，如要扩大测程，同时保持测距精度不变，就必须增加测尺频率（见表 8-2）。

表 8-2　测尺频率与测尺长度

测尺频率 f	15 MHz	1.5 MHz	150 kHz	15 kHz	1.5 kHz
测尺长度 L	10 m	100 m	1 km	10 km	100 km
精度	1 cm	1 dm	1 m	10 m	100 m

由表 8-2 可以看出，各直接测尺频率彼此相差较大，而且测程愈长时，测尺频率相差愈悬殊，此时最高测尺频率和最低测尺频率之间相差达万倍。使得电路中放大器和调制器难以对各种测尺频率具有相同的增益和相移稳定性。于是，有些远程测相位式测距仪改用一组数值上比较接近的测尺频率，利用其差频频率作为间接测尺频率，可得到与直接测尺频率方式同样的效果。

（三）测尺频率的确定

测尺频率方式选定之后，就必须解决各测尺长度及测尺频率的确定问题。一般将用于决定仪器测距精度的测尺频率称精测尺频率，而将用于扩展测程的测尺频率称为粗测尺频率。

对于采用直接测尺频率方式的测距仪，精测尺频率的确定依据测相精度，主要考虑仪器

的测程和测量结果的准确衔接,还要使确定的测尺长度便于计算。测尺频率可依下式确定:

$$f_i = \frac{c}{2L_{1i}} = \frac{c_0}{2nL_i}$$

式中 c——光波在大气中的传播速度;

n——大气折射率;

c_0——光波在真空中的传播速度;

f_i——调制频率(测尺频率);

L_{1i}——空气中不同的测尺长度;

L_i——真空中不同的测尺长度。

第二节 测距仪的检测

光电测距仪是光、机、电相结合的结构复杂的电子测量仪。为了对一台仪器(尤其对一台新的仪器)的性能、技术指标及其可靠性、稳定性等各方面的情况有全面的了解,就必须进行一系列的检验工作,看能否达到规定的精度,符合测量的要求。

一、测距仪的检验项目

对于新购置的仪器,应先作一般的检视。例如,检查外表是否清洁,有无损伤;各部件及附件是否完整齐全;检查整机及各旋钮、按钮是否灵活;光学部件是否干净无损;并按说明书的使用步骤通电检查仪器是否正常工作,如果测距仪使用时没有信号不能显示数据,或虽能显示数据但明显错乱,这是仪器发生故障不能使用,需送工厂进行修理。如果仪器正常显示距离,说明仪器可以使用,是否能达到规定的精度和相应的技术指标,就需进行检验;测距仪在野外作业前后也应进行有关检验。这些在《光电测距仪检定规范》(CH 8001—1991)中均有具体规定,其主要项目有:

(1)发射、接收、照准三轴关系正确性的检验与校正。对于同轴系统测量则检验其一致性,对于异轴系统则检验其平行性。使其望远镜的视准轴照准反射棱镜的照准标志时,测距仪接收的信号强度最大。

(2)调制光相位均匀性(照准误差)的检验。

(3)幅相误差的检验。

(4)周期误差的检验。

(5)加常数和乘常数的检验。

(6)精确测频率的检验。

(7)内、外部符合精度的检验。

(8)“电压—距离”特性的检验。

(9)测程的测定。

二、周期误差的检验

由误差分析可知,周期误差是以测尺长度为周期按正弦函数变化的。所以,只要检定出周期误差的振幅和距离为零时的相位角,即初始相位角,就可计算在一个测尺长度内不同距离的误差值。

目前,测定周期误差广泛采用平台法。

在室外(有条件在室内更好)选一平坦场地,设置一平台,其长度略大于仪器的精测尺长度,在平台上设置膨胀系数小的导轨,或放置一把经过检定后的钢尺,作为正确移动反射镜位置时对准用,其刻划精度为0.1 mm,并在尺子两端需加检定时的标准拉力。测距仪架设在距第1位置处反射镜之间的距离应等于整倍数精测尺长(15~100 m间变动)的位置处,并为避免引起倾斜改正,其高度应与反射镜的高度一致。具体布置参见图8-4。

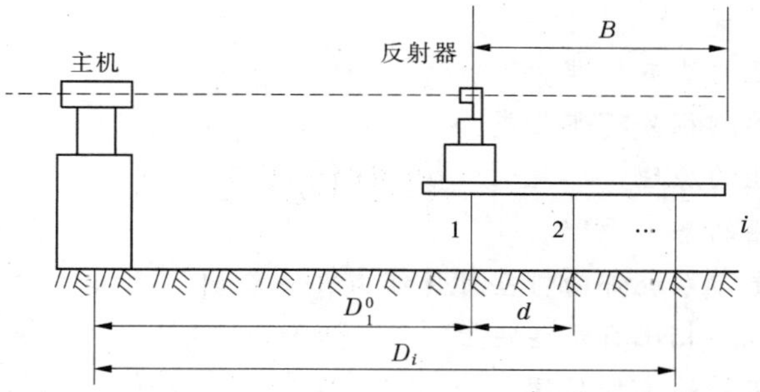

D_1^0—测站标志中心到平台第一测点的已知距离(或是仪器的观测的距离);D_i—第 i 测点的距离;

B—平台基线长度,等于测距仪的1个精测尺长;d—每次移动反射棱镜的距离

图8-4 平台法布置

观测应选择气象比较稳定的时间进行,避免阳光的直接照射;电池必须充足电,避免检定过程中更换电池;记录气象元素,以便进行气象改正;读数应迅速果断,减小外界条件变化的影响。其检定步骤如下:

(1)将测距仪安置到仪器墩上。通过升降仪器或反射镜使照准光轴水平。

(2)先将反射棱镜置于第一测点,再置于最后一测点,以便检查测距仪周期误差的闭合情况及距离观测值随时间漂移的情况。然后置反射镜于第一测点、第二测点,直到最后一个测点 n。注意精确对中和整平。

(3)在每个测点上读数5次,取其平均值为该点的距离观测值 D_i。

(4)反射镜每次移动的距离 d 视测距仪的精测尺长而定:精测尺长为10 m的测距仪,$d=0.5$ m。

(5)精测尺长为20 m的测距仪,应保证测点数不少于20个。

观测中和观测后,若发现有明显不合理的数据,如相邻测站的观测距离有突变,应及时重测。

周期误差的计算此处不再赘述。

三、仪器加常数和乘常数的检验

测距仪都存在一定数值的加常数和乘常数,因常数值的测定误差直接影响测距的精度,故应精确地测定。

目前,国内外较常用的测定测距仪常数的方法有解析法和比较法两种,检测的场地通常布设成六段,故又称六段解析法和六段比较法。解析法不需已知六段基线长度,但只能测定加常数。比较法需已知六段基线长度,可同时测定加常数和乘常数。

小　结

本章主要讲述了测距仪的测距原理、测距仪光电系统构成及主要部件的工作原理，重点讲述了光电测距仪周期误差及仪器加常数和乘常数的检测方法。

习　题

1. 简述电磁波测距的基本原理。
2. 电磁波测距仪按测程分有哪几类？
3. 简述脉冲法测距的原理。
4. 简述相位式测距的基本原理。
5. 电磁波测距仪光学系统都由哪些部件组成？
6. 激光器和普通光源相比有哪些特性？
7. 简述砷化镓二极管的工作原理。
8. 简述调制器的工作原理。
9. 光电转换器有哪些？各有什么作用？
10. 反射光学系统的作用是什么？
11. 测距仪检测都有哪些项目？

第九章 全站仪

第一节 概 述

全站仪,即全站型电子速测仪(Electronic Total Station),是一种兼有自动测距、测角、计算和数据记录及传输功能的自动化、数字化的三维坐标测量与定位系统,是一种广泛应用于控制测量、地形测量、地籍与房产测量、工业测量及近海定位等的电子测量仪器。由于全站型电子速测仪较完善地实现了测量和处理过程的电子化和一体化,所以人们也通常称为电子全站仪,简称全站仪。

一、全站仪的基本组成及分类

(一)全站仪的基本组成

全站仪是电子经纬仪加测距仪组合而成的,主要由电子测角系统、电子测距系统、电子补偿系统和控制系统4部分组成,它本身就是一个带有特殊功能的计算机控制系统:

(1)电子测角系统完成水平方向和垂直方向角度的测量。

(2)电子测距系统完成仪器到目标之间斜距的测量。

(3)电子补偿系统可以实现仪器垂直轴倾斜误差对水平、垂直角度测量影响的自动补偿改正。

(4)控制系统负责测量过程控制、数据采集、误差补偿、数据计算、数据存储、通信传输等。

从总体上看,全站仪由下列两大部分组成:

(1)为采集数据而设置的专用设备:主要有电子测角系统、电子测距系统、数据存储系统和自动补偿设备等。

(2)过程控制机:主要用于有序地实现上述每一专用设备的功能。过程控制机包括与测量数据相连接的外围设备及进行计算、产生指令的微处理机。

只有上面两大部分有机结合,才能真正地体现全站功能,即既要自动完成数据采集,又要自动处理数据和控制整个测量过程。

目前,世界各国生产的全站仪品种、规格、型号繁多,并朝着自动化、智能化的方向发展,如增加自动调焦、自动锁定跟踪目标、激光对点、数字键、免棱镜观测、DOS操作等。但无论哪一种规格型号,其中最主要的几个指标是测程、测角精度、测距精度、存点数量等。

(二)全站仪的分类

各种全站仪在基本操作上略有不同,但基本原理和主要功能基本相同。

20世纪80年代末90年代初,人们根据电子测角系统和电子测距系统的发展不平衡,将全站仪分成两大类,即积木式和整体式。

积木式(Modular),也称组合式,指电子经纬仪和测距仪既可以分离也可以组合。用户可以根据实际工作的要求,选择测角、测距设备进行组合。

整体式(Integrated),也称集成式,指电子经纬仪和测距仪做成一个整体,无法分离。

20 世纪 90 年代以来,基本上都发展为整体式全站仪。随着计算机技术的不断发展与应用及用户的特殊要求与其他工业技术的应用,全站仪出现了一个新的发展时期,出现了带内存、防水型、防爆型、电脑型等的全站仪,如索佳(SOKKIA)SET 系列、拓普康(TOPCON)GTS700 系列、尼康(NIKON)DTM700 系列、徕卡(LEICA)TPS1000 系列等,使得全站仪这一最常规的测量仪器越来越满足各项测绘工作的需求,发挥更大的作用。

二、全站仪的精度及等级

全站仪是集光电测距、电子测角、电子补偿和微机数据处理为一体的综合型测量仪器,其主要精度指标是测距精度 m_d 和测角精度 m_β。

依据当前世界各国现有全站仪的测角标准偏差和相应的测距标准偏差,经过反复在全国测绘部门征求意见,并统计了 100 多台全站仪的标准偏差检定精度资料,经分析研究后,国家计量检定规程《全站型电子速测仪》(JJG 100—2003)把全站仪的测角精度等级分为四级。

全站仪测角部分的准确度等级以仪器的标称测角标准偏差(m_β)来划分,见表 9-1。

表 9-1 测角部分的准确度等级划分

仪器等级	Ⅰ		Ⅱ		Ⅲ			Ⅳ
标称测角标准偏差	0.5″	1.0″	1.5″	2.0″	3.0″	5.0″	6.0″	10.0″
各级标准差范围	$m_\beta \leqslant 1.0''$		$1.0'' < m_\beta \leqslant 2.0''$		$2.0'' < m_\beta \leqslant 6.0''$			$6.0'' < m_\beta \leqslant 10.0''$

全站仪测距部分的准确度等级以仪器的标称测距标准偏差(m_d)来划分,见表 9-2。

表 9-2 测距部分的准确度等级划分

仪器等级	标称测距标准偏差
Ⅰ	$m_d \leqslant (1\ \text{mm} + 1 \times 10^{-6} D)$
Ⅱ	$(1\ \text{mm} + 1 \times 10^{-6} D) < m_d \leqslant (3\ \text{mm} + 2 \times 10^{-6} D)$
Ⅲ	$(3\ \text{mm} + 2 \times 10^{-6} D) < m_d \leqslant (5\ \text{mm} + 5 \times 10^{-6} D)$
Ⅳ(等级外)	$m_d > (5\ \text{mm} + 5 \times 10^{-6} D)$

标称测距标准偏差(m_d)的表达式为

$$m_d = a + bD$$

式中 a——标称测距标准偏差固定部分,mm;

b——标称测距标准偏差比例系数,mm/km;

D——测量距离,km。

三、全站仪的发展现状

(一)全站仪的发展

1. 第一台全站仪

美国天宝公司宣称自己于1971年制造了世界第一台全站仪,但据考证,在1968年,西德Opton厂就已将电子经纬仪与电磁波测距仪设计为一体,研制了Reg Elta 14全站型电子速测仪,重达28 kg。1971年,在同一展会上,瑞典AGA公司展出了与Reg Elta 14功能一样的仪器Geodimeter700。可能因为都是第一次向世界亮相,因此说第一台全站仪产于1971年不无道理。由于美国天宝公司收购了AGA,所以说天宝公司的全站仪历史追溯到1971年也是有根据的。

2. 第二代全站仪实用性增强

以Opton厂、瑞士威尔特(WILD)、美国惠普为代表的厂商生产制造了世界第二代全站仪,因为集成电路及微型计算机处理器的出现和广为应用,这一代全站仪实用性得以增强。

3. 20世纪80年代日本厂商异军突起

到了20世纪80年代,世界主要的测量仪器生产厂商都在制造全站仪,日本厂商异军突起,包括索佳、拓普康、尼康、宾得,尤其以索佳的蓬勃发展最有代表性,几乎一统中国市场,一些不慎违规的国内商家甚至被索佳开出"禁卖索佳"的罚单,这足以见证索佳当初的辉煌,也为它的谢幕埋下了隐患,如日本拓普康,趁机大肆在中国铺货,在很短的时间内形成很大的影响力,其全站仪销量很快超过了索佳。

4. 20世纪90年代至今高新技术迭出

从20世纪90年代开始,世界知名厂商先后推出了具有开创性的特色全站仪,如天宝首先推出了全自动全站仪、Win全站仪;徕卡首先推出了免棱镜激光全站仪、自动目标瞄准全站仪,并推出了真正集成GPS的全站仪;拓普康则推出了自动跟踪全站仪,并使用脉冲技术推出了能测1 200 m的免棱镜激光全站仪,后还推出彩屏WinCE智能全站仪……全站仪不断向高端发展。

5. 大并购

天宝、徕卡、拓普康的日新月异,尼康、宾得、索佳等的逐渐凋零,让世界测绘仪器制造厂商发生了重大的转变——并购潮来到。2003~2004年,天宝先后并购了AGA、蔡司、尼康;2007年,拓普康并购了索佳,加上1988年并购了瑞士克恩厂的徕卡,三巨头屹立世界,一统天下。

6. 进口品牌遭遇挑战

随着国产仪器的成熟,进口仪器在价格、性能、可靠性、品牌的综合优势上不断遭遇挑战,相继失去了测距仪、电子经纬仪的中国市场。

2009年,国产全站仪产销量超过3.5万台,而进口仅为1万台,国产全站仪成为主流。

(二)新型全站仪简介

1. 电脑全站仪

电脑全站仪亦称智能型全站仪,具有双轴倾斜补偿器,双边主、附显示器,双向传输通信,大容量的内存或磁卡与电子记录簿两种记录方式以及丰富的机内软件,因而测量速度快、观测精度高、操作简便、适用面宽、性能稳定,深受广大测绘技术人员的欢迎,成为1993

年以来全站仪的主流发展方向。

如日本拓普康公司的 GTS－600 系列全站仪,电脑全站仪的主要特点如下:

(1)电脑操作系统。电脑全站仪具有像 PC 机一样的 DOS 操作系统。

(2)大屏幕显示。可显示数字、文字、图像,也可显示电子气泡居中情况,以提高仪器安置的速度与精度,并采用人机对话式控制面板。

(3)大容量的内存。一般内存在 1 M 以上,其中主内存 640 K、数据内存 320 K、程序内存 512 K、扩展内存 512 K。

(4)采用国际计算机通用磁卡。所有测量信息都可以文件形式记入磁卡或电子记录簿,磁卡采用无触点感应式,可以长期保留数据。

(5)自动补偿功能。补偿器装有双轴倾斜传感器,能直接检测出仪器的垂直轴,在视准轴方向和横轴方向上的倾斜量,经仪器处理计算出改正值并对垂直方向值和水平方向值加以改正,提高测角精度。

(6)测距时间快,耗电量少。

2. 测量机器人

测量机器人(见图 9-1)是一种无点号、无编码的镜站电子平板测图系统。测站上的仪器照准镜站反光镜后,自动将经过处理的三维坐标形式的数据,用无线电传输入电子平板,并展点和注记高程。这种自动化测图系统走出了当今困扰我们的编码困难和编码机内处理麻烦的圈子,可能成为今后数字化测图的主要系统。今后数字化测图软件的界面一定很友好,操作很简单,一学就会。

图 9-1 测量机器人示意图

如徕卡公司的 TPS 1100 系列全站仪,测量机器人的主要特点如下:

(1)马达驱动与自动目标识别。在自动目标识别模式下,只需要粗略照准棱镜,仪器内置的 CCD 相机立即对返回信号加以分析,并通过伺服马达驱动照准部与望远镜旋转。自动照准棱镜中心进行测量,并自动进行正、倒镜观测。该观测模式对于需要进行多次重复观测的点非常有用,如可以实现对大型水坝变形点进行无人值守的连续观测。

(2)自动跟踪。在自动跟踪模式下,仪器能自动锁定目标棱镜并对移动的 360°棱镜进行自动跟踪测量,仪器内设的智能化软件利用 CCD 相机对返回信号进行分析处理,排除外界其他反射物体成像的干扰,可以保证在锁定目标暂时失锁时,也能立即恢复跟踪。

(3)镜站遥控测量。镜站可以通过操作 RCS1100 控制器遥控测站的全站仪进行测量,放样数据及测得的镜站当前坐标直接显示在 RCS1100 控制器中,这使得一个人进行测量成为可能。

(4)无反射棱镜测量。仪器内置有红外光和可见激光两种测距信号,当使用激光信号测距时,可以不用反射棱镜,直接照准目标测距。无反射棱镜测距的范围为 1.5～80 m,加长测程的仪器可以达到 200 m,测距精度 $\pm(3\ \text{mm} + 2\times10^{-6}D)$。该功能对测量天花板、壁角塔楼、隧道断面等有用。

(5)支持用户自编应用程序。仪器提供了 Geo BASIC 语言,它与标准 BASIC 语言相似,提供了数学计算、字符串管理和文件操作等功能。在使用 Geo BASIC 语言编程时，通过大量调用仪器提供的子程序，可以很容易编写出满足特定需要的应用程序，将编写出的应用程序装入仪器中后，应用程序将成为仪器菜单中的一部分。

第二节　全站仪的测量原理

一、全站仪的测角原理

（一）电子测角概述

早在 20 世纪 40 年代就已出现了电磁波测距，使测边工作从繁重的基线丈量中解放出来，丈量进入了一个新的阶段。对于测角技术来说，20 世纪 40 年代出现的光学玻璃度盘，用光学转像系统可以把度盘对径位置的刻划重合在同一平面上，这样比起此前的玻璃度盘经纬仪大大地提高了测角精度，方便了操作，并大大地缩小了体积、减轻了质量，但是人们一直期待着与电磁波测距相匹配的电子测角仪器的出现。

到了 20 世纪 60 年代，随着光电技术、计算机技术和精密机械的发展，Fennel 厂于 1963 年终于研制出了编码经纬仪，从此使常规测量迈向自动化的新时代。1968 年 ZEISS 厂推出的电子速测仪 Reg Elta14 和 AGA 厂推出的 AGA710，使得电子测角技术得到了很好的体现。经过 70 年代在电子测角技术方面的深入研究，到 80 年代出现了电子经纬仪大发展的景象。测角方法从最初的编码度盘测角发展到光栅度盘测角、动态法测角。电子测微技术的改进，使得电子测角的精度大大提高。而计算机技术的应用，使得电子经纬仪、电子全站仪的计算功能、操作环境、程序运转功能大大提高，越来越适合高效的现代化建设。

（二）编码度盘测角的基本原理和方法

利用编码度盘进行测角是电子经纬仪中采用最早也较为普遍的电子测角方法。它是以特定规律的二进制编码对光学度盘进行明暗刻划。这样，当照准方向确定后，方向的投影落在度盘的某一区域上，即该方向与某一二进制码相对应。通过发光二极管和接收光电器件，将度盘上的二进制码信息转换成电信号，再通过解码即得到对应角值。由于每一个单值都对应一个编码输出，那么不会由于停电或其他原因而改变这种对应关系。因此，有时人们把这种方法称为绝对式测角法。这种叫法是相对于后面将介绍的增量法而言的。

从光学数字度盘发展到编码度盘，其本质就是要改进读数方法，即用自动化读数方法取代人眼读数。早期的编码度盘为多码道编码，在诸多文献中都有介绍。但由于多码道编码既烦琐又落后，现代仪器早已不再使用。现代仪器几乎都是单码道编码，如图 9-2 所示。

在用单码道编码度盘测角的经纬仪中，度盘周边刻划的不再是数字，而是明暗相间的二进制代码，这些二进制代码有着约定的编码规则，也没有重复的码段。譬如伪随机码序列，其工作过程就是通过光电探测器获取特定度盘位置的编码信息，并由微处理器译码，最后换算成实际角度值。如图 9-3 所示，在编码度盘的码道上方安置一个发光二极管。在度盘的另一侧正对发光二极管的位置安放光学放大镜和线状光电二极管阵列或线状 CCD 光电接收器。当望远镜照准目标时，由发光二极管和光电接收器件构成的光电探测器正好位于编码度盘的某一区域，发光二极管照射到由透光部分和不透光部分构成的编码上方时，经过光电接收器件就会产生电压输出。这些二进制编码的输出信号传送至微处理器中，然后通过解码、测微（细分）运算获得相应的角度值。

与光学经纬仪一样，编码度盘同样存在测微（细分）的问题。单码道编码的宽度仍然不可能刻划到秒级。与光学经纬仪显微镜读数原理类似，编码度盘测微（细分）依靠的是光学放大系统、光电器件固有的高分辨力，通过像素个数和像素光脉冲信号强度比例关系实现秒级测微（细分）。

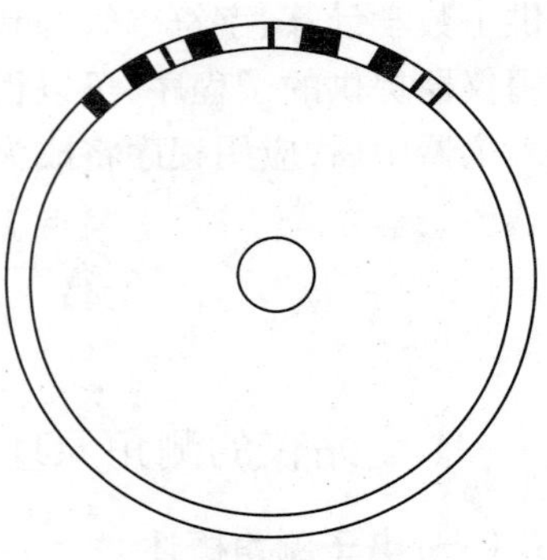

图 9-2　单码道编码

（三）光栅度盘测角的基本原理和方法

在电子经纬仪中，另一种广泛使用的测角方法是用光栅度盘测角。第一台用这种方法测角的仪器是由卡塞尔的 Breithaupt and Son 公司设计的 DIGINO 型经纬仪。由于这种方法比较容易实现，目前它在世界许多生产厂家中已被广泛使用。

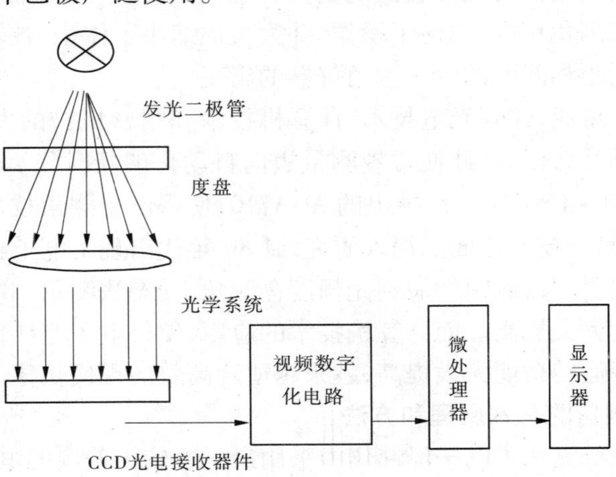

图 9-3　编码度盘读数系统

1. 光栅度盘

光栅是指均匀刻有间隔很小栅线的光学玻璃。栅线刻在度盘上就构成了光栅度盘，如图 9-4（a）所示。在电子经纬仪的光栅度盘上刻的都是辐射状的直线，辐射中心通常与度盘的圆心重合，故也叫中心辐射光栅度盘。

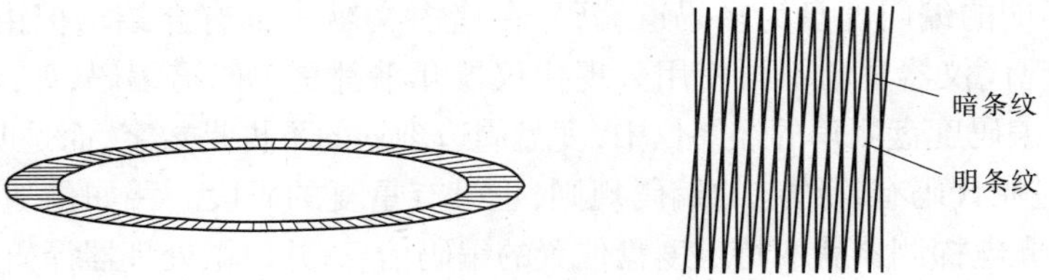

(a)外观　　(b)莫尔条纹

图 9-4　光栅度盘

度盘的光栅条纹数一般为 21 600 条，每一条纹间距对应角度为 1′；也有 10 800 条刻线的，一条纹间距对应角度为 2′等。实现角度测量的技术过程就是对光栅条纹数的计数和不足一个条纹的宽度的测微(细分)过程。由于测角过程由电子计数器跟踪累计测量实现,故这种测角方法也叫增量式测角方法。通常由主光栅和副光栅两个光栅度盘构成才能实现测角。由于主光栅和副光栅的栅线间有一微小夹角 θ,它们叠加在一起后就产生一种特别的光学现象——莫尔条纹(见图9-4(b))。很容易导出,莫尔条纹的宽度 L 和光栅的栅距 d 的关系是 $L=d/\theta$(θ 的单位是 rad),莫尔条纹实现了距离量的放大,度盘的转动导致莫尔条纹的径向移动——光亮度按正弦规律波动,使角度计数、测微(细分)便于实现。

上面介绍的光栅是依赖主、副光栅栅线的微小夹角产生莫尔条纹实现波动光强信号的,由于夹角决定着莫尔条纹的宽度,而这一夹角在制造安装过程中比较难以实现精密定位,所以这种光栅目前较少采用。这里再介绍一种利用主、副光栅栅线的相位差产生被动光强信号的光栅原理,通常称为相位光栅,而在目前普遍使用的正是这种相位光栅。

相位光栅中,主、副光栅的栅线完全平行,但副光栅被分为4个不同相位的区域,4个区域的栅线相位按90°(以一个栅距为一个周期)递增进行刻划,这样主、副光栅重叠后4个区域的光强也就按90°的相位差随主光栅移动而变化,如图9-5所示。

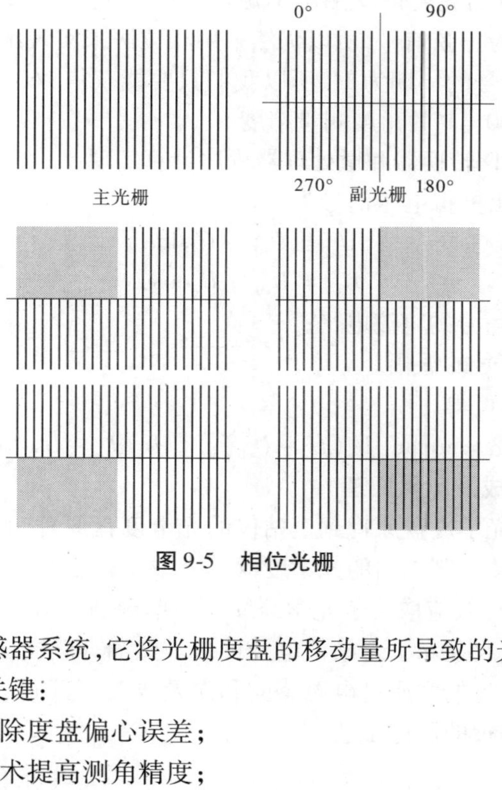

图9-5　相位光栅

2. 读数系统

读数系统是光电传感器系统,它将光栅度盘的移动量所导致的光强波动转换成电信息,需要注意以下几个技术关键:

(1)采用对径扫描消除度盘偏心误差;

(2)采用角度测微技术提高测角精度;

(3)进行正确计数方向判别,实现可逆计数;

(4)光电转换电路漂移的有效克服。

读数系统也多采用发光二极管和光电二极管进行光电探测,在光栅度盘的一侧安置一发光二极管,而在另一侧正对位置安放光电接收二极管。当两光栅度盘相对移动时,就会出现光强的明暗波动,被四路相位相差90°的光电二极管接收,经运算放大产生二路相位差为90°的正弦信号,并通过整形电路转换成矩形信号。由可逆计数器根据二路信号的相位关系,对得到信号的周期数进行加法或减法计数,完成角度粗测。计数器的二进制信号通过总线输出至微处理器。同时,二路相位差为90°的正弦信号直接送至 A/D 转换器实现角度测微。

光电子器件对光信号敏感的同时,对热也相对比较敏感。所以,克服光电转换电路因温度所造成的直流漂移是必须重点考虑的问题,因为直流漂移不仅能造成测微的错误,甚至能造成计数器失步,给仪器整机的稳定性造成严重影响。通常的技术办法是,使用同一制作工艺下的固定在同一基板上的 4 个光电二极管,以保证 4 个光电二极管具有平衡的热敏感性能。每个光电二极管对应区域为相位差递加 90°,通过差分放大器组合获得二路相差 90°的被测信号和直流参考信号,以共模抑制的原理来压制因温度所造成的直流漂移,并用直流参考信号反馈回发光驱动电路以稳定光源的发光强弱。这就是为什么要使用四路信号运算组合出二路信号而不直接使用二路相位差为 90°信号的道理。

3. 角度的电子测微技术

与编码度盘一样,直接计数测定光栅条数获取角值的精度是很低的,这是由于受到度盘直径、度盘刻制技术等因素所限制,度盘目前还不可能刻划得很密集。计数器获得的粗测精度为分级,必须根据条纹的亮度信息测出不足一个栅线宽度的部分,这就是角度的电子测微。由于光栅条纹信号为正弦信号,所以仍然采用相位法来实现细分测量。对于 21 600 条刻线的度盘来说,莫尔信号的周期为 1′,所以我们只要能获得 360°/60 = 6°的莫尔信号相位测量精度,就能获得 1′/60 = 1″的角度测量精度。

相位测量原理由 A/D 转换器和微处理器程序计算实现。

设二路传感器的输出模拟电压信号为

$$U_s = U_{s0} + U_s \sin\alpha \tag{9-1}$$

$$U_c = U_{c0} + U_c \cos\alpha \tag{9-2}$$

式中 U_{s0}, U_{c0}——二路信号的直流电平;

U_s, U_c——二路信号的振幅。

由式(9-1)、式(9-2)可得

$$\alpha = \arctan[U_c(U_c - U_{c0})]/[U_s(U_s - U_{s0})] \tag{9-3}$$

(四)电磁度盘的组成及测量原理

从光学经纬仪的纯光学度盘原理到全站仪的光电度盘原理,其使用的度盘其实都还是光学玻璃利用光刻工艺技术制造出的光学度盘。全站仪的先进之处在于它使用了局部多条纹(或者段码)读数的平均效应取代了光学经纬仪的单刻划读数,在一定程度上降低了对度盘刻划精度的要求,并直观显示了全站仪电子读数。然而,随着技术的发展,也出现了使用纯电子度盘的仪器,其原理的实质是电磁感应和误差改正。其制造工艺中完全没有光学工艺,几乎仅仅是印刷电路板的制造工艺。

1. 电磁度盘的组成

与光学度盘类似,电磁度盘也由主盘和副盘组成。主盘也叫激励盘,用于在度盘上产生一个强弱随度盘角度变化的交变磁场,如图 9-6 所示。

副盘也叫感应盘,用于产生感应电信号。由于主盘上有如图 9-6 所示的规律的交变磁场,所以副盘将随着与主盘的相对角度的不同,产生一个对应强度和相位的交流信号。主、副盘的激励线圈和感应线圈分别如图 9-7 所示。

主盘上,16 个线圈采用印刷电路板工艺均分于整个度盘,相邻线圈采用头接头、尾接尾

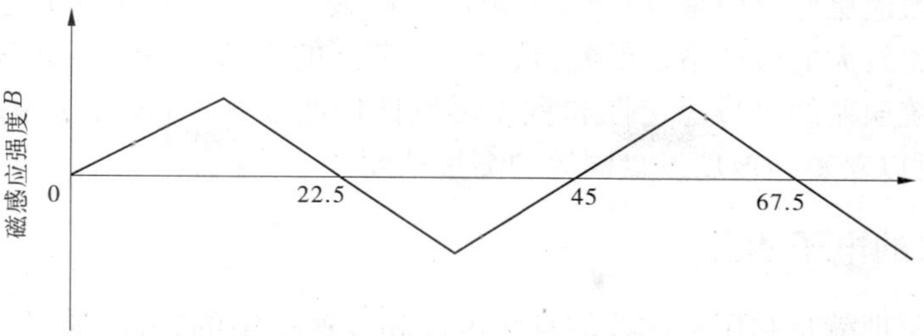

图 9-6　随度盘角度变化的交变磁场分布

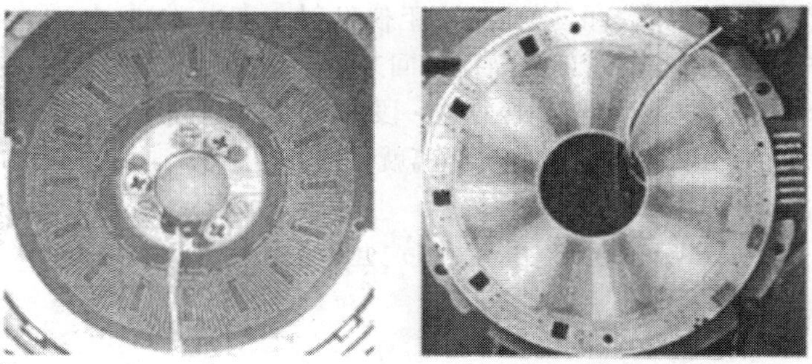

(a) 激励线圈　　(b) 感应线圈

图 9-7　激励线圈和感应线圈

的串接方式构成差分线圈链接向交流激励信号源。根据安培环路定律和主盘特有的线圈布线，就形成图 9-6 所示的规律的磁场分布，这样磁场强度分布以 45°为一个周期，将整个度盘分成 8 个周期。

副盘上，线圈的形状与主盘相应，结构基本相同。分为两组，每组 4 个线圈，以 90°间隔均匀分布。两组间的夹角为 33.75°，是主盘线圈夹角 22.5°的 1.5 倍，这样两组线圈的感应信号的强度将始终保持相差 π/2（相当于度盘的 11.25°）相位的规律，输出信号送至测量电路。此外，由于将度盘分成 8 等份，上述测量方式仍然存在 N 值（模糊度）问题，所以电磁度盘的边缘还安装了若干个传感器用于判断主、副盘的大概相对角度。

2. 电路原理

外围测量电路原理如图 9-8 所示。交流信号源产生功率稳定的交变电压用于主盘的激励。副盘输出的电信号经放大后，由相干检波器将其转化为直流电信号。A/D 转换器将该直流信号的强度转化成数字信息送到微处理器进行运算处理。

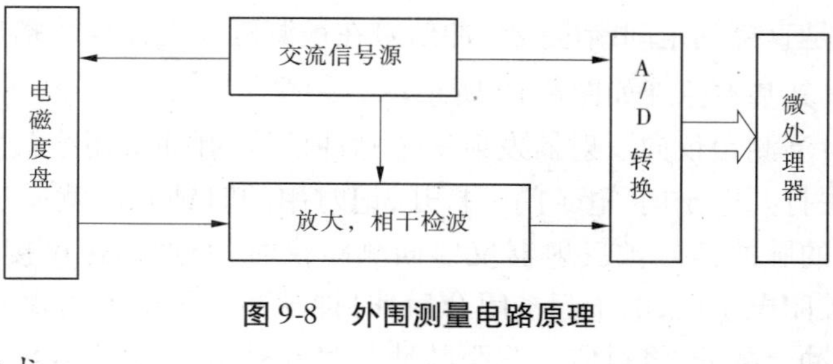

图 9-8　外围测量电路原理

3. 误差改正技术

从表面看，电磁度盘采用较大范围的度盘信息采集，其平均效应应该比光电度盘的局部信息采集的平均效应更好。但是,由于印刷电路的制造工艺远没有光刻工艺精密,所以实际上电磁度盘存在比较大的天然系统误差,且同一工艺下的产品的一致性也不好。虽然如此,但电磁度盘的系统误差的自身稳定性和重复再现性仍然很好,所以经过系统误差改正(电子补偿)后仍然可以获得与玻璃度盘同等的测量精度。

二、全站仪的电子测距

电子测距的原理就是利用电磁波的直线传播和波速稳定的特性,通过测出两点之间的电磁波传播延迟时间进而间接测得直线距离(见图9-9)。要测 A、B 两点之间的距离 D,可以分别在 A、B 两点架设测距仪和反射器,测距仪发射一束电磁波,电磁波在被测距离 A、B 之间传播,到达 B 点后,被反射器反方向反射回来。反射回的电磁波又被测距仪接收,如果电磁波测距仪能测出电磁波从发射到接收这一段时间间隔,也即电磁波在被测距离 D 上往返传播所用的时间 t_{2D},那么 A、B 两点之间的距离就可以利用路程、速度、时间的关系计算出来。

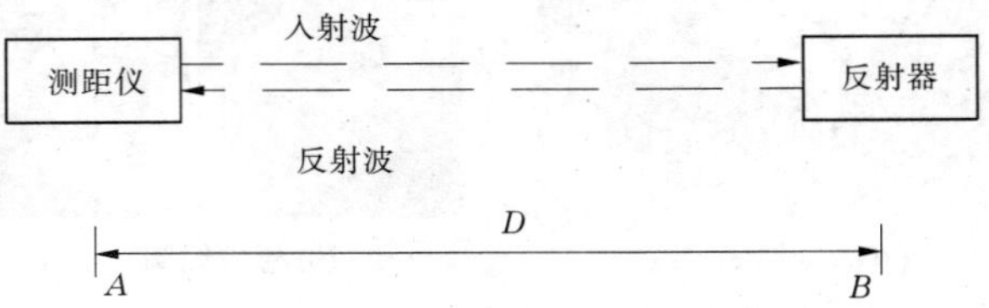

图9-9　全站仪电子测距原理

设电磁波在大气中的传播速度为 v,则距离 D 为

$$D = vt_{2D}/2 \tag{9-4}$$

式中的 t_{2D} 可由测距仪中的测时系统测出,大气中的波速 $v = c/n$ 可以通过大气温度、湿度、压力来求出,这就是电磁波测距的基本原理。

用于测距的电磁波一般多为微波、激光和红外线,目前全站仪中广泛使用的是红外线。利用这种电子测距仪测量地面两点间的距离,只要测距仪的测程可以到达,且两点间没有障碍物,任何地形条件下都可进行,高山之间、江河两岸,甚至星球之间的距离都可直接测量。在过去的几十年中,许多类型的电子测距仪已经广泛应用于大地测量、航外控制测量、工程测量和地籍测量中,大大地提高了测距的作业效率。

根据不同的测时方法,电子测距的基本方法可以分为脉冲法测距、相位法测距、干涉法测距。

(一)脉冲法测距

脉冲法测距就是直接测定间断电磁脉冲信号在被测距离上往返传播所需的时间 t_{2D},利用公式计算距离 D,其基本原理如图9-10所示。

其测时方法为:当测距仪向反射器发射一个脉冲信号的同时,还给触发器发出一个触发脉冲,经过触发器去打开电子门,电子门一打开,记时用的时钟脉冲就通过电子门进入计数器。当发向反射器的脉冲信号被反射器反射回测距仪时,经过测距仪接收后,也送入触发器,通过触发器去关闭电子门,电子门被闭合后,时钟脉冲就不能通过电子门。那么计数器上记录下的时钟脉冲个数 m,将对应于测距脉冲信号在被测 D 上往返传播所需的时间 t_{2D}。时间越长,通过脉冲信号越多,反之就越少,根据时钟脉冲的个数就可以计算出时间 t_{2D},从

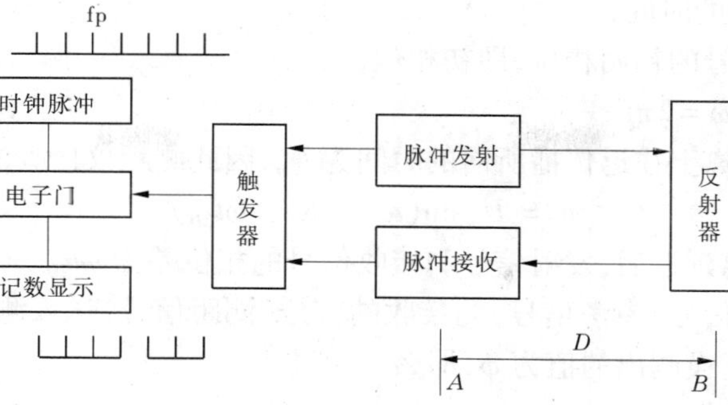

图 9-10　脉冲法测距原理

而获得距离。然而，将这一理想的原理应用到实践中，却面临着诸多问题。

(1)精度问题。即使时钟频率达到了 100 MHz，计数器的原理误差(±1 误差)造成的时间测量误差就可达到 $\pm(1\times10^{-8})$ s，根据 $D=vt_{2D}/2$ 可得出，由此造成的距离误差可达到 ±1.5 m。

(2)技术难度问题。高频率电子线路在设计制造中会面临干扰、能耗、成本、稳定性等问题。

但脉冲法测距可以实现瞬间高功率脉冲发射以获得远测程，所以这种方法多只用在远程的对绝对精度要求不高的场合，譬如人卫测距、雷达探测。

LEICA 公司在 DI3000 系列测距仪开始使用脉冲式测距原理，但它还远远不是这种简单的原理。除脉冲计数测量整尺长距离外，为获得 mm 级测量精度，大量的精力都花费在不足一个时钟周期的窄脉冲宽度的精密测量上——电容积分法，解决节拍效应等特有误差源也不容易，所以其技术实现过程并不简单。

(二)相位法测距

1. 简要介绍相位法测距

鉴于简单脉冲法原理的缺点，人们发明了相位法测距，又叫间接法测距。它不需直接测定电磁波往返传播的时间，而是直接测定由仪器发出的连续正弦电磁波信号在被测距离上往返传播而产生的相位变化(即相位差)，根据相位差求得传播时间，从而求得距离 D。其基本原理如图 9-11 所示。

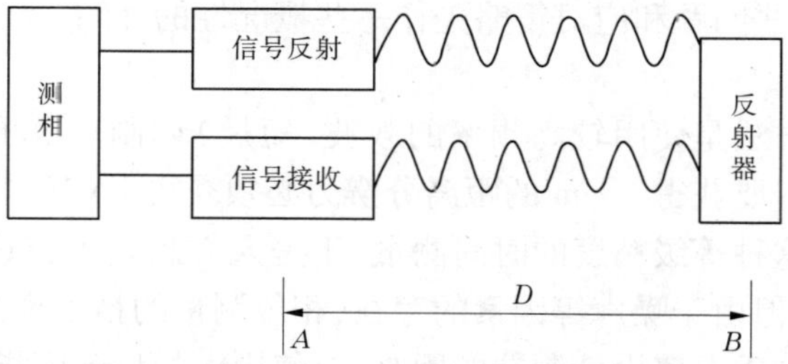

图 9-11　相位法测距原理

设测距仪发射的电磁波为

$$u = U_m \sin(\omega t + \phi_0) \tag{9-5}$$

式中　U_m——电压幅值，电压的最大值；

t——某一瞬时的时间；

ϕ_0——发射信号的初始相位，即初相位；

ω——角频率，$\omega = 2\pi f$。

电磁波在被测距离上往返传播所需的时间为 t_{2D}，因此测距仪接收的电磁波为

$$u = U_m \sin(\omega t + \phi_0 - \omega t_{2D}) \tag{9-6}$$

于是，在经过被测距离延迟后，发射信号和接收信号的相位差为 ωt_{2D}。

测距仪把发出的信号(参考信号)与接收的信号(测距信号)送入测相器，测相器可以测出两路信号的相位差，设测出的值为 ϕ，那么

$$\phi = \omega t_{2D} \tag{9-7}$$

$$t_{2D} = \phi / \omega$$

又

$$\omega = 2\pi f$$

$$t_{2D} = \phi / (2\pi f) \tag{9-8}$$

将式(9-8)代入 $D = vt_{2D}/2$ ($v = c/n$，c 为真空光速，n 为大气折光系数)，则有

$$D = \phi c / (4\pi f n) \tag{9-9}$$

这就是相位法测距的基本公式。

对式(9-9)变换一下，任何相位差总可以分为 $2N\pi$ 与一个不足 2π 的 $\Delta\phi$ 之和，即

$$\phi = 2N\pi + \Delta\phi = (N + \Delta N)2\pi \tag{9-10}$$

代入基本公式，有

$$D = c(N + \Delta N)2\pi / (4\pi f n)$$

$$D = \lambda / 2(N + \Delta N) \tag{9-11}$$

式中 N——正整数；

ΔN——小于 1 的小数；

λ——波长。

从上述公式可以看出，相位法测距就好像有一把钢尺在丈量距离，尺子的长度为 $\lambda/2$(电尺的概念)，N 为被测距离的整尺段数，ΔN 为不足一个整尺的尾数，半波长 $\lambda/2$ 叫做测尺长度。相位法测距仪的工作过程就是计量出测尺的整尺段数和尾数的过程。

2. 相位法测距的问题及对策

前边介绍的相位法测距原理只是一般性的描述，在实践中应用这种原理仍然会遇到许多现实问题，这里对这些问题和应对策略先作一些概况性的介绍。

1) 精度问题

解决精度问题的方法是使用较高频率的载波(短尺)调制。电子测距的实质还是测量电磁波往返的时间差。要获得 1 mm 的距离分辨力必须获得 1×10^{-11} s 的时间测量分辨力，由于脉冲法难以实现这种等级精度的时间测量，于是人们想到了将这种极短的时间差转换为高频信号的相位差，但由于噪声等因素的存在，相位测量的精度也是有限的。对相位测量的精度期望过高必然加重电路设计制造的困难，对使用中的稳定度指标也不利。譬如，对于 15 MHz 的高频信号来说，1×10^{-11} s 的时间延迟可产生 33.9″的相位延迟，而这一相位精度是可以采用一定的电子技术手段测量的；但对于 1.5 MHz 的高频信号来说，1×10^{-11} s 的时间延迟只能产生 3.39″的相位延迟，要获得这么高的相位测量精度就困难得多。这一思路也就是人们解决测距精度问题的工作方向。目前，LEICA 公司的全站仪或测距仪多选用 50

MHz 频率作为其精尺载波频率。

2）测程问题

高频载波的使用解决了精度问题，却又有测程的矛盾。因为相位测量只能测出一个波长（周期）以内的相位差。超过一个波长以上的距离将出现整数个波长的距离丢失——N 值问题。譬如对于 15 MHz 的频率来说，其测程只有 10 m，于是人们自然想到多载波手段，即利用低频载波（长尺）实现粗测。

3）高频信号相位测量精度问题

高频载波送来了相位信息，但直接对其进行测量还是不可能实现高精度的，因为数字相位计实现高分辨力测相的工作频段在低频段。于是人们使用了频率合成技术对其降频并保持相位差信息不变。其具体做法是，另外使用一个高频信号（本振信号），分别对将被测量相位差的两个高频信号进行混合，并通过一个非线性电路产生两个差额信号，我们称为中频。这种做法的另一个好处是，中频信号有利于进一步的高增益放大、窄带过滤噪声干扰和实现自动增益控制。表 9-3 说明了混频过程相位信息保持不变的原理。

表 9-3　高频信号相位测量精度

项目	被测	参考
原始信号	$\sin(\omega t+\phi)$	$\sin\omega t$
本振信号	$\sin\omega_{本} t$	$\sin\omega_{本} t$
混频（模拟相乘）	$\sin(\omega t+\phi)\sin\omega_{本} t$ $=1/2\cos[(\omega+\omega_{本})t+\phi]-$ $1/2\cos[(\omega-\omega_{本})t+\phi]$	$\sin\omega t\sin\omega_{本} t$ $=1/2\cos(\omega+\omega_{本})t-$ $1/2\cos(\omega-\omega_{本})t$
滤除高频 $\omega+\omega_{本}$ 信号	$-1/2\cos[(\omega-\omega_{本})t+\phi]$	$-1/2\cos(\omega-\omega_{本})t$

从表 9-3 可以看出，经过引入本振信号与被测信号混频后，不仅使信号角频率降低为 $\omega-\omega_{本}$，而且 $-1/2\cos[(\omega-\omega_{本})t+\phi]$ 和 $-1/2\cos(\omega-\omega_{本})t$ 信号的相位差仍然为 ϕ。当然，根据相位、频率和延迟三者的关系 $\phi=2\pi ft$，可以把相位差不变而频率降低理解成延迟时间的放大。

4）相位计精度问题

目前，几乎所有的仪器都使用数字相位计实现高分辨率测相。多周期测量实现 ±1 误差、噪声误差的自然抵偿是其要点。

5）光能衰减对测程的影响问题

光的发散和传输衰减将造成回光强度随距离的增大而急剧减弱，为了获得较远的测程，选用亮度和高度集中的发光管及设计高度会聚的光路系统、高灵敏的雪崩光电二极管、高增益低噪声接收放大器是必要的。

6）幅相误差问题

有些数字测相之前必须将模拟中频信号（正弦波）转化成数字信号（方波），这一过程是非线性过程，容易产生幅相误差，即因信号幅度（强度）不同引入的转换附加相差。如图 9-12 中的 $\Delta\phi$。而在实际作业中，远距离和近距离的回光信号强度差距是极其悬殊的，所以都必须使用自动减光系统（自动光强控制系统）和自动增益控制的中频放大器，以保证信号在整形前幅度一致。这也是实现高精度距离测量的技术关键。此外,自动增益控制的中频放大器的延迟稳定性也有较高要求,因为自动增益控制电路的设计不合理也可能造成电路延迟参数随信号强度变化,形成幅相误差。

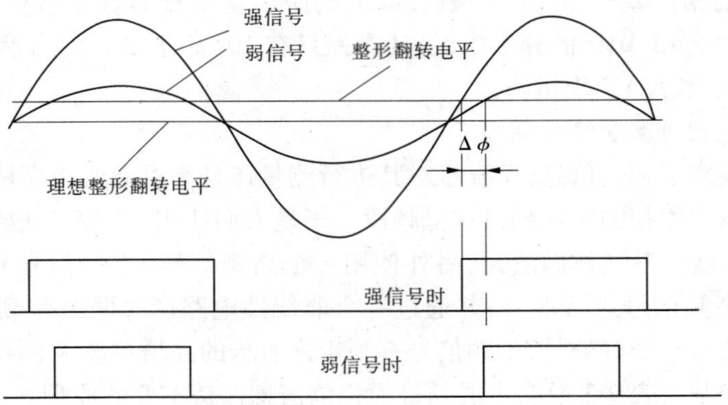

图 9-12　幅相误差

7)周期误差问题

电路系统及光学系统中普遍存在干扰。而对于精密相位测量来说,同频率干扰信号将是致命的误差源,因为频率相同就意味着不可以利用电子滤波器将其过滤。屏蔽和隔离是克服干扰的有效途径,恰当使用差分放大电路等电路技术也是克服干扰的有效办法。

8)电路固有延迟问题

虽然相位测量电路能够获得极高的时间差分辨力,但所测得的这一时间差事实上既包含了电磁波在被测距离上的延迟,也包含了电信号在电路上的延迟。所以,仪器中都设计有内光路测量过程,就是直接将发射光短路,回到接收系统,以测出电路系统所造成的时间延迟,用于计算被测距离时扣除的这部分延迟。

9)时间基准的精度问题

如前所述,测距的实质是测时,故时间基准非常重要。若时间参考标准有问题,测量结果肯定也有问题。由于普通石英晶体振荡器的稳定度多在 $\pm(1\times10^{-8})$,这不能满足测绘作业的精度要求,所以必须使用温度补偿器提高时间基准的精度。

10)整机控制问题

整个仪器包含了复杂的控制和运算过程,如测尺转换控制、光路转换控制、减光自动控制、测相节奏(时序)控制、相位距离换算、粗精尺距离衔接运算、内部加乘常数改正、气象改正、电源监测、信号检测等。使用微处理器来实现这些复杂过程当然最有利。

3. 相位法测距的原理

目前,在生产中使用的仪器绝大多数利用相位法测距原理,所使用的电磁波谱为红外波段。

红外测距仪的基本组成可以用图 9-13 表示。

红外测距仪的工作过程如下:

(1)晶体振荡器是仪器的时间基准,它产生主频调制信号对发光二极管进行调制,另一路主频信号作为测相参考信号送至基准混频电路和本机振荡信号混频产生参考中频信号。

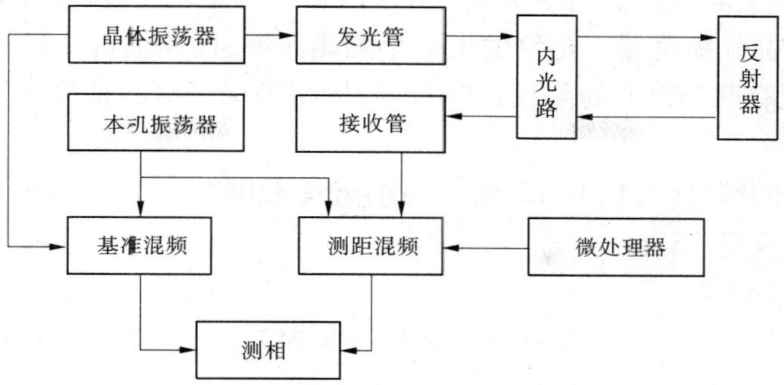

图 9-13　红外测距仪的基本组成

我们通常把主频波长的一半($\lambda/2$)形象地称为测尺尺长。

(2)发光二极管由于受主频信号的调制(即发出光强随主频信号变化的红外光),该光线经光学系统会聚后射向目标点的反射棱镜。

(3)光线经反射后回到接收光电二极管,光电二极管再次将光信号转化成电信号,这时的电信号就是主频经被测距离延迟后的被测信号。由于该信号很微弱,所以需要进行高倍的放大。

(4)放大后的被测信号送到测距混频电路和本机振荡信号混频产生被测中频信号,被测中频信号再经放大整形后送至测相电路。

(5)测相电路测出参考中频和被测中频的相位差。

(6)此时测相电路的结果实际上不仅包含被测距离上光信号延迟所导致的相位差,也包含电信号在电路传输过程的延迟所导致的相差。所以,在仪器中都设计了内光路校准测量以测出电路的固有延迟(相位差),通过外、内光路测量结果的相减即为被测光路延迟所导致的相位差。信号的切换、光路的切换等都在微处理器的统一控制下完成。

下面更具体地谈谈 N 值的确定问题。

由相位法测距仪的基本公式 $D=\lambda/2(N+\Delta N)$ 可知,当距离长短不同时,N 值将不同,N 呈现多值性,为避免不同距离上 N 值的多值性问题,可采用使测尺长度大于所有被测距离的方法。例如,对于最大测程是 10 km 的仪器,我们选择测尺长度 $\lambda/2$ 为 10 km;对于最大测程是 1 km 的仪器,我们选择测尺长度 $\lambda/2$ 为 1 km,这时用这台仪器测任何一段距离,N 值均为 0,这时距离 $D=\Delta\phi c/(4\pi fn)$,这样就不存在 N 的多值性问题了。但这又存在一个精度问题,测相器的测相精度一般是一定的,而测相精度直接影响测距精度,表 9-4 列出当测相精度为 $2\pi/10\ 000$ 时不同长度测尺的测距精度。

表 9-4　测尺频率与测尺长度及精度

频率	30 MHz	15 MHz	1.5 MHz	150 kHz	15 kHz
波长	10 m	20 m	200 m	2 000 m	20 km
测尺长度	5 m	10 m	100 m	1 000 m	10 km
测距精度	0.5 mm	1 mm	1 cm	10 cm	1 m

由表 9-4 可以看出,当一台测距仪选定一个测距频率时,其测程和精度是相矛盾的,若

要测出较长距离，则要相应降低测距精度。为了既保证测距精度，又使测距仪有较大测程，一般一台测距仪的晶体振荡器不是仅输出一个测距频率，而是输出一组测距频率（两个以上），即一台仪器配有两个以上的测尺，其中短测尺用于保证测距精度，长测尺用于扩大仪器的测程。

例如，15 MHz 的精尺（尺长 10 m）测得的距离是 8.057 m，而 75 kHz 粗尺（尺长 2 000 m）测得的距离是 1 737.95 m。

于是，对于精尺而言：

$$D = N \times 10 + 8.057$$

对于粗尺而言：

$$D = 1\ 737.95 + \varepsilon$$

所以

$$N = (1\ 737.95 + \varepsilon - 8.057)/10 = 172.989\ 3 + \varepsilon/10$$

由于 N 为整数，ε 很小（其绝对值远小于精尺尺长的 1/2），所以 $N=173$，则

$$D = 173 \times 10 + 8.057 = 1\ 738.057$$

顺便指出，当粗尺测量精度太低以至于 ε 的绝对值接近或超过 1/2 精尺尺长时，距离测量结果就必然出现粗差。实践中，10 m 粗差仪器维修的故障分析方向就在这里。

以上粗精搭配的思路还只是传统的思维，目前许多全站仪仍然采用这一思路，其不足之处在于频率的跨度太大，对接收放大电路的高频率响应和低频响应的均衡性及稳定性要求较高，不利于接收电子放大器的设计，也不利于仪器的稳定性；而使用组合测尺却不存在这一问题，且同样也可以解决 N 值问题。

对于粗尺（长尺）$f_d=f_1-f_2$ 来说（f_1、f_2 为组合精尺），当经过被测距离延迟时间 T 后，其延迟相位差为

$$\phi_d = 2\pi f_d T = 2\pi(f_1 - f_2)T = 2\pi f_1 T - 2\pi f_2 T = \phi_1 - \phi_2 \tag{9-12}$$

式中　ϕ_1、ϕ_2——f_1 精尺和 f_2 精尺经延迟 T 后产生的相位差。

所以，一个粗尺是可以隐含在两个精尺之中的，而且这一结论显然还可以继续推广到多个精尺的情形。

譬如，我们分别测出了 15.150 MHz 和 15 MHz 两个精尺在被测距离的延迟相位差 ϕ_1 和 ϕ_2，就完全可以推算出粗尺的延迟相位差为 $\phi_1-\phi_2$，不需要直接产生 150 kHz 粗尺，更不需要拿它去调制发光管。

总之，由于 N 值问题的需要，由晶体振荡器产生的主频调制信号往往有多个，通常是 3 个（行话叫 3 把尺子）或 4 个，每一调制信号都有一个被锁定频率的本机振荡信号与之匹配，以保证混频后获得的中频频率相同，便于放大和测相。

4. *相位计原理*

在电子测距仪中，采用的测相方法有手动平衡式测相和自动数字测相。手动平衡式测相多用于旧式的测距仪中，它利用机械装置移动测距信号的相位，使移动后的测距信号的相位与参考信号的相位相等（即平衡），同时测出相位移动量得到相位差。目前的电子测距仪都采用自动数字测相，它不仅速度快、精度高，而且便于自动数据处理，是目前新型仪器广泛采用的测相方法。自动数字测相又分时钟填充法和波形抽样回归法两种。

1)时钟填充法

时钟填充法测量原理的基本思路是用计数的方法测量检相脉冲的占空比来获得被测信号的相位差,如图 9-14 所示。

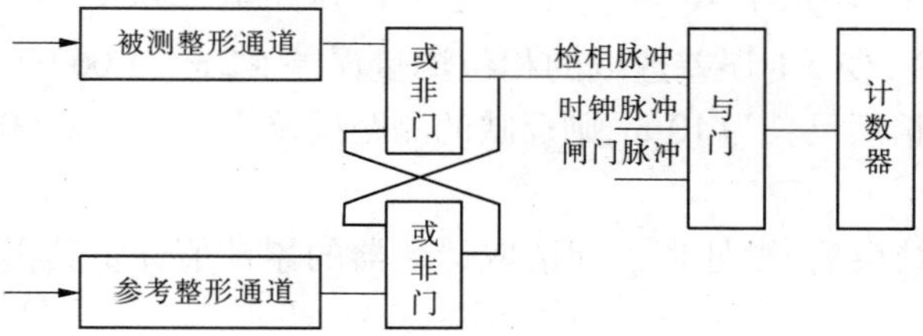

图 9-14 时钟填充法测量原理

当把参考信号 e_r 及测距信号 e_m 送入测相器前,先把两路信号通过通道整形成为方波信号,再把两路方波信号送入触发器的两个输入端 S、R,触发器的输出脉冲的占空比就反映了被测信号延迟于参考信号的相位关系,我们称为检相脉冲,如图 9-15 所示。

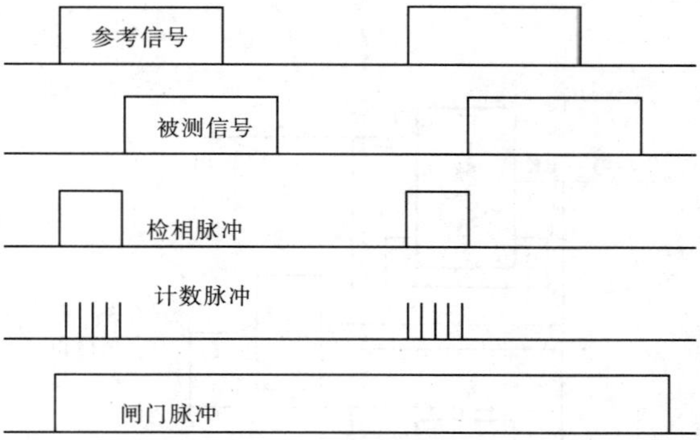

图 9-15 检相脉冲

把输出的检相脉冲送入电子门,高电位打开电子门,低电位关闭电子门。当检相脉冲为高电位时,电子门打开,时钟脉冲通过电子门到达计数器,很明显,计数器所记录的时钟脉冲个数将与高电位的长度成正比,也即与相位差 $\Delta\phi$ 成正比:$m = k\Delta\phi$,因此通过记录时钟脉冲的数目可以测出相位差。

这样,计数器对一个检相脉冲的累计数 m 为

$$m = (f_{cp} / f_e) \times [\Delta\phi/(2\pi)] \tag{9-13}$$

式中 f_{cp}——时钟脉冲的频率;

f_e——混频后低频测相信号的频率。

由式(9-13)就可以求出相位差 $\Delta\phi$。

这仅仅是一个检相脉冲的测量结果,由于电子计数器存在天然的 ±1 误差,加上实际还有噪声造成的脉冲沿抖动等影响,单脉冲的测量精度还是远远不能满足精度要求。例如,对于时钟频率 15 MHz、中频(检相脉冲重复频率)频率 15 kHz 的单检相脉冲测量来说,仅 ±1 误差造成的相位测量误差为 $\pm 1 \times 15 \times 10^3 \times 2\pi/(15 \times 10^6) = \pm 2\pi/1\ 000$,若此时精尺尺长为 10 m,则反映的测距误差为 $\pm 10/1\ 000 = \pm 0.01(\text{m}) = \pm 10$ mm,再加上噪声等其他随机误差的影响,实际误差还将更大。

实践中,人们引入了闸门脉冲用于实现对多个检相脉冲的平均测量及实现测量时序的节奏控制。在闸门脉冲的控制下,计数器对数以千万计的检相脉冲的测量结果进行了累计测量,从而大大降低了 ±1 误差、噪声误差的影响,因为 ±1 误差、噪声误差是随机误差,没有积累效应。再如,对于时钟频率 15 MHz、中频(检相脉冲重复频率)频率 15 kHz 并进行了 10 000次平均测量来说,仅 ±1 误差造成的相位测量误差 $\pm 2\pi/[1\ 000/(\sqrt{10\ 000}/10\ 000)] = \pm 2\pi/100\ 000$,若此时精尺尺长为 10 m,则反映的测距误差为 $\pm 10/100\ 000 = \pm 0.000\ 1(\text{m}) = \pm 0.1\ \text{mm}$。

在每一个闸门期结束后,微处理器即读取计数器的累计值并将其再次清零,等待下一个测量闸门周期。

虽然如此,实践中若直接使用这种原理还是存在问题,那就是小相角问题。在图 9-16 中,被测信号与参考信号的相位差小到 0°(或 360°)附近,由于数字电路响应速度的有限以及信号沿受噪声的影响存在前后抖动,这时的检相脉冲系列中必然有小角度(略大于或等于 0°)的窄脉冲和大角度(略小于或等于 360°)的宽脉冲同时存在,如果这时还对其进行平均测量,其结果是可想而知的。

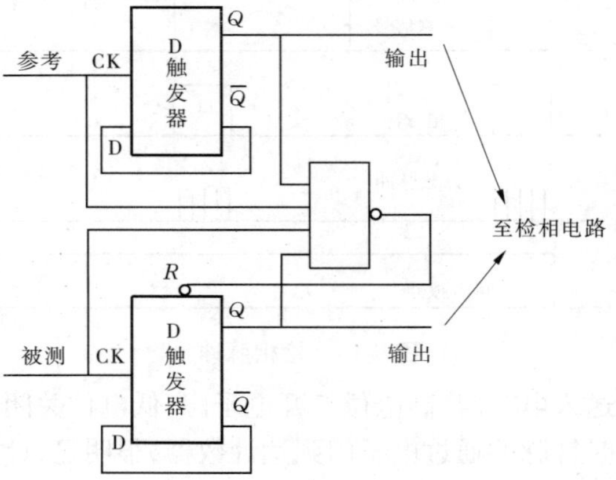

图 9-16　小相角扩角电路原理

实践中人们也对它采取了相应的措施。这里也介绍一种小相角扩角电路原理,如图 9-16所示。其思路是,当被测信号相对于参考信号的相位延迟小于半周期(180°)时,将被测信号再延迟一个周期(360°)进行检相,这样测量的结果将比实际相位差大 360°,而 360°在计算处理时是会自动溢出的;而当被测信号相对于参考信号的相位延迟大于半周期(180°)时,则不对被测信号延迟 360°。

因图 9-16 中两个 D 触发器都连接成两分频器,分别对参考信号和被测信号进行分频,当出现参考信号、被测信号和两个分频后的信号同时为高电平时,与非逻辑门即输出低电平将被测信号分频器清为低电平,之后分频器将继续工作而不会再出现 4 个信号同时为高电平的情形。图 9-17、图 9-18 分别为小相角和大相角的工作时序。

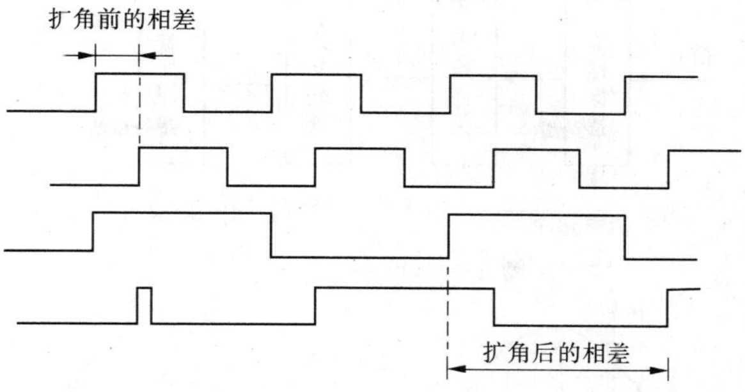

图 9-17　小相角工作时序

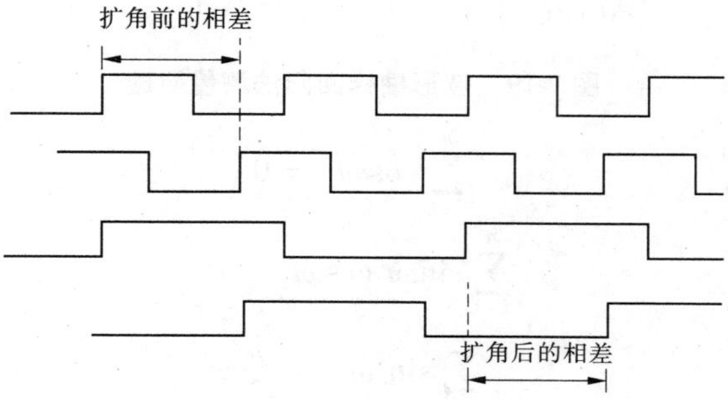

图 9-18　大相角工作时序

2)波形抽样回归法

时钟填充法是在分离集成电路技术的基础上发展起来的技术,是电子学的经典技术。而波形抽样回归法则是在电子学的基础上综合微处理器技术的成果。其基本思路是对被测正弦模拟信号进行跟踪抽样测量,利用线性回归算法演算出该信号的相位信息。

波形抽样回归法测量原理如图 9-19 所示。以抽样脉冲为时间标准,抽样脉冲重复频率为被测信号频率的偶数倍(图 9-19 中为 16 倍),抽样脉冲以等时间间隔对被测信号进行抽样测量,将获得的模拟电压送至 12 bit A/D 模数转换器,A/D 转换器将数字信息送至微处理器进行运算处理。

其运算原理如下:由于被测信号的数学表达式为 $u = A\sin(\omega t + \phi) + A_0$,其中 $\omega = 2\pi f$,称为角频率,A 为幅度,A_0 为直流电平分量。

于是观测量 u_i 的误差式为

$$v_i = u_i - A\sin(\omega t_i + \phi) - A_0 \tag{9-14}$$

表达为线性方程的形式为

$$v_i = u_i - X\sin\omega t_i - Y\cos\omega t_i - A_0 \tag{9-15}$$

其中 $X = A\cos\phi, Y = A\sin\phi, \phi = \arctan(Y/X)$

根据该误差方程式组成法方程,由于信号周期内的抽样测点数为偶数,且测点在信号的整周期内均匀分布,则

$$\sum_{i=1}^{n} \sin\omega t_i = 0$$

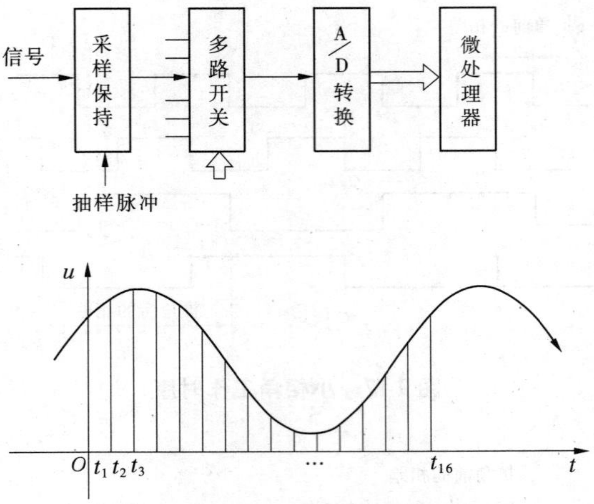

图 9-19　波形抽样回归法测量原理

$$\sum_{i=1}^{n} \cos\omega t_i = 0$$

$$\sum_{i=1}^{n} \sin\omega t_i \cos\omega t_i = 0$$

$$\sum_{i=1}^{n} \sin^2 \omega t_i = \frac{n}{2}$$

$$\sum_{i=1}^{n} \cos^2 \omega t_i = \frac{n}{2}$$

于是法方程为

$$\begin{bmatrix} n & 0 & 0 \\ 0 & n/2 & 0 \\ 0 & 0 & n/2 \end{bmatrix} \begin{bmatrix} A_0 \\ X \\ Y \end{bmatrix} - \begin{bmatrix} \sum_{i=1}^{n} u_i \\ \sum_{i=1}^{n} u_i \sin\omega t_i \\ \sum_{i=1}^{n} u_i \cos\omega t_i \end{bmatrix} = 0$$

解方程得

$$\begin{cases} X = \dfrac{2}{n} \sum_{i=1}^{n} u_i \sin\omega t_i \\ Y = \dfrac{2}{n} \sum_{i=1}^{n} u_i \cos\omega t_i \\ A_0 = \dfrac{1}{n} \sum_{i=1}^{n} u_i \end{cases}$$

故

$$A = \sqrt{X^2 + Y^2}$$

$$\phi = \arctan \frac{Y}{X}$$

$$\sum_{i=1}^{n} v_i^2 = \sum_{i=1}^{n} u_i^2 - n[A_0^2 + \sum_{i=1}^{n} A^2\sin(\omega t_i + \phi)]$$

$$= \sum_{i=1}^{n} u_i^2 - n\left(A_0^2 + \frac{A^2}{2}\right)$$

$$m_0 = \pm\sqrt{\frac{\sum_{i=1}^{n} v_i^2}{n-3}}$$

又根据法方程可以解算出各参数的协因数为

$$Q_{N_0A_0} = \frac{1}{n}, Q_{XX} = Q_{YY} = \frac{2}{n}, Q_{XY} = Q_{AX} = Q_{AY} = 0$$

于是精度评定公式为

$$m_X = m_Y = m_0\sqrt{\frac{2}{n}}$$

根据 A、ϕ 与 X、Y 的关系式按误差传播律就可以得出：

$$m_A = m_X = m_Y = m_0\sqrt{\frac{2}{n}}$$

$$m_\phi^2 = \cos^4\phi\left(\frac{Y^2}{X^4}m_X^2 + \frac{1}{X^2}m_Y^2\right) = \frac{2m_0^2}{nA^2}$$

$$m_\phi = \frac{m_0}{A}\sqrt{\frac{2}{n}} = \frac{m_A}{A}$$

注意，这里求出的 ϕ、m_ϕ 的单位是弧度，需要根据尺长转换成相应的距离单位。

以上只是对一个信号周期的测量过程的原理性描述，实践中当然不会只去测一个周期就得到结果的。因为 A/D 转换的 ±1 误差、噪声等随机因素的存在，单周期测量的精度同样不能满足其精度要求。

为建立一个数量概念，这里撇开噪声等其他随机因素不谈，看看 A/D 转换的 ±1 误差对测相精度有多大影响。

设定信号振幅为 2 V，这样信号的峰—峰值则为 4 V，对于有效位数为 12 bit A/D 转换器来说，±1 误差约为 ±1 mV。

若单周期的测量抽样次数为 16 次，则

$$\sum_{i=1}^{n} v_i^2 = 16(\text{mV})^2$$

$$m_0 = \pm\sqrt{\frac{16}{16-3}} = \pm\sqrt{\frac{16}{13}}(\text{mV})$$

$$m_A = \sqrt{\frac{16}{13}} \times \sqrt{\frac{2}{16}} = \pm\sqrt{\frac{2}{13}}(\text{mV})$$

$$m_\phi = \frac{\sqrt{\frac{2}{13}}}{2\,000} \approx \pm 0.000\,196(\text{rad})$$

若精尺长为 10 m，则相应的测距误差为 ±0.31 mm。

与时钟填充法相比较不难看出：波形抽样回归法的最大优点在于省略了大量的电路硬

件，特别是省去了对速度和漂移特性要求苛刻的整形电路，也省去了检相电路、大小相角判别电路，只需增加一个抽样保持电路，多占用一个已有的 A/D 转换器的通道，给设计、生产、调试带来了方便，也给整机性能的稳定性和一致性带来了好处；其次，由于没有整形电路，测量过程不像填充法仅仅依赖信号的前沿，而是对信号进行相对整体性的信息采集，信号的强度和直流电平不对测相结果产生确定性的影响，就是说，A、A_0 的变化均不能使比值 Y/X 发生变化，ϕ 和 A、A_0 没有确定的函数关系。所以理论上讲，这种测量原理没有传统意义的幅相误差。

但是，根据 $m_\phi = m_A / A$ 公式可以看出，信号强度 A 对测量结果 ϕ 的不确定度还是有影响的，是随机性的影响。从这个意义上讲，这种原理也是有幅相误差的，只不过这种幅相误差不是系统误差，而是随机误差，且和传统意义的幅相误差还有差别，就是其大小可以在测相过程中求出，机器自身"心知肚明"，而且可以通过调整电路增益或增加测量时间使其改善。

另外，如果信号信噪比太差、严重畸变、饱和失真当然也是不行的，对自动增益控制的延迟稳定性也同样不能降低要求。

还要注意一点，这种测量原理所获得的相位值是相对于抽样时钟脉冲的 t_1 时刻的相位提前量，抽样时钟相当于填充法中的参考信号。

LEICA 公司的许多仪器目前都使用了这种测相原理。

（三）干涉法测距

干涉法测距是利用波的干涉原理通过发射波和接收波的干涉实现距离测量，分两种测量原理：

（1）通过记录被测目标移动时光波移动的周期数来推算距离。使用这种原理的典型产品就是双频激光干涉仪，由于可以分辨出光波波长量级的移动，其精度极高。当然，要保证真正实现这样的高精度还必须有很完好的外围辅助设施，以保证目标棱镜移动的平稳度、直线度和环境温度、湿度条件。

（2）将发射波和接收波叠加形成驻波（干涉），通过调整调制频率搜索驻波的波节点的变化来推算被测距离。使用这种原理的典型产品是 Kern 公司的 ME3000、ME5000 等激光测距仪。这种测量原理也几乎完全避开了电路延迟的影响，可以获得很高的测距精度；不足之处是频率搜索过程太慢，测量时间太长。

由于干涉法测距的精度很高，这种测距技术一般用于计量部门的长度检定及野外基线的测定等工作。

三、全站仪的电子补偿

（一）全站仪的电子补偿原理

全站仪和光学经纬仪的轴系结构是一样的，理想的轴系结构是竖轴和重力线重合、横轴垂直于竖轴、视准轴垂直于横轴、垂直度盘与横轴同轴且零点和视准轴对应、水平度盘和竖轴同轴等，但这种绝对理想的状况在生产加工中几乎是不存在的，而这每一种偏差又都是仪器产生系统误差的根源。与光学经纬仪不同，全站仪利用自身电子化的特点，针对上述每一种系统误差的数学规律，专门编制了误差修正程序或配置专用电子传感器，再配合检验测试获得的校正参数，使仪器最终输出的是经过系统误差修正后的成果。这就是全站仪的电子补偿技术。

全站仪测角部的电子补偿有如下几种：竖轴横向倾斜误差的电子补偿、竖轴纵向倾斜误差的电子补偿、横轴倾斜误差的电子补偿、视准轴倾斜误差的电子补偿、竖盘指标差的电子补偿、度盘偏心误差的电子补偿、度盘刻划误差的电子补偿等。

但是，需要强调的是，电子补偿技术也并不意味着系统误差的绝对根除，这就是补偿的含义。因为仪器结构状态的可变性（甚至有些仪器的轴系稳定度极差）和校正参数的不准确性都决定了它不能绝对理想。相反，离开了轴系状态的稳定性前提，电子补偿就没有什么实际意义。更严重的是，如果校正参数严重偏差还会起到适得其反的效果。这是我们必须注意的问题，决不可盲目迷信电子补偿。而在高工艺条件下获得的精密的、稳定的轴系（譬如 WILD T_2 等）才是实质的技术。所以，建议留意仪器的轴系误差的稳定程度，那将是评价仪器质量性能的一个重要指标。

在轴系补偿方面，横轴和视准轴倾斜量这两个校正参数来自于实验室的校正结果，储存于仪器的内存之中。而竖轴倾斜的校正参数则来自于微倾斜传感器，即所谓的电子补偿器，它实际就是一个灵敏度极高的电子“水泡”，其角度分辨率比常规的水泡高出许多倍。图 9-20 是一种广泛用于 TOPCON 全站仪的液体电容式补偿器的线路原理。

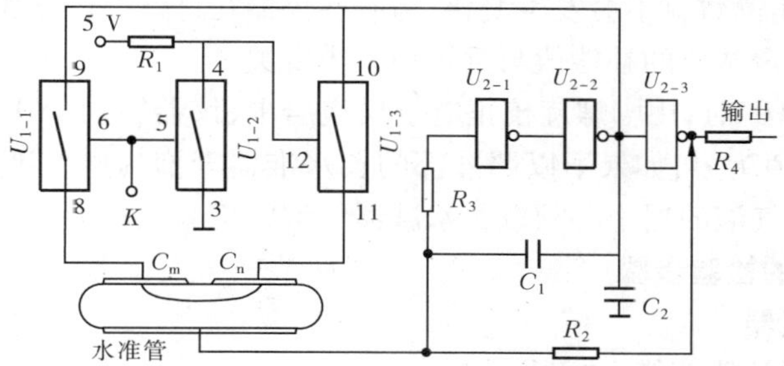

图 9-20　全站仪的液体电容式补偿器的线路原理

U_1（CD4066）是 CMOS 集成模拟开关电路，U_2（74HC00）与非门接成 RC 振荡器电路，水准管气泡采用镀银工艺形成两个差分电容 C_m 和 C_n，这两个电容在 K 信号的控制下通过模拟开关 U_1 分时接入 RC 振荡器。K 为高电平时，U_{1-1} 导通，U_{1-3} 截止，C_m 接入 RC 振荡器回路；K 为低电平时，U_{1-1} 截止，U_{1-3} 导通，C_n 接入 RC 振荡器回路。这样有两个不同的 K 逻辑电平时，振荡器输出信号的频率的差异即可反映出 C_m 和 C_n 电容量的差异，也就反映了水准管倾斜量的大小。

补偿器的构成原理还有其他类型，如液体反射光电式、液体透射光电式、电容摆式等。

（二）全站仪补偿器应用时注意事项

（1）在使用全站仪时，当水平方向制动螺旋制动，垂直方向转动望远镜时，水平度盘读数会不断地变化，这正是全站仪自动补偿改正的结果。单轴补偿只能对垂直度盘读数进行改正，没有改正水平度盘读数的功能。当照准部水平方向固定，上下转动望远镜时水平角度读数不会发生变化。

（2）双轴补偿只能改正由于垂直轴倾斜误差对垂直度盘和水平度盘读数的影响。当照准部水平方向固定，上下转动望远镜时水平度盘读数仍然会发生变化；当补偿器关闭后水平度盘读数不会变化。

(3)三轴补偿的全站仪是在双轴补偿器的基础上,用机内计算软件来改正因横轴误差和视准轴误差对水平度盘读数的影响。即使当照准部水平方向固定,只要上下转动望远镜,水平度盘的读数仍会有较大的变化,而且与垂直角的大小、正负有关。

(4)全站仪补偿器的补偿功能提供了3种选择模式,即[双轴]、[单轴]、[关]。选择[关]即补偿功能不起作用,选择[单轴]只对垂直度盘读数进行补偿,选择[双轴]是对水平度盘读数和垂直度盘读数均进行补偿。

(5)当测站点有震动、风大、低精度观测时,应关闭仪器的补偿功能,这样既可以节电又可以避免错误补偿。

(6)全站仪的补偿范围一般为 $-3' \sim +3'$,整平度超过此范围时起不到补偿作用。在天顶距接近天顶、天底2°范围内,电子补偿器的补偿功能不起作用。

(7)由于显示的度盘读数中已包含了仪器三轴误差的影响,因此在放样时需要特别注意。例如:放样一条直线时,不能采取与传统光学经纬仪相同的方法(只纵转望远镜),而应采取旋转照准部180°的方法测设;当放样一条竖线时,应使用水平微动螺旋,使其水平角度显示的读数完全一致,而不能只简单地纵转望远镜。

(8)有些全站仪提供了电子整平的功能,当 X、Y 方向的倾斜值为零时,从理论上讲,此时转动望远镜水平角读数就不会发生变化,但有些仪器在进行上述操作后,水平角还会发生变化,这时因为这些全站仪的补偿值与垂直角大小有关。

(9)在水平角为0°时,用脚螺旋校正电子气泡居中,仪器转动180°后,仍可能会偏移很多。即使 X、Y 分量值为零,如果不以照准部的长水准器气泡检验为准,就不能说明仪器垂直轴垂直,所以电子气泡的居中必须以长水准器气泡的检验校正为准。

(三)补偿功能的检验步骤

(1)精确整平仪器。

(2)设置仪器的补偿功能为"开"状态。

(3)使望远镜水平并设置水平角显示为零,然后按一定的间隔上下转动望远镜,读取水平方向值。水平方向值与零的差值即为自动补偿器的改正值。

四、全站仪的自动化

为了解决人工照准的问题,20世纪80年代中期,用马达来驱动全站仪的轴系,由影像处理系统来精确获得角度值,使角度测量完全从手工劳动中解放出来,同时解决了测量中照准误差的主要误差来源。这一手段的产生使工业测量系统的自动化成为可能,为用户提供了极大的方便。应特别注意的是,在很危险的工作环境中,不再需要人来进行操作。同时,获取数据的可靠性也大大提高。目前,在很多工业测量系统的自动化所使用的仪器大部是这种自动化的全站仪。在高精度要求的工业测量、大型设备的安装测量、安全监测等测量工程中得到了广泛的应用。其自动化主要表现在以下几个方面。

(一)目标自动识别与影像自动处理

要能自动照准目标,首先必须要有一个目标自动识别系统。一般是采用带有光学耦合器的摄影机(简称CCD摄影机)来自动识别目标。光学耦合器的广角光学系统能自动地产生被测物体空间的影像,目标可以显示在监视器上。影像处理系统包括一块影像处理板(需要加到计算机的扩展槽中)和能确定目标相对于望远镜轴线位移量的软件包。

如图 9-21 所示，在 CCD 阵列平面上投影有望远镜十字丝和被测目标。以望远镜的十字丝为参考点，被测目标的重心可由影像的灰度来确定。影像处理的目的就是要确定望远镜十字丝和目标重心之间的线性偏移量（dx、dy），将该偏移量的大小经过一定的变换，可以得到目标与望远镜十字丝的角度偏差（相对全站仪轴系）。由于望远镜位置（视准线的角度值）由测角系统确定，这样也就可以由内置程序改正后得到目标点的角度值，其中全站仪的三轴之间关系与 CCD 阵列的变换关系可以通过仪器检验获得。

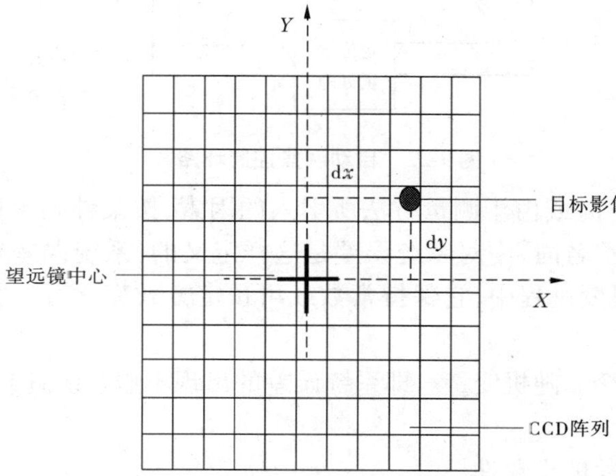

图 9-21　望远镜中心与目标影像重心的线性偏移

（二）轴系的自动驱动

全站仪的轴系驱动分为精驱动和粗驱动，这是考虑到定位精度和快速驱动的两个因素（最大驱动速度可达 50″/s）。由一对独立伺服马达来驱动仪器的轴系，每个驱动系有一个螺纹杆和一个环形齿轮，由带数字扫描系统的增量编码器来确定角度传动量。然后，由这些齿轮来逐级控制达到小于 1″的照准精度，而残余量可由影像处理系统来测定。

在自动化全站仪中，以自动驱动调焦取代了传统的手工调焦。伺服马达能以约 10 μm 的精度确定透镜的位置，它是通过一个线性编码器（见图 9-22）调节透镜到目标的距离来确定透镜位置的。透镜位置的调节与影像处理相一致，即由到目标的已知距离自动地转换为调焦透镜的相应位置。

（三）数据的无线自动传输

全站仪观测数据可以通过无线传输由棱镜站的显示器显示，观测者可以遥控仪器按要求的观测程序进行自动工作；同时可以通过无线传输到室内工作站进行数据处理，实现无人看守观测，真正实现数据观测和处理的自动化。

第三节　全站仪的检定

一、全站仪固有系统误差概述

（一）系统误差的特点

《常用计量名词术语及定义》（JJG 1001—82）中对系统误差是这样定义的：系统误差是

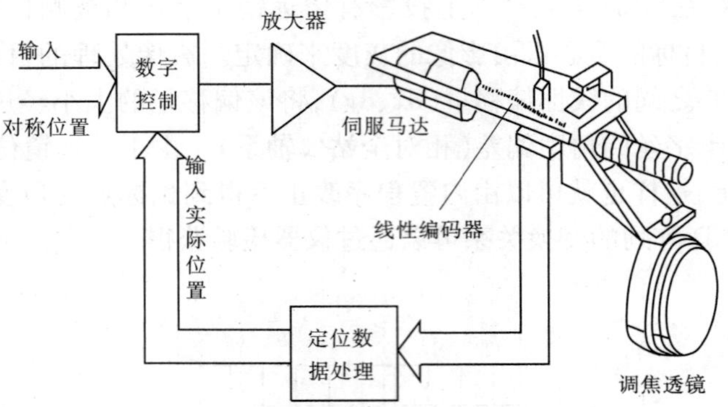

图 9-22　自动调焦控制环路

在偏离测量规定条件下时或由于测量方法所引入的因素,按某种确定规律所引起的误差。而《国际通用计量学基本名词》中对系统误差是这样定义的:系统误差是测量误差的分量,在同一被测量的多次测量过程中,它保持常数或可预定方式变化着。所以,系统误差的特点是:

(1)系统误差是一个非随机变量。即系统误差的出现不服从统计规律而服从确定的规律。

(2)重复测量时误差的重现性。

(3)可修正性。系统误差的重现性决定了它具有可修正的特点。

(二)消除或减小系统误差影响的方法

(1)正确的设计思想和精密的制造工艺技术。

(2)在仪器设计制造环节引入正确的修正值,通过适当的数据处理来减小系统误差——电子补偿。

(3)施测前进行准确的仪器校正。

(4)施测中通过改进测量方法,有效利用某些误差的抵偿特性。

(5)在后续数据处理环节中,根据系统误差的规律将其作为未知量参与平差。

(三)全站仪的主要系统误差

(1)全站仪的测距乘常数误差。

(2)测距加常数误差。

(3)全站仪的测距周期误差。

(4)幅相误差。

(5)相位不均匀误差。

(6)全站仪的竖轴倾斜误差。

(7)全站仪的横轴倾斜误差。

(8)全站仪的视准轴误差。

(9)补偿器误差。

(10)全站仪的度盘偏心误差。

(11)全站仪的度盘刻划误差。

(12)竖直度盘指标零点误差(指标差)。

(13)望远镜调焦误差等。

二、全站仪的综合检定

由于全站仪作为一种现代化的计量工具,必须依法对其进行计量检定,以保证量度的统一性、标准性、合格性。检定周期最多不能超过一年。对全站仪的检定分为三个方面:对光电测距性能的检测,对电子测角性能的检测,对其数据采集、记录、数据通信及数据处理功能的检查。

在进行全站仪综合检定之前要先进行基础性的调整或校准工作。基础性调校的项目有以下几个。

(一)长水准器的校正

长水准器的校正的具体内容参见前面有关章节。长水准器校正示意图如图 9-23 所示。

(二)圆水准器的校正

圆水准器的校正的具体内容参见前面有关章节。圆水准器校正示意图如图 9-24 所示。

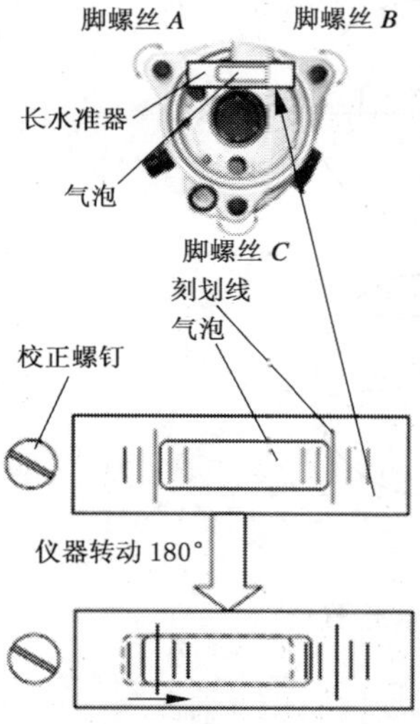

图 9-23　长水准器校正示意图

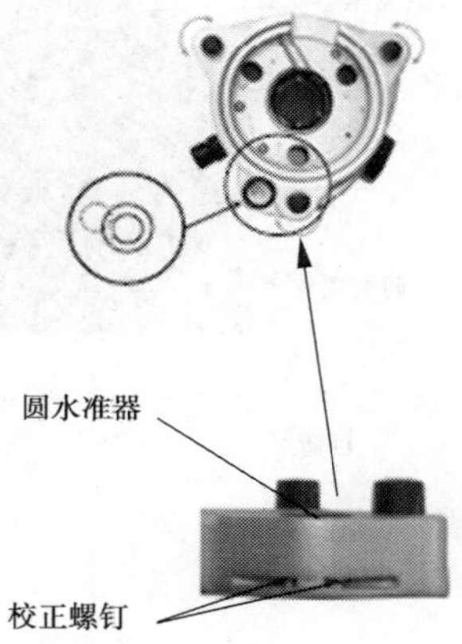

图 9-24　圆水准器校正示意图

(三)光学下对点器的校正

光学下对点器的校正的具体内容参见前面有关章节。光学下对点器校正示意图如图 9-25 所示。

(四)分划板竖丝垂直度的校正

分划板竖丝垂直度的校正的具体内容参见前面有关章节。分划板竖丝垂直度校正示意图如图 9-26 所示。

(五)望远镜照准误差 C 的校正

1. 检查

(1)将仪器固定在校正台上并精密整平。

(2)将仪器开机,并正镜(盘左)照准平行光管无穷远目标,记下水平度盘读数 H_l。

(3)将仪器倒镜(盘右)照准平行光管无穷远目标,记下水平度盘读数 H_r。

(4)计算:$C = [(H_l - H_r) \pm 180°]/2$。

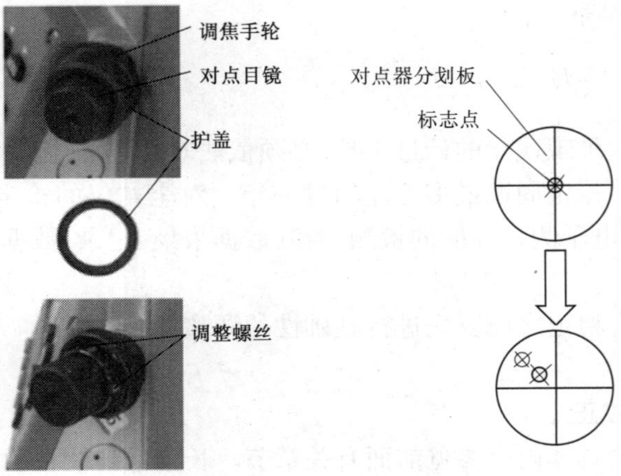

图 9-25　光学下对点器校正示意图

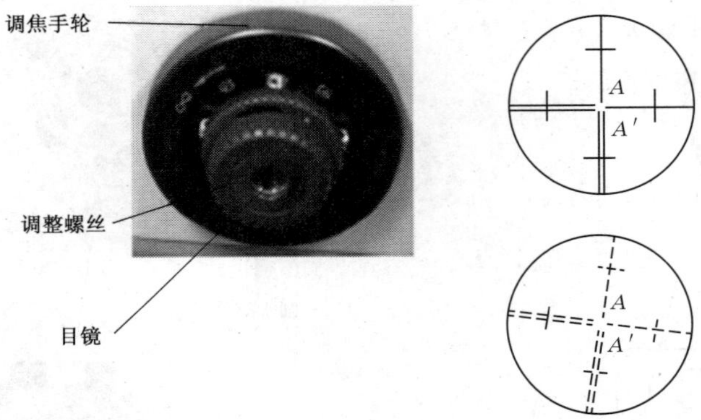

图 9-26　分划板竖丝垂直度校正示意图

(5)如果 C 超过允许值,则需进行校正。

2. 校正

(1)将仪器望远镜与目镜之间的护盖逆时针拧下。

(2)将仪器固定于校正台上并精密整平。

(3)先将仪器正镜(盘左)照准平行光管无穷远目标,记下水平度盘读数 H_l。

(4)再将仪器倒镜(盘右)照准平行光管无穷远目标,记下水平度盘读数 H_r。

(5)计算 C 的值。

(6)在倒镜位置旋转水平度盘微动手轮,使水平度盘的读数显示变化 $C/2$。

(7)此时通过仪器望远镜看平行光管中无穷远目标,会发现有微量的偏移,即 $C/2$。

(8)用校正针调整水平方向的两个调整螺丝,使望远镜分划板发生微量的移动并与平行光管无穷远目标重合(见图 9-27)。

(9)重新进行 C 的检查程序,如果 C 的值仍然超过规定值,则重复以上校正步骤。

注:用校正针调整螺丝时,每次调整的量不能很大,且水平方向上的两个调整螺丝的松紧程度始终要相当,否则随着时间的推移,分划板很容易发生移动,从而引起 C 的变化。

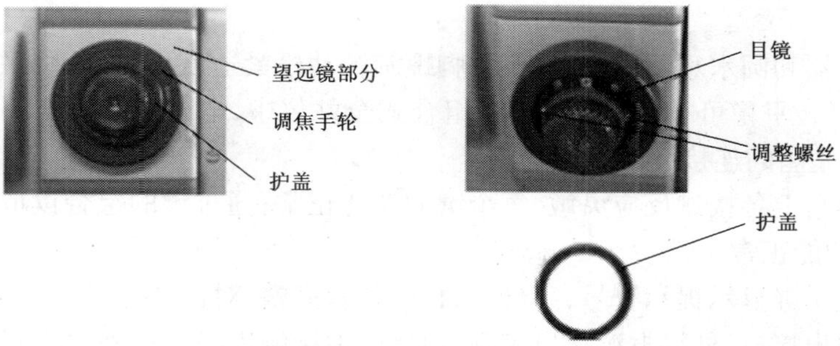

图 9-27　分划板调节螺丝

(六)竖直度盘指标差 I 的校正

1. 检查

(1)将仪器固定在校正台上并精密整平。

(2)开机并确认仪器补偿器处于“开启”状态。

(3)在正镜(盘左)方向,将仪器望远镜照准平行光管无穷远目标,记下竖盘读数 V_l。

(4)在倒镜(盘右)方向,将仪器望远镜照准平行光管无穷远目标,记下竖盘读数 V_r。

(5)计算:$I = [(V_l + V_r) - 360°]/2$。

如果竖盘指标差 I 超出规定值,则需校正。

2. 校正

(1)进入仪器校正模式(不同仪器位置不同)。

(2)选择“指标差校正”。

(3)根据仪器提示盘左盘右进行操作。

(4)仪器自动计算垂直度盘指标差的修正值,并显示。

(5)据提示选择指标差修正,则仪器自动按照计算结果进行竖盘指标差的修工。

(七)竖盘补偿器零位的校正

1. 检查

(1)将仪器固定在校工台上并精密整平仪器。

(2)进入功能菜单的补偿器菜单,开启竖盘补偿器。

(3)仪器显示补偿器倾斜值,旋转仪器 180°,再次显示补偿器倾斜值,两次数值相减小于 10″,无须校正,反之则须校正。

2. 校正

(1)进入仪器校正模式(不同仪器,位置不同)。

(2)选择“补偿模式”中的零位校正。

(3)根据仪器提示盘左盘右进行操作。

(4)仪器自动显示补偿值,并显示。

(5)据提示选择零位校正,则仪器自动校正。

(八)外观和键盘功能的检验

(1)仪器表面不得有碰伤、划痕、脱漆和锈蚀;盖板及部件接合整齐,密封性好。

(2)光学部件表面清洁,无划痕、霉斑、麻点、脱膜等现象;望远镜十字丝成像清晰、粗细均匀、视场明亮、亮度均匀;目镜调焦及物镜调焦转动平稳,不得有分划影像晃动或自行滑动的现象。

(3)长水准器和圆水难器不应有松动;脚螺旋转动松紧适度无晃动;水平制动和竖直制动及微动机构运转平稳可靠,无跳动现象;组合式全站仪中,电子经纬仪与测距仪的连接机构可靠,仪器和基座的连接、锁紧机构可靠。

(4)操作键盘上各按键反应灵敏,每个键的功能正常;通过键的组合读取显示数据及存储或传送数据功能正常。

(5)液晶显示屏显示提示符号,字母及数字清晰、完整、对比度适当。

(6)数据输出接口、外接电源接口完好,内接电池接触良好,内(外)接电池容量充足,充电器完好。

(7)记录存储卡完好无损,表面清洁,在仪器上能顺利地装入或取下,存储卡内装钮扣电池容量充足,磁卡阅读器完好。

(8)使用中和修理后的仪器,其外表或某些部件不得有影响仪器准确度和技术功能的一些缺陷。

(九)工作电压显示的正确性

(1)仪器开机后如有电压指示,可读记仪器显示的电压指示数据,其电压应与说明书提供的额定电压数据一致。

(2)若仪器显示的电压指示数据与说明书上不一致,应测试仪器正常工作状态下的工作电压,可读记稳压电源的电压或用万能表测试仪器电源电池的电压,其电压应为该仪器的工作电压。

(3)仪器开机后,若显示的工作电压和测试的工作电压均与说明书上的要求不一致,则该仪器工作状态不正常,应进行维修。

(十)照准部旋转的正确性

机内没有测试垂直轴稳定性的专门指令程序的全站仪,其检验方法和技术要求与光学经纬仪相同。机内配有测试垂直轴倾斜专门指令的全站仪,可从显示的垂直轴倾斜量的变化幅度检验其照准部旋转的正确性。检验步骤如下:

(1)仪器安置于稳定的仪器观测墩上并精确整平,顺时针和逆时针转动照准部几周,设置水平方向读数为零。

(2)输入测试指令,顺时针转动照准部,从显示屏记下0°位置和每隔45°各位置上垂直轴倾斜量(带符号),连续顺时针转两周。

(3)再逆转照准部并每隔45°读记一次,连续逆转两周。

(4)计算照准部对应180°位置的两读数之和,测回内的互差值应小于4″,整个过程中各次读数的最大差值应小于15″。

(十一)测距轴与视准轴的重合性

1. 检验

(1)将仪器置于两个清晰的目标点 A、B 之间,仪器到 A、B 距离相等,约50 m(见图9-28(a))。

(2)利用长水准器严格整平仪器。

(3)瞄准 A 点。

(4)松开望远镜垂直制动手轮,将望远镜绕水平轴旋转180°或200 g瞄准目标 B,然后

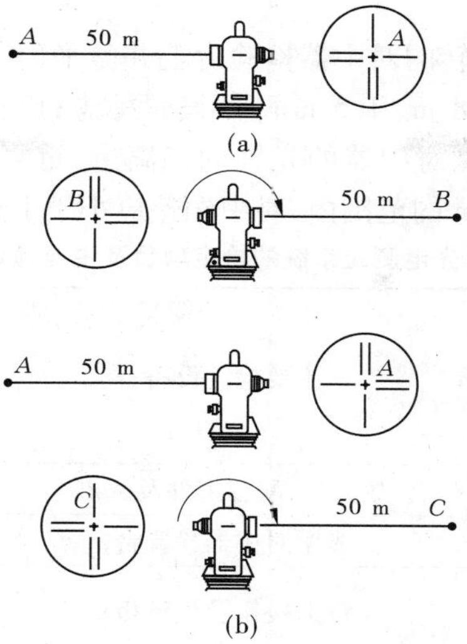

图 9-28　测距轴与视准轴的重合性检验

旋紧望远镜垂直制动手轮。

(5)松开水平制动手轮,使仪器绕竖轴旋转 180°或 200 g 再一次照准 A 点并拧紧水平制动手轮(见图 9-28(b))。

(6)松开垂直制动手轮,将望远镜绕水平轴旋转 180°或 200 g,设十字丝交点所照准的目标点为 C,C 点应该与 B 点重合。若 B、C 点不重合,则应按下述方法校正。

2. 校正

(1)旋下望远镜目镜一端的保护罩。

(2)在 B、C 之间定出一点 D,使 CD 等于 BC 的 1/4(见图 9-29)。

(3)利用校正针旋转十字丝的左、右两个校正螺丝将十字丝中心移到 D 点。

(4)校正完后,应按上述方法进行检验,若达到要求则校正结束,否则应重复上述校正过程,直至达到要求。

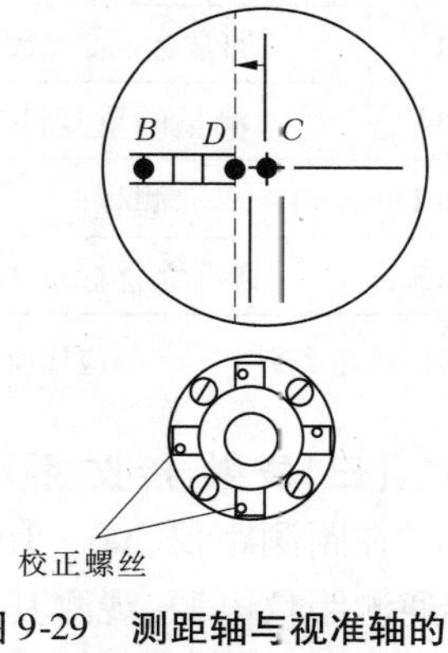

图 9-29　测距轴与视准轴的重合性校正

三、光电测距系统的检定

光电测距系统的检定项目及主要检定设备见表 9-5。

(一)外观与功能

(1)目视,仪器各工作面上不应有锈蚀、碰伤、划痕,各非工作面上不应有脱漆及影响外观的其他缺陷。使用中与修理后的仪器允许有上述不影响准确度的缺陷。仪器应标明制造厂或厂标、型号、出厂编号。仪器的连接机构应稳定可靠,使用方便,各活动部位的转动、移动应平稳,不应有突跳、阻滞及空回现象,制动机构应灵活有效。仪器的光学零部件上应无水珠、霉斑、灰尘。仪器的各操作键在使用中应舒适有效,在工作环境下数字显示应清晰。

(2)整机通电操作试验,其各功能应正常。

（二）光学对中器

将光学对中器安置在可旋转的对中器检验台上并整平（检验台安置整平不确定度应小于25"）；在距离对中器光轴0.8 m、1.5 m两处设置标志；调整标志，使标志中心与对中器光轴重合；旋转检验台180°观测对中器的光轴的偏离量，重复3次，取平均值，其偏离量的1/2应满足距光学对中器1.5 m的范围内，对中偏差应小于1 mm。

表9-5　光电测距系统的检定项目及主要检定设备

序号	检定项目		主要检定设备	检定类别			
				首次检定	后续检定	使用中检验	
						中、短程	远程
1	外观与功能		放大镜、配套附件及微机	+	+	±	+
2	光学对中器		光学对中器检验台	+	+	−	−
3	发射、接收、照准三轴关系的正确性		反射棱镜及偏调板	+	+	−	−
4	反射棱镜常数的一致性		测距仪	+	±	−	−
5	调制光相位均匀性		反射棱镜	+	+	−	−
6	幅相误差		减光板	+	±	−	−
7	分辨力		分辨力检验台	+	+	−	−
8	周期误差		周期误差检验台	+	±	−	−
9	测尺频率	开机特性	数字频率计、光电转换器、专用调温恒温箱（室）	+	±	−	−
		温度特性		±	±	−	−
10	加常数、乘常数		长度检定场、温度计、气压计	+	+	−	−
11	测量的重复性		反射棱镜	+	+	−	−
12	测程		已知长度、温度计、气压计	±	±	−	−
13	测距综合标准差		已知长度、温度计、气压计	+	+	±	±

注：检定类别中"+"为应检项目；"±"为可不检项目，由送检单位需要确定；"−"为不检项目。

（三）发射、接收、照准三轴关系的正确性

在距测距仪300～1 000 m处安置反射棱镜，用测距仪的望远镜照准反射棱镜的标志，接通测距仪电源，观测其返回信号的强度；旋动测距仪的水平微动螺旋与垂直微动螺旋，观察返回信号强度的变化，再找出返回信号最大的位置，此时望远镜十字丝与反射棱镜标志应重合。

（四）反射棱镜常数的一致性

在室内长约30 m的距离分别安置测距仪与受检反射棱镜，调整测距仪照准标志，分别对各配套反射棱镜进行测距。读取10次距离求其平均值，在测距中不得再次调整测距仪。对各配套反射棱镜所测的距离平均值进行比较，其最大值与最小值之差应满足测距仪使用的各配套反射棱镜常数最大互差应不大于仪器标称标准差的固定误差的1/40。

（五）调制光相位均匀性

调制光相位均匀性采用光斑位置截取法：

(1)选择长约 50 m 检定场地,两端分别安置测距仪与反射棱镜,使其大致等高。

(2)由中心点向上下左右等间隔地移动光轴测距,接通测距仪电源,照准反射棱镜标志后,分别向上下左右各方向移动光轴,找出光斑的可测范围。按其大小,由中心点向上下左右等间隔地移动光轴测距,每间隔读数 5 次取平均值。

测点顺序如图 9-30 所示,在偏调 2′的区域内测点应不少于 13 个点。

(3)将光斑中心点测距值与其他各点测距值之差绘制等相位差图,偏调 1′,因调制光相位不均匀而引起的测距误差应小于出厂标称标准差固定误差的 1/20。

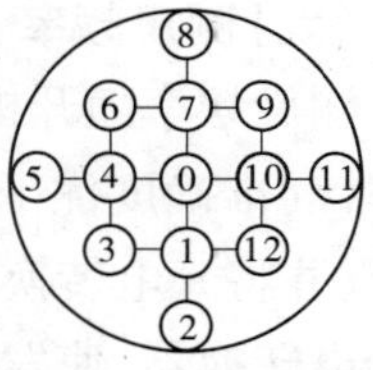

图 9-30　测点顺序

(六)幅相误差

在室内长约 30 m 的距离两端分别安置测距仪与反射棱镜。在测距仪收发镜筒前的光路上设置减光板(灰度滤光器),为避免附加误差,减光板(灰度滤光器)平面不得与光路垂直。

对于自动减光的测距仪,将减光板安置在仪器发射筒前,调整减光板改变信号强度大小,在光信号强度的可测区域内使光信号由强而弱变化,选取 5 个不同回光信号强度测距,每次取 10 次读数的平均值为所测距离。6 个距离的最大互差应不大于该仪器标称标准差固定误差的 1/20。

对于手动光栏(或减光板)的仪器,旋转手动光栏(或减光板)将光信号减弱到可测光强区的最小值进行测距,取 5 次读数求其平均值为所测距离。然后逐渐旋开光栏(或减光板),光信号强度每变化一格进行一次测距,直到可测光强最大值。

将各光信号强度测得距离进行比较,求其差值并作出差值与光信号强度变化曲线图,所测各距离的最大值与最小值之差应不大于该仪器标称标准差固定误差的 1/20。

(七)分辨力

在室内取约 30 m 距离,两端分别安置测距仪和分辨力检验台。使测距仪与检验台上的反射棱镜等高且使反射棱镜移动的方向与测距仪的光轴一致。将仪器照准反射棱镜标志后重复测距,取 10 次读数求其平均值为测距值。测距由检验台的零点位置开始,等间隔移动反射棱镜 10 次,每次移动间隔为 1. 1 mm。

(八)周期误差

仪器安置如图 9-31 所示。在长形平台上放置一根基线尺,其长度应大于受检仪器的测尺长。该尺的准确度优于 2×10^{-5},其最小分度应小于或等于受检仪器测尺长的 1/40。基线尺的零点与平台起始点对准并固定,另一端拉一个与该尺检定时张尺拉力相符的重锤或弹簧秤。检定平台平直度应优于 5×10^{-5},检测起始点与安置仪器(墩或脚架)高差不大于 2 mm 且在同一方向线上。

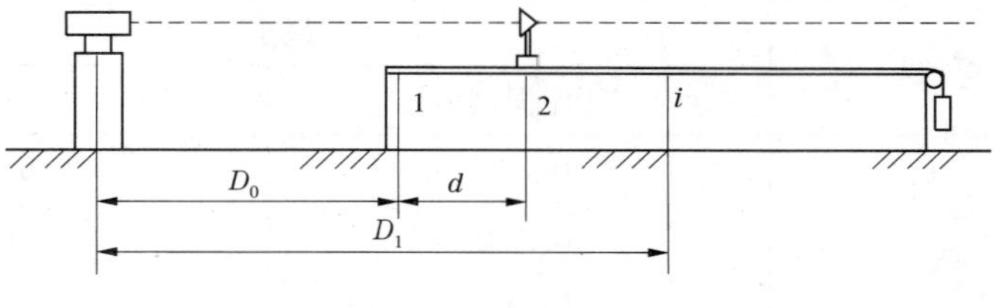

图 9-31　仪器安置

将测距仪与反射棱镜分别整平对中，从平台上基线尺的零点开始观测，反射棱镜由近而远移动，每次移动的距离为测距仪测尺长的1/40或1/20，各点的对中位移误差不大于0.2 mm，每移动一次反射棱镜，进行一次测距，取5次读数求其平均值为所测距离值，依次测完40个或20个点（包括起始零点）。然后，由远而近进行返测，取其往返观测的平均值为相应各点的距离。

（九）测尺频率

测尺频率随开机时间的变化特性的检定在稳定的室温（15～25 ℃）下进行。先将数字频率计（准确度优于5×10^{-5}，或优于受检测距仪测尺频率准确度一个数量级）通电预热1 h以上，并将光电转换器的输出端与频率计输入端用高频电缆线连接。在测距仪发射筒处安置光电转换器，使发射光斑正落入光电转换器的接收孔内。对于具有频率输出插孔的测距仪，可用高频电缆与频率计直接连接。

测距仪通电后立即在频率计上读取频率显示数，每隔1 min读取一次，直至开机30 min结束。绘出测尺频率随开机时间的变化曲线。

频率变化值：

$$\Delta f_t = f_0 - f_t$$

式中 f_0——测距仪标称测尺频率；

f_t——该室温下t时刻的瞬时频率；

t——测距仪开机时间。

以频率变化值Δf_t为纵轴，开机时间t为横轴，绘出测尺频率随开机时间的变化曲线。找出开机5～30 min内Δf_t的最大值$\Delta f_{t\max}$，$\Delta f_{t\max}/f_0$值应符合不大于该仪器标称标准差的比例误差的2/3。取此25 min内频率读数的平均值作为受检仪器在该温度下的测尺频率。

（十）加常数、乘常数

中、短程测距仪，在长度检定场（基线场）检定，检定采用多段基线组合比较法同时测定仪器的加常数、乘常数。检定选用的基线组合段应不少于21段，基线长度应大于1 km，且在1～2 km内均匀分布。

在基线两端分别安置测距仪与反射棱镜，仪器与反射棱镜安置的对中误差应不大于0.2 mm。各基线段上的观测均为一次照准取5个读数求其平均值。在测距的同时测定测线的温度、气压等数据。在检定中凡要求测定气温、气压时，测距小于1 km可一端测；测距等于或大于1 km应两端同时测定。测定时干湿温度表的底部应距地面及旁离障碍物1.5 m。所使用的干湿温度表、气压表的技术要求见表9-6。

表9-6 气象仪表技术要求

测距仪准确度等级	最小分度值	
	干湿温度表	气压表
Ⅰ	0.2 ℃	0.5 hPa
Ⅱ、Ⅲ	0.5 ℃	1 hPa
Ⅳ	1 ℃	2 hPa

(十一)测量的重复性

在室内约 30 m 距离的两端分别安置测距仪与反射棱镜,操作仪器一次照准后测距,连续读数 30 次。

(十二)测程

选择与测程相应的基线,在其两端分别安置测距仪与反射棱镜(或镜组)。

测距仪测距,应不少于 10 次照准,每次照准取 10 个读数求其平均值为观测值。在测距的同时测定气温、气压。

对所测的观测值进行频率、气象、倾斜、仪器常数修正后与基线值比较,其差值应不大于该仪器标称标准差的 2.58 倍。

(十三)测距综合标准差

测距综合标准差在长度基线场检定。检定选用的组合基线段应不少于 15 段,且其长度应均匀分布在测距仪的测程内。对每段基线的观测应采用一次照准取 10 次读数求其平均值为观测值。在测距的同时测定气温、气压等数据。

四、电子测角系统的检定

电子测角系统的检定项目见表 9-7。

表 9-7　电子测角系统的检定项目

序号	检定项目	检定类型		
		首次检定	后续检定	使用中检验
1	外观及一般功能检查	+	+	+
2	基础性调整与校准	+	+	+
3	水准器轴与竖轴垂直度	+	+	+
4	望远镜竖丝铅垂度	+	+	−
5	照准部旋转的正确性	+	+/−	−
6	望远镜视准轴与横轴的垂直度	+	+	−
7	照准误差 C、横轴误差 i 及竖盘指标差 I	+	+	+
8	倾斜补偿器零位误差及补偿范围	+	+	−
9	倾斜补偿器补偿误差	+	+	+
10	望远镜视准线的调焦运行误差	+	+/−	−
11	光学对中器视准轴与竖轴重合度	+	+	−
12	一测回水平方向标准偏差	+	+	−
13	一测回竖直角测角标准偏差	+	+/−	−

注:“+”为应检项目;“−”为可不检项目;“+/−”为可检可不检项目,根据需要确定。

(一)外观及一般功能检查

通过目测与手感试验:

全站仪表面不应有碰伤、划痕、脱漆和锈蚀;盖板及部件应接合整齐,密封性好。

光学部件表面无擦痕、霉斑、麻点及脱膜的现象；望远镜十字丝成像清晰，视场明亮，亮度均匀；目镜调焦及物镜调焦转动平稳，不应有分划影像晃动或自行滑动的现象。

水准管及圆水准器的校正螺丝不应有松动；脚螺旋转动松紧适度，无晃动；水平及竖直制动及微动机构运转平稳可靠，无跳动现象；组合式全站仪、电子经纬仪与测距仪的连接机构紧密；仪器和基座的连接、锁紧机构可靠。

操作键盘上各按键反应灵敏，每个键的功能正常；通过键的组合读取显示数据及存储或传送数据功能正常。

液晶显示屏显示的各种符号清晰、完整，对比度适当。

数据输出接口及外接电源接口完好，内接电池接触良好，内(外)接电池容量充足。

记录存储卡完好无损，表面清洁，在仪器上能顺利地装入或取下；存储卡内装钮扣电池容量充足；磁卡阅读器完好。

仪器按出厂规定的附件包括必要的校正器件(扳手、螺丝刀、校正针)，物镜罩、接口插头的保护盖等齐全。

全站仪应标明制造厂(或厂标)、型号及出厂编号，国产仪器必须有计量器具制造许可证编号及CMC标志。

后续检定和使用中检验的仪器，允许有不影响仪器准确度和技术功能的缺陷。

(二)基础性调整与校准

通过整机通电操作与试验：

检定前，应对全站仪进行必要的检查、调整或校准，使仪器处于正常状态；并按仪器使用说明书指示的方法，对可用软件进行校准或对修正测量误差的项目进行设置或校准，使所测数据能够充分反映出其真实性能。

基础性调整与校准内容为：调整水准管和电子气泡、补偿器零位的校准、竖盘指标差 I 校准、视准轴误差 C 校准、水平轴与竖轴的垂直度校准及仪器说明书指定的其他特殊项目。上述各项校准内容的检定方法均按本规程中的具体操作方法进行。

全站仪观测数据的采集、计算、存储、通信等功能的检查。

如果确有必要，首次检定时，可以按照仪器使用说明书的指示，逐一进行操作检查，以便确认其功能是否正常。

(三)水准器轴与竖轴垂直度

精密的全站仪及电子经纬仪($m_\beta \leqslant 2''$)，机内设置有测定竖轴的倾斜装置，按规定的操作程序并输入测倾指令，就能从显示器中读得竖轴在望远镜方向和垂直于望远镜方向上的倾斜量；然后调整三个脚螺旋，使两个方向的倾斜量不超过 $\pm 1.0''$，此时仪器竖轴达到铅垂状态，若水准管气泡不居中，其偏离量应小于半格，圆水准器气泡应居中。

$m_\beta > 2''$级全站仪或电子经纬仪的检定：将仪器调平，直至照准部旋转过程中水准气泡的位置无明显变化，读取气泡两端最大值为检定结果，其结果应符合仪器安平后，水准器轴应与仪器竖轴垂直，其偏差不大于长水准器的分划值的一半，圆气泡应居中。

(四)望远镜竖丝铅垂度

望远镜十字丝照准某一目标点，然后纵向微动望远镜，目标应在竖丝上移动，不得有目力可见的偏差。

（五）照准部旋转的正确性

具有长气泡的仪器应调整仪器使竖轴垂直，照准部顺、逆旋转各两周，以每隔30°或45°时水准气泡两端的最大变化量为检定结果，其结果应符合电子测角系统计量性能要求表9-7第1项要求。

具有电子气泡的仪器，可从显示屏直接读得竖轴的倾斜量。当旋转照准部时，可从显示的竖轴倾斜量的变化幅度判别其照准部旋转的正确性，其检定步骤如下：

（1）仪器安置于稳定的基座或脚架上，整平后转动照准部数周。

（2）输入测试指令，从显示屏上记下0°位置时竖轴的倾斜量（带符号）。

（3）顺时针转动照准部，在每次变动45°位置及其对径的位置上，分别读记显示的垂直倾斜值，连续顺转两周。

（4）再逆转照准部，并每转45°读记一次，连续逆转两周。

（5）计算照准部对应180°的两读数之和，其值在同一测回中互差应小于4″，而整个过程中，各次读数的最大变动应小于15″。

（六）望远镜视准轴与横轴的垂直度

被检仪器安置在升降工作台上，选用相差180°的两个平行光管 A 和 B，其视准轴应在同一水平线上，精确整平被检仪器，以正镜位置瞄准 A 光管的十字线中心，固定照准部，纵转望远镜照准 B 光管的水平线，光管读数 b_1。再旋转望远镜以倒镜位置照准 A 光管重复上述检定，读数 b_2。按下式计算望远镜视准轴与横轴的垂直度 C'：

$$C' = \frac{1}{4}(b_2 - b_1)t \tag{9-16}$$

式中 t——分划板横线格值。

按上述方法检定求得 C' 值，应符合电子测角系统计量性能要求表9-7中第2项要求，否则应按该仪器说明书上的方法进行校准。

（七）照准误差 C、横轴误差 i 及竖盘指标差 I

在室内以平行光管的十字丝作为照准目标，按“高—平—低点法”同时进行照准误差 C、横轴误差 i 及竖盘指标差 I 的检定。调整仪器升降台高度，使仪器视准轴尽量与平行光管的中心重合。另两台平行光管分别安置在平点平行光管的上方及下方，作为高点及低点，其倾角超过±25°，高低两点的对称差小于30′。

横轴丝的检定：将全站仪按上述的方法安置，精确整平。正镜位置瞄准高点平行光管的十字丝分划板中心，向下旋转望远镜，在低点平行光管的横丝刻度分划板读取格数 A；以倒镜位置重复上述操作，并读取格数 B，其横轴误差（以（′）计）为

$$i = \frac{(B - A)t}{4}\cot\beta \tag{9-17}$$

式中 t——低点平行光管分划板格值（″）；

β——平行光管与水平方向的夹角（°）。

对具有倾斜补偿显示的全站仪及电子经纬仪，在检定这几项偏差量时，应用倾斜补偿器装置，安置仪器竖轴到铅垂状态（利用显示器的竖轴在 X 和 Y 方向的倾斜量，用脚螺旋整平仪器，直到 x 和 y 值分别为0°±1″）。

按水平角与竖直角观测方法，对高点和低点，作2～4个测回的水平角和竖直角观测，测

回间应变换度盘，观测程序如下：

盘左 L：

照准高点，读水平角及竖直角读数；

照准平点，读水平角及竖直角读数；

照准低点，读水平角及竖直角读数。

盘右 R：

照准低点，读水平角及竖直角读数；

照准平点，读水平角及竖直角读数；

照准高点，读水平角及竖直角读数。

以上为一个测回，在盘左变到盘右观测时，应沿同一方向转动照准部。

（八）倾斜补偿器的零位误差及补偿范围

单轴补偿器的零位误差是补偿器与铅垂方向不一致的误差（也称补偿器指标差），将检定值预置存储器中以便改正此项误差。

全站仪及电子经纬仪通常设有仪器竖轴的倾斜补偿系统，这种补偿如果仅能自动改正由于竖轴倾斜对竖盘读数的影响，称为单轴补偿。如果还能同时改正对水平度盘读数的影响，则为双轴补偿。检定仪器的补偿器在出厂标定的范围（通常在 2′30″左右）内，其单轴补偿和双轴补偿是否有效。其零位误差、补偿范围应符合电子测角系统计量性能要求表 9-7 第 8、9 项要求。

1. 倾斜补偿器零位误差

在升降台上安置被检仪器，让一个脚螺旋 A 安置在平行光管的视准线方向上，另两个脚螺旋 B 和 C 的连线垂直于平行光管的视准线，见图 9-32。

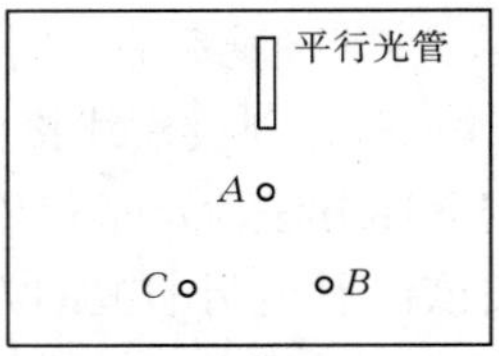

图 9-32　检定设备布置

对于单轴补偿的仪器，整平仪器后，在一个方向上读竖轴倾斜的显示值 L，再旋转照准部 180°，读竖轴倾斜的显示值 R，取 $(L-R)/2$ 即为补偿器零位误差，其结果应符合电子测角系统计量性能要求表 9-7 第 8 项要求。对于具有补偿器零位误差校准程序的仪器，应按照说明书上的方法进行检定。

2. 补偿范围

补偿范围分为纵向和横向两个量。

1）纵向补偿范围

对无显示横轴倾斜值的仪器，按图 9-32 所示安置整平仪器，使望远镜大致处于水平位置，顺时针转动脚螺旋 A，使仪器上倾，直到天顶读数停止变化，记下最后一个读数 M_1。再逆时针转动脚螺旋 A，使仪器下倾，直到天顶读数停止变化，记下最后一个读数 M_2。$(M_2-M_1)/2$ 即为纵向补偿范围。

2）横向补偿范围

对具有竖轴双向倾斜显示的仪器，使纵向的显示值为 0″左右，调整脚螺旋 B 或 C 使仪器倾向一侧直到横向显示值停止变化，记下最后一个读数 Y_1。再使仪器倾向另一侧直到横向显示值停止变化，记下最后一个读数 Y_2，$(Y_2-Y_1)/2$ 即为横向补偿范围。对于双轴补偿仪器取纵向和横向补偿范围中的较小值作为仪器的补偿范围，仪器的补偿范围应不小于其标称值。

（九）倾斜补偿器补偿误差

1. 竖直度盘的补偿误差（多目标平行光管法）

（1）盘左位置整置好仪器，用望远镜横丝精确照准平点平行光管水平丝，读取天顶距 M_1（照准、读数各3次取平均）。

（2）转动脚螺旋 A，使仪器上仰（仰角略小于以上测定的仪器补偿范围）后，再用竖直微动螺旋，使望远镜重新照准平点平行光管水平丝，读取天顶距 M_2（照准、读数各3次取平均值）。

（3）反方向旋转脚螺旋，使仪器恢复水平后再下倾（倾角略小于仪器补偿范围），再用竖直微动螺旋，使望远镜重新照准平点平行光管水平丝，读取天顶距 M_3（照准、读数各3次取平均值）。

（4）转动脚螺旋 A，使仪器恢复水平，再微动望远镜精确照准平点平行光管水平丝，读取天顶距 M_4（照准、读数各3次取平均值）。

（5）计算纵向补偿误差：取 $\Delta_1 = M_2 - M_1$，$\Delta_2 = M_3 - M_1$，$\Delta_3 = M_4 - M_1$，取其中绝对值最大者作为检定结果，其结果应符合电子测角系统计量性能要求表9-7中第8项的要求。

2. 水平度盘的补偿误差（多目标平行光管法）

（1）盘左位置，望远镜竖丝照准平点平行光管的垂直丝，水平度盘置零。

（2）纵转望远镜使竖丝照准高点或低点（高点与平点之间的夹角约为30°）平行光管的垂直丝，读取水平方向读数 N_1（照准、读数各3次取平均）。

（3）转动脚螺旋 B 和 C，使仪器左倾1′30″后，用望远镜竖丝照准平点平行光管垂直丝，度盘置零，然后用望远镜竖丝照准高点平行光管垂直丝，读取水平方向读数 N_2（照准、读数各3次取平均）。

（4）反向转动脚螺旋 B 和 C，使仪器水平后向右倾1′30″，用望远镜竖丝照准高点平行光管垂直丝，读水平方向值 N_3（照准、读数各3次取平均）。

（5）转动脚螺旋，使仪器恢复水平，再用望远镜竖丝照准高点平行光管垂直丝，读水平方向读数 N_4（照准、读数各3次取平均）。

（6）计算横向补偿误差：取 $\Delta_1 = N_2 - N_1$，$\Delta_2 = N_3 - N_1$，$\Delta_3 = N_4 - N_1$，，取其中绝对值最大者为检定结果。其结果应符合电子测角系统计量性能要求表9-7中第8项的要求。

3. 补偿器对竖直度盘的补偿误差（多齿分度台法）

竖直角的补偿误差取决于所提供的铅垂线的可靠性，通过改变仪器竖轴倾斜的方式，检定某一无穷远点竖角的变化来衡量补偿器的补偿误差。具体操作方法：将仪器置于立轴多齿台上，通过旋转多齿台来实现仪器竖轴向不同方向倾斜。为考察一般的情况，仪器的竖轴故意倾斜一定量（偏离1.5′左右为宜）。多齿台每次转动31°18′15.6″，共旋转12个位置。由下式计算：

$$m_{补} = \sqrt{\frac{\sum_{i=1}^{12} v_i^2}{12-1}} \tag{9-18}$$

式中　v_i——每一位置的竖直角与其竖直角均值之差。

仲裁检定以多目标平行光管法为准。

4. 补偿器对水平度盘读数的补偿误差(多齿分度台法)

对水平度盘读数的补偿精度用多齿分度台与平行光管组成的检定装置(平行光管Ⅱ为平点;平行光管Ⅰ为低点,它与平点在竖直方向的夹角为30°)进行检定。将被检仪器置于多齿分度台上,精确调平并使仪器旋转轴与多齿分度台回转中心同轴。使仪器竖轴倾斜1′30″。将多齿台置于零位,转动照准部照准水平点平行光管,将仪器的水平角归0,分别用盘左位置照准平行光管Ⅰ、Ⅱ,即平点及低点,读取水平度盘读数。每次逆转多齿台31°18′15.6″,仪器则顺时针方向旋转并分别照准平行光管Ⅰ、Ⅱ,共测12个点,作为往测。然后望远镜翻转180°,逆时针旋转照准平行光管Ⅰ、Ⅱ,多齿台顺时针每次旋转31°18′15.6″,共测12个测点,这个过程称为返测。

分别求出各受检点的角度平均值$\alpha_{\mathrm{I}i}$、$\alpha_{\mathrm{II}i}$及对多齿分度台标准角值$\alpha_{标}$的差值ϕ_i:

对于平点

$$\phi_{\mathrm{I}i} = \alpha_{\mathrm{I}i} - \alpha_{标}$$

对于低点

$$\phi_{\mathrm{II}i} = \alpha_{\mathrm{II}i} - \alpha_{标}$$

补偿器对水平度盘读数的补偿误差为

$$m_0 = \sqrt{\frac{\sum_{i=1}^{12} \phi_{\mathrm{II}i}^2}{12-1} - \frac{\sum_{i=1}^{12} \phi_{\mathrm{I}i}^2}{12-1}} \tag{9-19}$$

仲裁检定以多目标平行光管法为准。

(十)望远镜视准线的调焦运行误差

(1)被检仪器安置在仪器升降台上,在其前面设置一台检定调焦误差的检调管,该光管内有多个分划板,连成一条基准线,构成最短视距和无穷远的4~5个目标,调整仪器及检调管,使检调管内的基准线与仪器视准轴相重合。

(2)望远镜调焦到无穷远,对准检调管无穷远目标于盘左、盘右,往、返各做两次照准,读取水平读数,取平均值为L和R,其差为$(L-R)_{远}$。再依次对望远镜调焦,对准检调管其余各处目标,仍于盘左、盘右依次往返各做两次照准,读取水平读数,取平均值为这些目标的L和R,其差为$(L-R)_i$,i为目标号。

以上为一组观测,$[(L-R)_{远}-(L-R)_i]/2$即为该组观测第i目标的调焦运行误差Δf_i。

共进行3组观测,取平均值,每组变换度盘60°。在从盘左到盘右转换时,都应顺时针转动照准部,以免引入基座隙动误差。

(十一)光学对中器视准轴与竖轴重合度

对设置在基座上不能旋转的光学对中器,可利用光学对中器检验台进行检定,将光学对中器安置在该检验台上,沿对中器视准轴分别在0.8~1.5 m处设置标志板,并使标志中心与对中器视准轴重合;然后,旋转检验台180°,观测对中器视准轴的偏离量,重复3次取平均值,其偏离量的一半应小于1 mm。

对于能够旋转的光学对中器,则不必用检验台,可旋转光学对中器,按上述方法检定。激光对点器的检定按本方法进行。

（十二）一测回水平方向标准偏差

1. 多目标平行光管法

室内中心位置设一稳定的仪器升降台，上面安置被检仪器；沿该仪器升降台水平方向的圆周上再设置 4 ~6 个平行光管作为照准目标，精密调整平行光管的分划板及其倾斜度和轴线方向一致，使升降台上仪器依次照准时，不需改变调焦均能看到最清晰明亮的平行光管分划板上的十字线成像，而且竖线处于铅垂位置。观测过程中以表 9-8 所列各项限差控制检测结果的准确度。当半测回归零差超限时，应重测该测回；一测回两倍照准差互差和各测回方向值互差超限时，应重测超限方向（带上零方向）或重测一测回；一测回重测方向数超过该测回全部方向数的 1/3 时，应重测该测回；如果检定过程中重测方向数超过全部方向数的 1/3，则应重测全部测回。

表 9-8　多目标平行光管法观测过程中的各项限差

仪器型号	Ⅰ	Ⅱ	Ⅲ	Ⅳ
测回数	8	6	4	4
半测回归零差（″）	2.0	3.0	8.0	8.0
一测回两倍照准差互差（″）	4.0	6.0	16.0	16.0
各测回方向值互差（″）	2.0	3.0	8.0	8.0

2. 多齿分度台法

一测回水平方向标准偏差用多齿分度台（391 齿或 552 齿）与平行光管组成的装置检定，检定装置如图 9-33 所示。

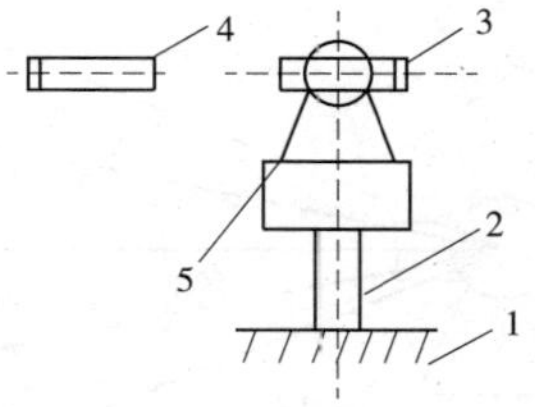

1—基座 2—可调工作台；3—受检仪器；4—平行光管；5—多齿分度台

图 9-33　多齿分度台法检定装置

将被检仪器安置在多齿分度台上，精细调平并使仪器旋转轴与多齿分度台旋转中心同轴，其差值小于 0.1 mm。

检定中，往测时多齿分度台逆时针旋转，返测时多齿分度台顺时针旋转。往返测为一个测回，具体检定方法如下：

多齿分度台置于零位 转动照准部照准平行光管目标，使仪器的水平度盘读数置零，顺时针方向旋转照准部一周 望远镜照准平行光管目标，盘左读数两次，多齿分度台按预先布点逆时针方向旋转至第 2 检定位置，全站仪照准部以顺时针方向旋转并照准平行光管目标，盘左读数两次，以同样的方法检定 3，4，…，n 位置，最后回到零位。望远镜翻转 180°，逆时针方向旋转照准部照准目标，盘右两次读数，多齿分度台顺时针方向转动第 2 检定位置，全站仪照准部以逆时针方向旋转照准部照准目标，进行第 2 位置检定，以同样的方法检定 3，4，…，n 位置，最后回到零位。

分别求出往测、返测各受检点读数 α_i（见表9-9）。若归零差在限差范围内，以 a_i 对应齿盘标准角值 $\alpha_{标}$ 的差值为 ψ_i。各受检点的分度误差 ψ_i 按下式求得：

$$\psi_i = \alpha_i - \alpha_{标} \tag{9-20}$$

表 9-9　多齿分度台法测回数及各测回受检点数

仪器型号	Ⅰ	Ⅱ	Ⅲ、Ⅳ
测回数	2	2	1
受检点数	23	12	12

一测回水平方向标准偏差按下式求得，其结果应符合电子测角系统计量性能要求表 9-7 中第 11 项的要求。

$$u = \sqrt{\frac{\sum_{i=1}^{m}\sum_{j=1}^{n}\phi_{ij}^{2}}{m(n-1)}} \tag{9-21}$$

式中　ϕ_{ij}——方向误差；

m——测回数；

n——受检点数。

$$\phi_{ij} = \psi_{ij} - \frac{1}{n}\sum_{i=1}^{n}\psi_{ij} \tag{9-22}$$

（十三）一测回竖直角测角标准偏差

采用标准竖直角法的装置如图 9-34 所示，分别在 1、2、3、4、5 各点各设置平行光管一个。

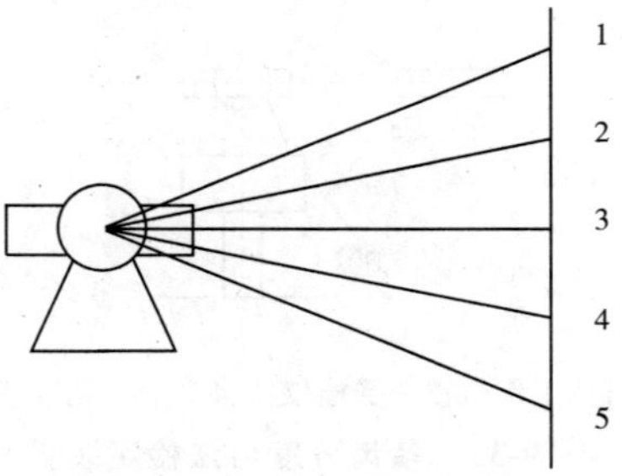

图 9-34　标准竖直角法

检定时，将仪器安置在升降工作台上，并调整到工作状态，以盘左位置自上而下依次照准 5 个目标，并读记观测数据，每个目标读数两次，取平均值。用同样方法在盘右自下而上依次照准目标，并读记观测结果，然后取盘左、盘右平均值减去水平方向值，即得竖角观测值，此为一测回，共测 4 测回，最后求得一测回竖直角标准偏差，其结果应符合电子测角系统计量性能要求表 9-7 中第 12 项的要求。

计算公式为

$$u_i = \sqrt{\frac{\sum_{i=1}^{m}\sum_{j=1}^{n}\phi_{ij}^{2}}{m(n-1)}} \tag{9-23}$$

式中　ϕ_{ij}——观测值与已知值之差；

m——测回数；

n——标准竖直角的个数。

五、数据采集与通信系统的检定

数据采集与通信系统的检定包括通信接口的检测和存储卡的检测。即检查内存中的文件状态，检查储存数据的个数和剩余空间；查阅记录的数据；对文件进行编辑、输入和删除功能的检查；数据通信接口、数据通信专用电缆的检查等。

第四节　部分常用全站仪的电子校正方法

一、南方 WINCE 系列全站仪电子校正

（一）管水准器

1. 检验

（1）松开水平制动螺旋，转动仪器使管水准器平行于某一对脚螺旋 A、B 的连线，再旋转脚螺旋 A、B，使管水准器气泡居中（见图 9-35）。

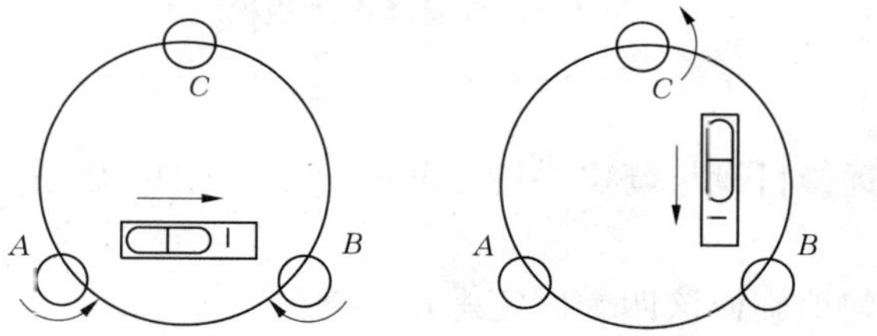

图 9-35　管水准器检验

（2）将仪器绕竖轴旋转 90°，再旋转另一个脚螺旋 C，使管水准器气泡居中。

（3）再次旋转仪器 90°，重复步骤（1）、（2），直到四个位置上气泡居中。

2. 校正

（1）检验时，若管水准器的气泡偏离了中心，先用与管水准器平行的脚螺旋进行调整，使气泡向中心移近一半的偏离量。剩余一半的偏离量用校正针转动水准器校正螺丝（在水准器右边）进行调整至气泡居中。

（2）将仪器旋转 180°，检查气泡是否居中。如果气泡仍不居中，重复步骤（1），直至气泡居中。

（3）将仪器旋转 90°，用第三个脚螺旋调整气泡居中。重复检验与校正步骤直至照准部转至任何方向气泡均居中。

（二）圆水准器

1. 检验

长水准器检校正确后，若圆水准器气泡亦居中则不必校正。

2. 校正

若气泡不居中，用校正针或内六角扳手调整气泡下方的校正螺丝使气泡居中。校正时，

应先松开气泡偏移方向对面的校正螺丝(1 个或 2 个),然后拧紧偏移方向的其余校正螺丝使气泡居中。气泡居中时,三个校正螺丝的紧固力均应一致。

(三)望远镜分划板

1. 检验

(1)整平仪器后在望远镜视线上选定一目标点 A,用分划板十字丝中心照准 A 并固定水平制动手轮和垂直制动手轮。

(2)转动望远镜垂直微动手轮,使 A 点移动至视场的边沿(A'点)。

(3)若 A 点沿十字丝的竖丝移动,即 A'点仍在竖丝之内,则十字丝不倾斜不必校正。如图 9-36 所示,A'点偏离竖丝中心,则十字丝倾斜,需对分划板进行校正。

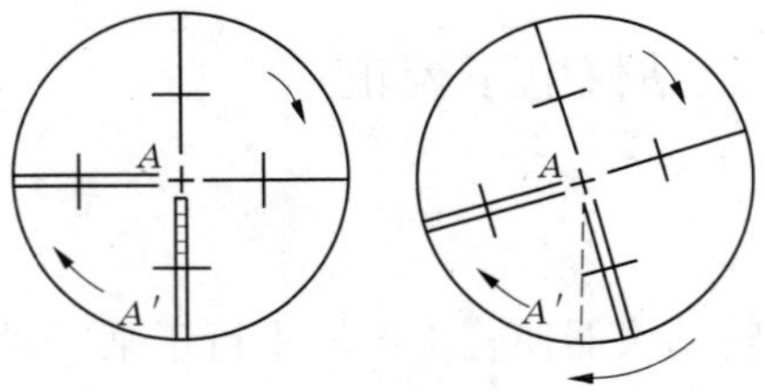

图 9-36 望远镜分划板检验

2. 校正

(1)取下位于望远镜目镜与调焦手轮之间的分划板座护盖,便看见四个分划板座固定螺丝(见图 9-37)。

(2)用螺丝刀均匀地旋松该四个固定螺丝,绕视准轴旋转分划板座,使 A'点落在竖丝的位置上。

(3)均匀地旋紧固定螺丝,再用上述方法检验校正结果。

(4)将护盖安装回原位。

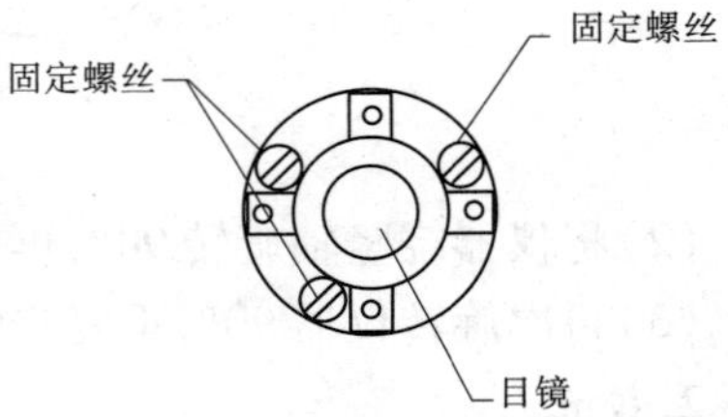

图 9-37 望远镜分划板座固定螺丝

(四)视准轴与横轴的垂直度(2C)

1. 检验

(1)距离仪器大约 100 m 的远处设置目标 A,并使目标垂直角在 ±3°以内。精确整平仪器并打开电源。

(2)在盘左位置将望远镜照准目标 A,读取水平角。例:水平角 $L = 10°13'10''$。

(3)松开垂直制动手轮及水平制动手轮,转动望远镜,旋转照准部盘右照准同一点 A。照准前应旋紧水平制动手轮及垂直制动手轮,并读取水平角。例:水平角 $R = 190°13'40''$。

(4)$2C = L-(R \pm 180°) = -30'' \geq \pm 20''$,需校正。

2. 校正

1)视准轴与横轴的垂直度校正操作步骤

校正操作步骤见表 9-10。

表 9-10　视准轴与横轴的垂直度校正操作步骤

操作步骤	按键	显示
(1)整平仪器后,在 WIN 全站仪主菜单中单击[系统设置]	[系统设置]	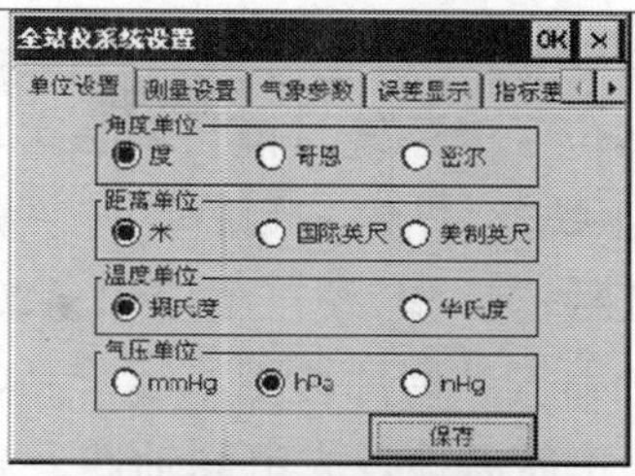
(2)在屏幕的菜单栏中单击,使之出现“视准差”,单击[视准差]。屏幕显示如右图所示	[视准差]	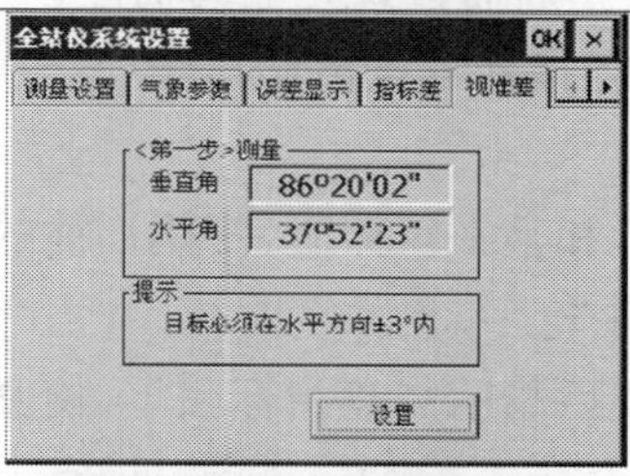
(3)在正镜(盘左)位置精确照准目标,单击[设置]或按[ENT]键	正镜照准棱镜 +[设置]	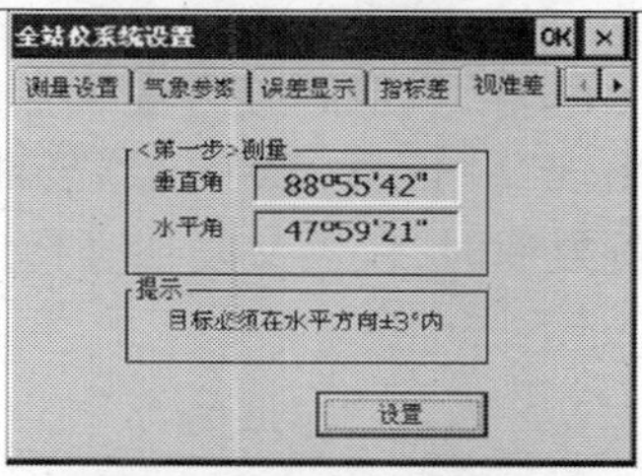
(4)旋转望远镜,在倒镜(盘右)位置精确照准同一目标,单击[设置]或按[ENT]键	倒镜照准棱镜 +[设置]	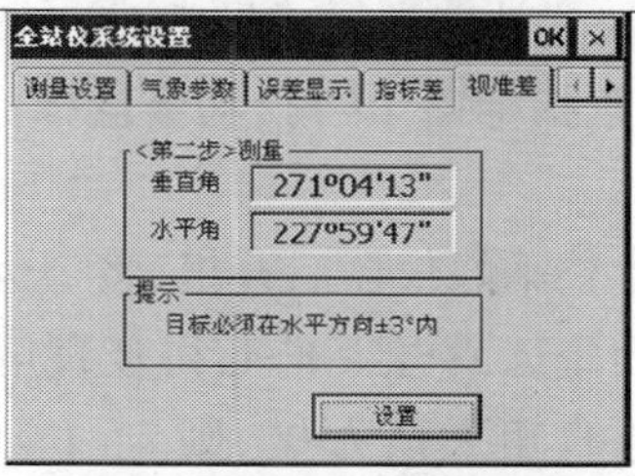
(5)设置完成,屏幕显示如右图所示,单击[设置]或按[ENT]键	[设置]	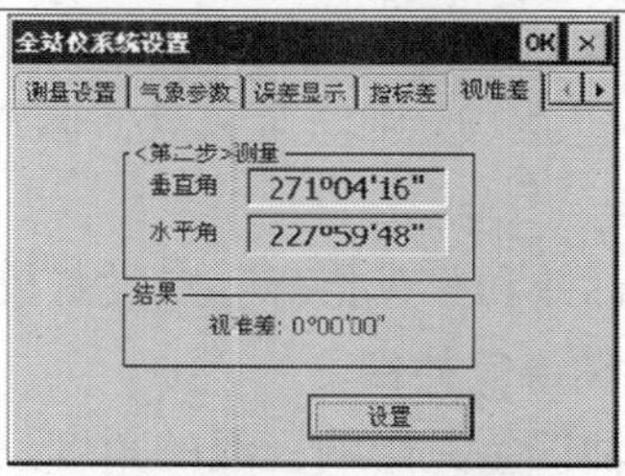
(6)单击[OK]完成指标差的校准	[OK]	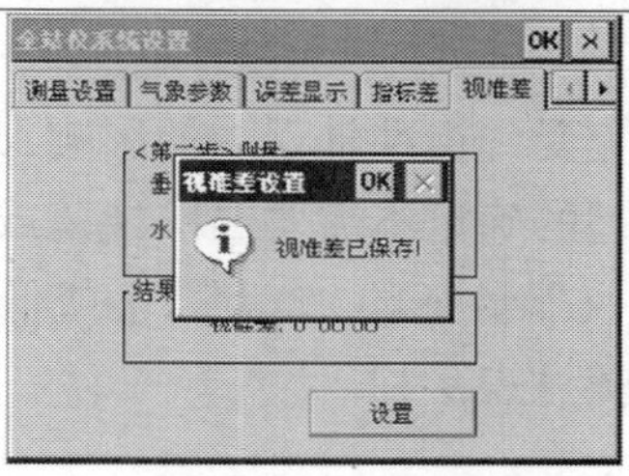

2）光学校正

（1）用水平微动手轮将水平角读数调整到消除 C 后的正确读数：$R+C=190°13'40''-15''=190°13'25''$。

（2）取下位于望远镜目镜与调焦手轮之间的分划板座护盖，调整分划板上水平左右两个十字丝校正螺丝，先松一侧后紧另一侧的螺丝，移动分划板使十字丝中心照准目标 A。

（3）重复检验步骤，校正至 $|2C|<20''$ 符合要求。

（4）将护盖安装回原位。

注意：校正后需检查光电同轴性。光学校正仅限专业维修人员使用。

（五）竖盘指标零点自动补偿

1.检验

（1）安置和整平仪器后，使望远镜的指向和仪器中心与任一脚螺旋 X 的连线相一致，旋紧水平制动手轮。

（2）开机后指示竖盘指标归零，旋紧垂直制动手轮，仪器显示当前望远镜指向的竖直角值。

（3）朝一个方向慢慢转动脚螺旋 X 至 10 mm 圆周距左右时，显示的竖直角由相应随着变化到消失出现"b"信息，表示仪器竖轴倾斜已大于 3′，超出竖盘补偿器的设计范围。当反向旋转脚螺旋复原时，仪器又复现竖直角，在临界位置可反复试验观其变化，表示竖盘补偿器工作正常。

2.校正

当发现仪器补偿失灵或异常时，应送厂检修。

（六）竖盘指标差（I 角）和竖盘指标零点设置

1.检验

（1）安置整平好仪器后开机，将望远镜照准任一清晰目标 A，得竖直角盘左读数 L。

（2）转动望远镜再照准 A，得竖直角盘右读数 R。

（3）若竖直角天顶为 0°，则 $i=(L+R-360°)/2$；若竖直角水平为 0°，则 $i=(L+R-180°)/2$ 或 $(L+R-540°)/2$。

（4）若 $|I|\geqslant 10''$，则需对竖盘指标零点重新设置。

2.校正

竖盘指标差和竖盘指标零点设置校正步骤见表 9-11。

（七）横轴误差补偿

由于横轴误差只影响视线的角度，只能通过观测明显低于或高于仪器高度的目标来确定。

若要避免受到视准轴误差的影响，必须在视准轴校准之前进行联合校正。

横轴误差的确定不需要瞄准棱镜或目标平面，因此可以在任何时间进行此项校正。选择一个距离仪器最远的、大大高于或低于仪器的可识别的点，确保可以准确地两次瞄准该点。操作步骤见表 9-12。

表 9-11　竖盘指标差和竖盘指标零点设置校正步骤

操作步骤	按键	显示
（1）整平仪器后，在 WIN 全站仪主菜单中单击［系统设置］	［系统设置］	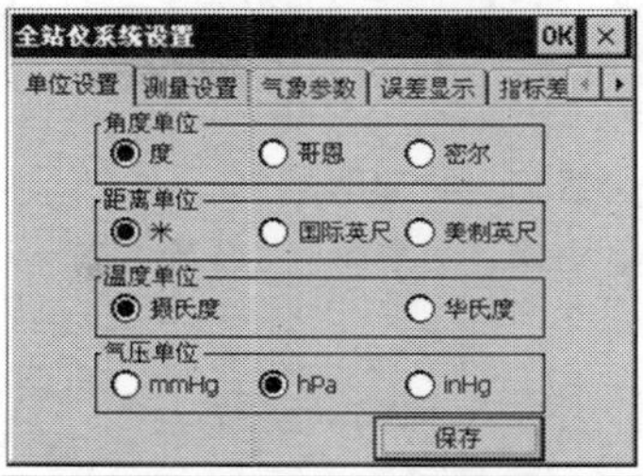
（2）在屏幕的菜单栏中单击［指标差］。屏幕显示如右图所示。在正镜（盘左）位置精确照准目标，单击［设置］或按［ENT］键	正镜照准目标＋［设置］	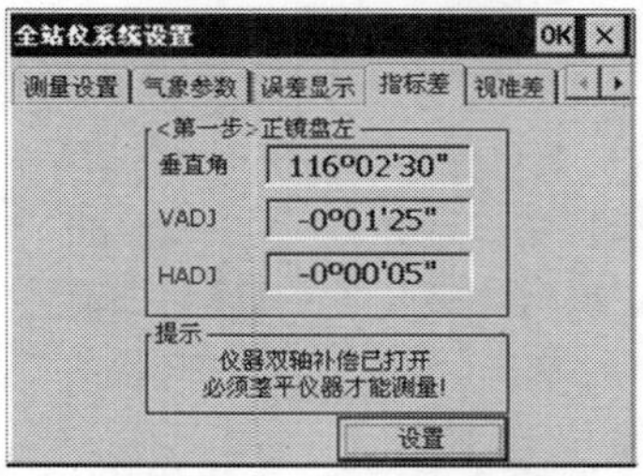
（3）旋转望远镜，在倒镜（盘右）位置精确照准同一目标，单击［设置］或按［ENT］键	倒镜照准目标＋［设置］	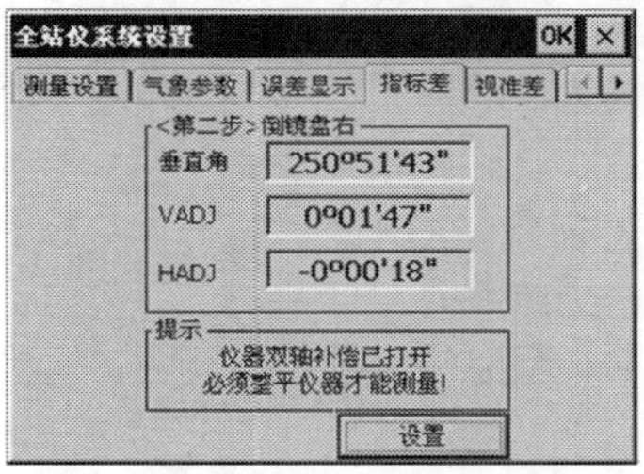
（4）设置完成，屏幕显示如右图所示。单击［设置］或按［ENT］键	［设置］	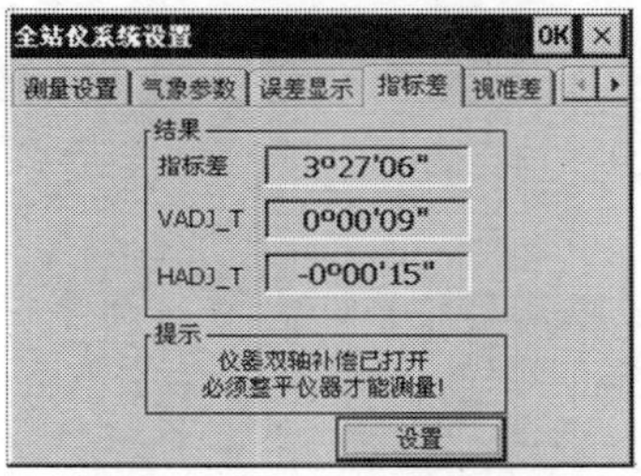
（5）单击［OK］完成指标差的校准	［OK］	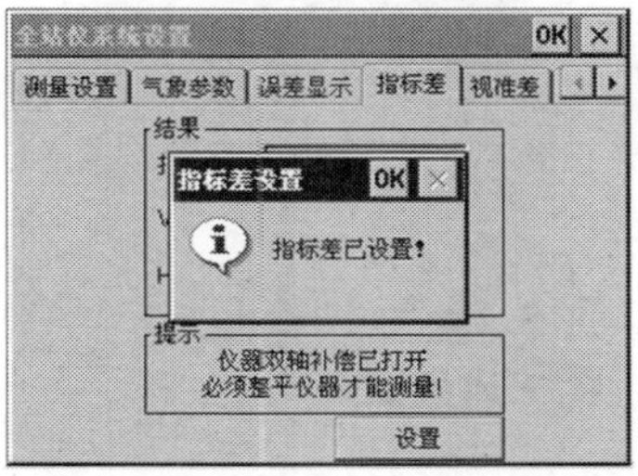

注：1. 重复检验步骤，重新测定指标差（*I* 角）。若指标差仍不符合要求，则应检查校正（指标零点设置）的三个步骤的操作是否有误，目标照准是否准确等，按要求再重新进行设置。

2. 经反复操作仍不符合要求时，应送厂检修。

3. 零点设置过程中所显示的竖直角是没有经过补偿和修正的值，只供设置中参考不能作其他用处。

表 9-12　横轴误差补偿的校正步骤

<table>
<tr><th>操作步骤</th><th>按键</th><th>显示</th></tr>
<tr><td>(1)整平仪器后，在 WIN 全站仪主菜单中单击[系统设置]</td><td>[系统设置]</td><td>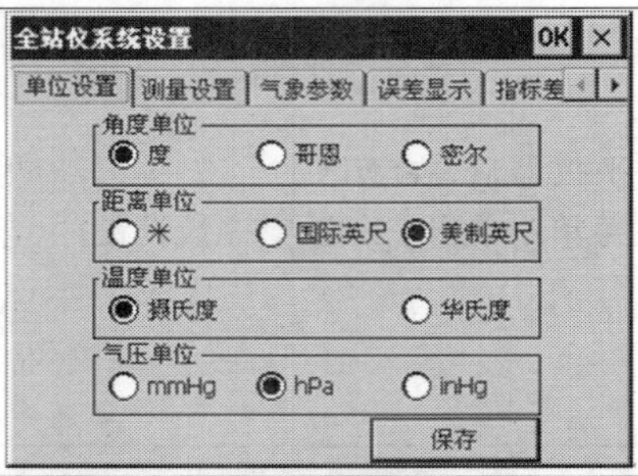
</td></tr>
<tr><td>(2)在屏幕的菜单栏中，单击[横轴差]。屏幕显示如右图所示。在正镜(盘左)位置精确照准目标，单击[设置]或按[ENT]键 10 次</td><td>正镜照准目标[设置]10 次</td><td>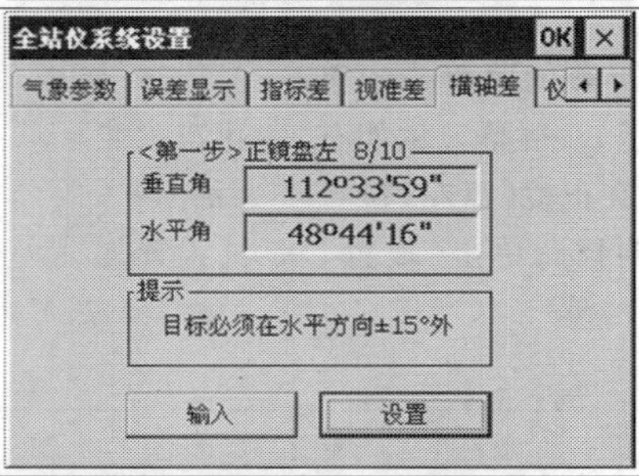
</td></tr>
<tr><td>(3)旋转望远镜，在倒镜(盘右)位置精确照准同一目标，单击[设置]或按[ENT]键 10 次</td><td>倒镜照准目标[设置]10 次</td><td>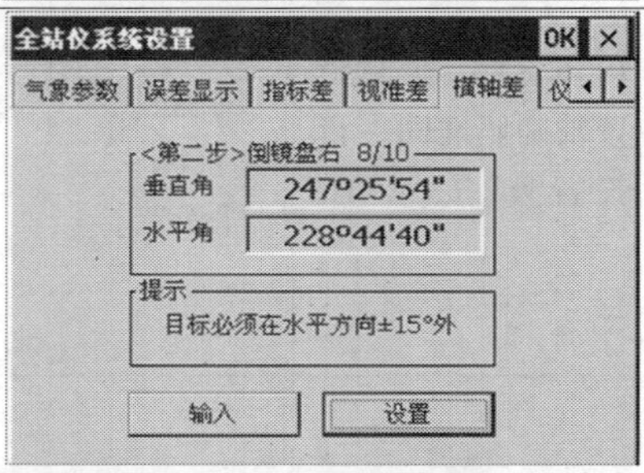
</td></tr>
<tr><td>(4)设置完成，屏幕显示如右图所示。单击[设置]或按[ENT]键</td><td>[设置]</td><td>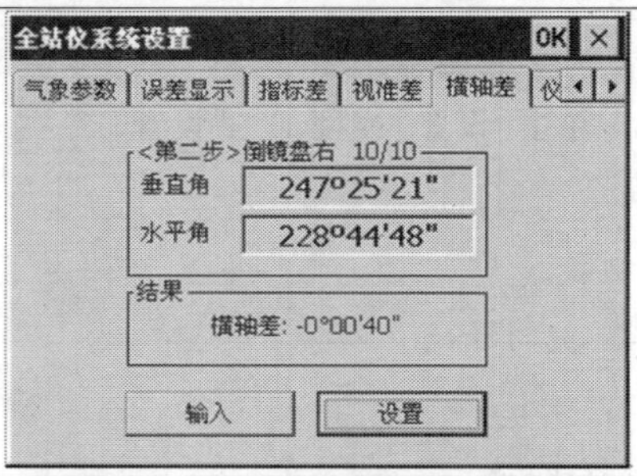
</td></tr>
<tr><td>(5)单击[OK]完成横轴差的校准</td><td>[OK]</td><td>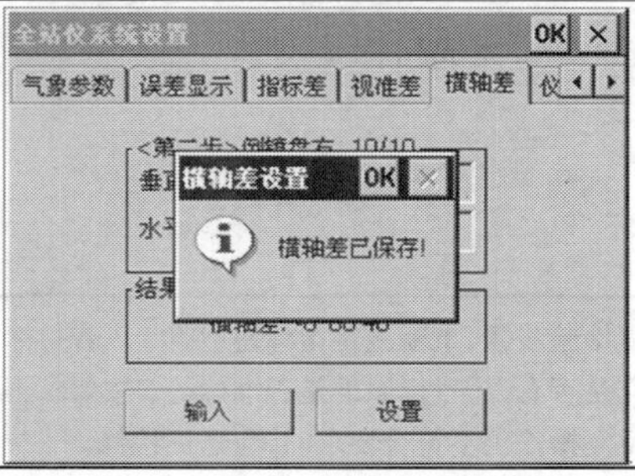
</td></tr>
</table>

（八）光学对中器

1. 检验

（1）将仪器安置到三脚架上，在一张白纸上画一个十字交叉并放在仪器正下方的地面上。

（2）调整好光学对中器的焦距后，移动白纸使十字交叉位于视场中心。

（3）转动脚螺旋，使对中器的中心标志与十字交叉点重合。

（4）旋转照准部，每转 90°，观察对中点的中心标志与十字交叉点的重合度。

（5）如果在照准部旋转过程中，光学对中器的中心标志一直与十字交叉点重合，则不必校正，否则需按下述方法进行校正。

2. 校正

（1）将光学对中器目镜与调焦手轮之间的改正螺丝护盖取下。

（2）固定好十字交叉白纸并在纸上标记出仪器每旋转 90°时对中器中心标志落点，如图 9-38 中 A、B、C、D 点。

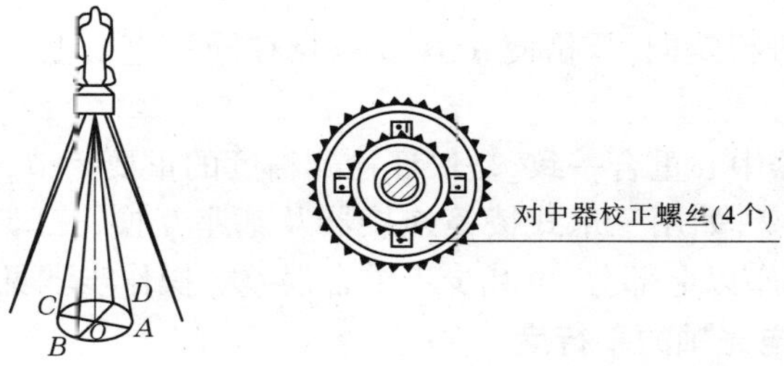

图 9-38　对中器中心标志落点

（3）用直线连接对角点 AC 和 BD，两直线交点为 O。

（4）用校正针调整对中器的 4 个校正螺丝，使对中器的中心标志与 O 点重合。

（5）重复步骤（4），检查校正至符合要求。

（6）将护盖安装回原位。

（九）仪器常数（K）

仪器常数在出厂时进行了检验，并在机内作了修正，使 $K=0$。仪器常数很少发生变化，但此项检验每年进行 1～2 次。此项检验适合在标准基线上进行，也可以按下述简便的方法进行。

1. 检验

（1）选一平坦场地在 A 点安置并整平仪器，用竖丝仔细在地面标定同一直线上间隔约 50 m 的 A、B 点和 B、C 点，并准确对中地安置反射棱镜（见图 9-39）。

（2）仪器设置了温度与气压数据后，精确测出 AB、AC 的平距。

（3）在 B 点安置仪器并准确对中，精确测出 BC 的平距。

（4）可以得出仪器测距常数：$K=AC-(AB+BC)$。

常数 K 值应接近或等于 0，若 $|K|>5$ mm，应送标准基线场进行严格的检验，然后依据检验值进行校正。

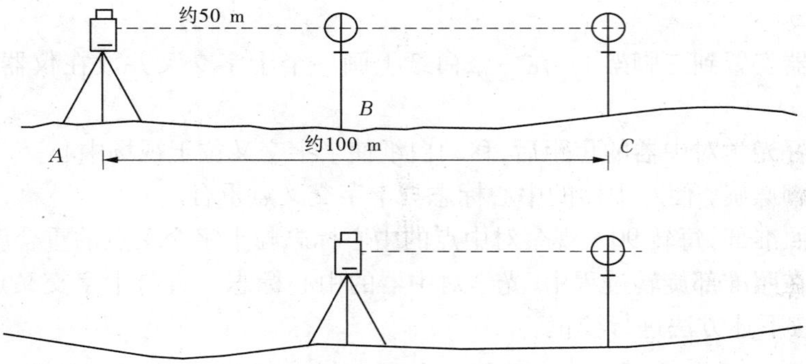

图 9-39　仪器常数检验

2. 校正

经严格检验证实仪器常数 K 不接近于 0，已发生变化，须进行校正，将仪器加常数按综合常数 K 值进行设置。

应使用仪器的竖丝进行定向，严格使 A、B、C 三点在同一直线上。B 点地面要有牢固清晰的对中标记。

B 点棱镜中心与仪器中心重合一致，是保证检测精度的重要环节，因此最好在 B 点用三脚架和两者能通用的基座，如用三爪式棱镜连接器及基座互换，三脚架和基座保持固定不动，仅换棱镜和仪器的基座以上部分，可减少不重合误差。操作步骤见表 9-13。

（十）视准轴与发射电光轴的平行度

1. 检验

（1）在距仪器 50 m 处安置反射棱镜。

（2）用望远镜十字丝精确照准反射棱镜中心。

（3）打开电源进入基本测量模式按［测距］进行距离测量，左右旋转水平微动手轮，上下旋转垂直微动手轮，进行电照准，通过测距光路畅通信息闪亮的左右和上下的区间，找到测距的发射电光轴的中心。

（4）检查望远镜十字丝中心与发射电光轴照准中心是否重合，如基本重合即可认为合格。

2. 校正

如望远镜十字丝中心与发射电光轴中心偏差很大，则须送专业修理部门校正。

（十一）无棱镜测距

与望远镜共轴的，用来进行无棱镜测距的红色激光束是由望远镜发出的。如果仪器已校准好，红色激光束将与视线重合。外部影响诸如震动、较大的气温变化等因素都可能使激光束与视线不重合。

精密测距前，应检查激光束的方向同轴性有无偏移，否则可能导致测距不准。

把随仪器提供的反射片灰色面朝向仪器，放在 5 m 和 20 m 处。启动激光功能。用望远镜十字丝中心瞄准反射片中心，然后检查红色激光点的位置。一般来说，望远镜有特殊的滤光器，人眼通过望远镜看不见激光点，可从望远镜上方或反射片侧面观察红色激光点与反射片十字中心的偏离程度。如果激光中心与十字中心重合，说明调整到了所需精度。如果点的位置与十字标记偏离超过限制，则需送专业维修部门调整。

表 9-13　仪器常数校正操作步骤

操作步骤	按键	显示
（1）在［系统设置］菜单栏中，单击［仪器常数］。屏幕显示当前的仪器常数及乘常数	［仪器常数］	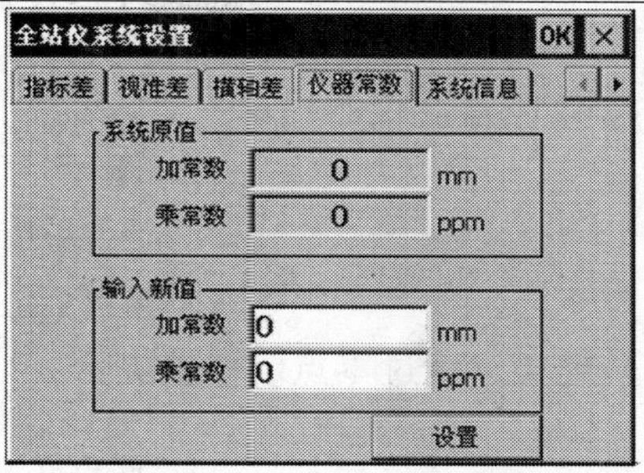
（2）在［输入新值］栏输入新的仪器常数，需要时可输入乘常数。单击［设置］或按［ENT］键	输入仪器常数＋［设置］	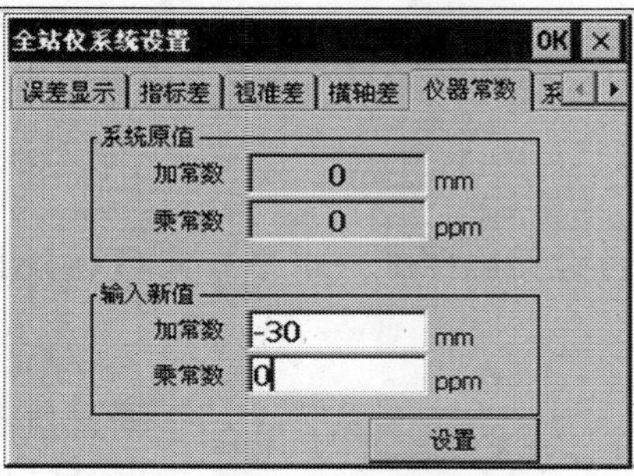
（3）单击［OK］完成	［OK］	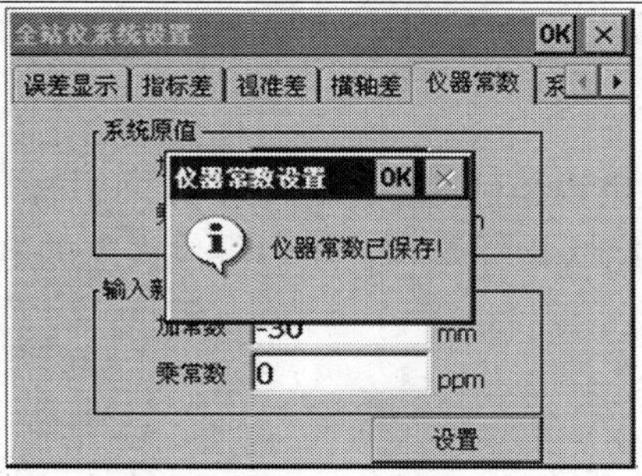

如果激光点把反射面照得太亮，可用白色面代替灰色面来检查。

（十二）基座脚螺旋

如果脚螺旋出现松动现象，可以调整基座上脚螺旋调整用的 2 个校正螺丝，拧紧螺丝到合适的压紧力度。

二、南方 NTS－350 系列全站仪电子校正

NTS－350 包含 NTS－352、NTS－355 和 NTS－355S 三个型号。按以下步骤一次性完成视准轴、指标差和补偿器零点误差的电子校正。

（1）整平仪器，按［F1］＋［POWER］键开机。仪器提示：

```
校正模式
F1:垂直角零基准
F2:仪器常数
```

(2)按[F1]键。仪器提示:

```
请将垂直角过零
```

(3)转动望远镜过零点。仪器提示:

```
垂直角零基准校正
<第一步>正镜 盘左
V:×°××′××″
                回车
```

(4)正镜精确照准一水平方向目标,稍等片刻待补偿器稳定后,按[F4](回车)。仪器提示:

```
垂直角零基准校正
<第二步>倒镜 盘右
V:×°××′××″
                回车
```

(5)倒镜精确照准同一水平方向目标,稍等片刻待补偿器稳定后,按[F4](回车)。即完成视准轴、指标差和补偿器零位误差的电子校正。然后,显示退回正常测量界面。

```
V:×°××′××″
HAR:×°××′××″
置零 锁角 置角 P1
```

三、TOPCON GTS-330N 系列全站仪电子校正

TOPCON GTS-330N 系列全站仪电子校正步骤如下:

(1)用长水准管整平仪器。

(2)按住[F1]+开机键。仪器提示:

```
校正模式          1/2
F1:竖角零基准
F2:仪器常数
F3:指标差/轴系差 P
↓
```

(3)按[F3]键。仪器提示:

指标差/轴系差 F1:误差测定 F2:误差显示

(4)按[F1]键。仪器提示:

指标差/轴系误码差校正

误差改正 (A)视准差 (B)水平轴误差

(5)正镜照准目标 A(盘左,视线倾角约为0°,在±3°以内)。仪器提示:

正镜 盘左	/0
V:89°55′50″	
高度角 ±0	
跳过	设置

(6)按[F4]键(设置键:可以得到1~10次观测的平均值)显示例子表示正镜观测5次。

(7)旋转望远镜至倒镜位置(盘右),照准目标 A。仪器提示:

倒镜 盘右	
5/5	
V:270°04′20″	
高度角 ±0	
跳过	设置

(8)按[F4]键(设置键)。观测次数和正镜(盘左)一致。

(9)自动显示系统误差项目名称。仪器提示:

(B)水平轴

(10)倒镜照准目标 B(盘右,视线倾角要在±10°之外)。仪器提示:

倒镜 盘右	/0
V:270°04′20″	
高度角 ±0	
	设置

(11)按[F4]键(设置键)。

(12)旋转望远镜到正镜位置(盘左),照准目标 B。仪器提示:

正镜　盘左
5/5
V:89°55′50″
高度角 ±0
跳过　　　设置

(13)按[F4]键(设置键)。观测次数和倒镜(盘右)一致。然后显示返回到主菜单。仪器提示:

完成

四、TOPCON GTS-9000A 系列全站仪电子校正

自动跟踪脉冲全站仪 TOPCON GTS-9000A 系列包括 GTS-9001A、GTS-9003A、GTS-9005A 三个型号。

TOPCON GTS-9000A 系列全站仪电子校正步骤如下:

(1)利用长水准管精确整平仪器。

(2)在常规测量的主菜单界面,按[检校]键,进入“检校模式”。仪器提示:

[检校模式]
V 角零点调整
仪器常数
三轴补偿
EDM 检查
轴系校正
自检
[退出]

(3)按[三轴补偿]键。

(4)在[三轴补偿]界面,按[检校]键。仪器提示:

[检校模式]
[三轴补偿]
检校
常数显示
[退出]

(5)盘左(正镜)照准 A 点(水平视线:±3°以内),按[设置]键 10 次。仪器提示:

L(正镜)　　　1/10 V:89°38′59″ 水平 0 附近 跳过　设置　退出

(6)同理,盘右(倒镜)照准 A 点(水平视线:±3°以内),按[设置]键 10 次。仪器提示:

R(倒镜)　　　1/10 V:270°20′51″ 水平 10 或更多 设置　　退出

(7)盘右(倒镜)照准 B 点(水平视线:±10°以上),按[设置]键 10 次。仪器提示:

R(倒镜)　　　1/10 V:283°40′05″ 水平 10 或更多 设置　　退出

(8)再盘左(正镜)照准 B 点,按[设置]键 10 次。仪器提示:

L(正镜)　　　1/10 V:76°19′52″ 水平 10 或更多 设置　退出

(9)屏幕显示正在观测的次数。程序返回到"三轴补偿"界面。

五、LEICA TPS400 系列全站仪电子校正

LEICA TPS400 系列全站仪电子校正步骤如下:

(1)用电子水准器精确整平仪器。

(2)按[菜单]键进入菜单第二页误差校准。仪器提示:

F1 视准差 F2 指标差 F3 查看改正值

(3)正镜瞄准大约 100 m 处的目标，垂直角应小于 5°。

(4)按[测量]键启动测量。

(5)倒镜再瞄准目标。

(6)按[测量]键启动测量。

(7)显示新的和旧的结果。[确认]键:新值替代旧值。[退出]键:退出并不保存新值。

(8)指标差步骤相同。

六、NIKON DTM－500 系列全站仪电子校正

NIKON DTM－500 系列全站仪电子校正步骤如下：

(1)精确整平仪器。

(2)在离水平面的角度 45°内，盘左瞄准某一目标 P，读垂直角 V_L。

(3)盘右读垂直角 V_R。

(4)若垂直角位于"ZENITH"，$V_R + V_L = 360°$或是垂直角置于"Horizon"，$V_R + V_L = 180°$或 540°时，都不用校正。允许误差为 ±20″，超限需校正。

(5)校正按下[MENU]键，选择弹出界面上的数字"7"，进入检核屏幕。

(6)DTM－352 型全站仪的双轴补偿设定。用盘左对水平方向的目标进行一次测量，屏幕显示转向[F2]，照准同一目标测量。

(7)观测完毕按[OK]键。

七、SOKKIA 10 系列全站仪电子校正

(一)倾斜传感器零点误差检校

当仪器精确整平后，倾角的显示值应接近于 0，否则存在倾斜传感器零点误差，会对测量结果造成影响。

(1)照准部水准器检校后，精确整平仪器。

(2)将水平方向值置零。在测量模式第一页菜单下按两次[置零]键将水平方向值置零。

(3)进入 <配置> 屏幕。

在设置模式下选取"仪器常数"显示 X 方向和 Y 方向上的当前测量值。

选取"倾斜 XY"后按{ ↵ }显示 X 方向和 Y 方向上的倾角值(见图 9-40)。

(4)稍候片刻等显示稳定后读取自动补偿倾角值 X_1 和 Y_1。

(5)松开水平制动将照准部转动 180°，再旋紧水平制动。

(6)稍后片刻等显示稳定后读取自动补偿倾角值 X_2 和 Y_2。

(7)用下面公式计算倾斜传感器的零点偏差值

$$X\text{ 方向偏差} = (X_1 + X_2)/2$$
$$Y\text{ 方向偏差} = (Y_1 + Y_2)/2$$

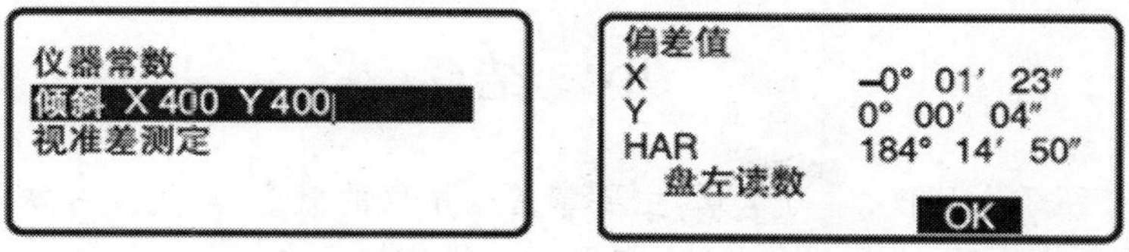

图 9-40 X 方向和 Y 方向上的倾角值

(8)若计算所得偏差值均在 ±20″以内,则不需校正,否则按下述步骤进行校正。

(9)按[OK]键存储 X_2 值和 Y_2 值并将水平角值置零,屏幕显示“盘右读数”。

(10)松开水平制动钮,根据显示的水平值转动照准部 180°,再旋紧水平制动钮。

(11)稍后片刻等显示稳定后按[YES]键存储 X_1 值和 Y_1 值(见图 9-41)。屏幕显示出 X 方向和 Y 方向上原改正值和新改正值。

(12)确认所显示改正值是否在校正范围内。若 X 值和 Y 值均在 400 ±20 校正范围内,[NO]键对原改正值进行更新后返回 <仪器常数> 屏幕,执行步骤(12)。

(13)在 <仪器常数> 屏幕下按{↵}。

(14)稍候片刻等显示稳定后读取自动补偿倾角值 X_3 和 Y_3。

(15)松开水平制动钮,根据显示的水平值转动照准部 180°,再旋紧水平制动钮。

图 9-41 存储 X_1 值和 Y_1 值

(16)稍候片刻等显示稳定后读取自动补偿倾角值 X_4 和 Y_4。

(17)用下面公式计算倾斜传感器的零点偏差值:

$$X\text{方向偏差} = (X_3 + X_4)/2$$

$$Y\text{方向偏差} = (Y_3 + Y_4)/2$$

若计算所得偏差值均在 ±20″以内,说明倾斜传感器的零点偏差已校正好,按【ESC】键返回 <仪器常数> 屏幕。若计算所得偏差值的任一值超出,则需按前述步骤重新检校。

(二)视准差检测

通过盘左盘右观测可以测定仪器的视准差,以便仪器对在单盘位下获得的观测值进行视准差改正。

(1)在设置模式下选取“仪器常数”后再选取“视准差测定”,进入 <视准差测定> 屏幕。

(2)纵转望远镜设置垂直度盘指标。

(3)盘左精确照准一参考点后按[OK]键。

(4)旋转照准部 180°,盘右精确照准同一参考点后按[OK]键(见图 9-42)。

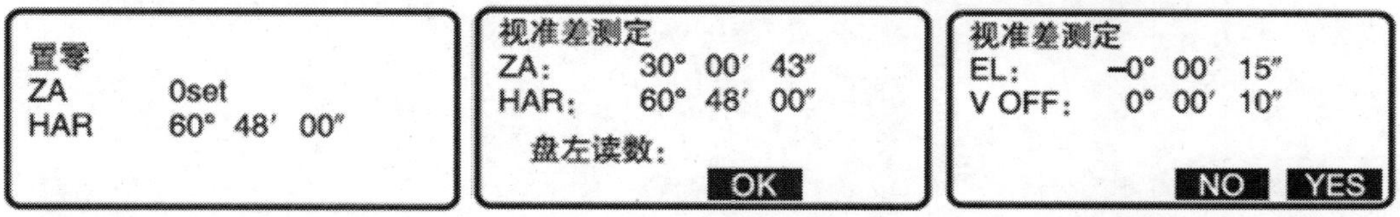

图 9-42 视准差检测

(5)按[YES]键设置视准差改正数。

小　结

本章着重介绍了全站仪,学习本章,主要掌握全站仪的概念、应用及基本组成,全站仪的测量原理,全站仪的使用,全站仪的检定,常用全站仪的校正方法。

习　题

1. 什么是全站仪?全站仪的应用有哪些?
2. 全站仪由哪些部分组成?各部分的作用是什么?
3. 全站仪测角原理有哪几种?测距原理有哪几种?
4. 简述全站仪的电子补偿原理及检校方法。
5. 全站仪的模式一般有哪几种?
6. 简述全站仪的基本功能。
7. 简述全站仪三维坐标测量的基本步骤。
8. 简述全站仪使用的注意事项。
9. 简述全站仪的综合检定内容。
10. 写出 1 ~ 2 种全站仪电子校正的具体操作步骤。

第十章　数字水准仪

第一节　概　述

一、发展概况

数字水准仪是20世纪90年代发展起来的现代测绘仪器，它集光机电、计算机和图像处理等高新技术为一体，是现代科技最新发展的结晶，代表了测绘仪器的发展方向之一。

要描述一个目标点的空间位置，必须给出该点三维坐标（x,y,z），其中（x,y）坐标可由方位角及距离给出；z 坐标可由三角高程测量、几何水准测量、GPS 高程测量和流体静力水准测量等方法进行确定。其中，几何水准测量精度最高，已经广泛地应用于生产实践中。

20世纪40年代，电磁波测距技术迅猛发展，距离测量完成了从钢尺量距等人工测量手段到自动化电子测距的转变。20世纪60年代出现的电子测角技术，使角度测量完成了从光学仪器到电子仪器的转变。在距离测量和角度测量中，待测量和测量仪器在空间上可以认为是一体的，测量仪器的读出值就是待测量，其自动化过程就是实现读数自动化。然而到20世纪80年代末，精密水准测量还在使用传统的光学仪器。这是由于水准仪和水准标尺不仅在空间上是分离的，而且两者的距离可以从1 m多变化到100 m，水准仪的读出值并非待测量，因此在技术上引起了实现数字化读数的困难。

为实现水准仪读数的数字化，人们进行了各种尝试。最早进行数字水准仪测量原理研究的是Zetsche，1966年他在博士论文中提出了一种数字水准仪的方案：第一步将按一定规律编码的水准尺的标尺图像依一定比例缩小并刻划在水准仪的分划板上；第二步将水准尺的成像与分划板上的图像进行比较从而获得水准仪视准轴的读数。对于不同视距，Zetsche采用一种特殊物镜系统，用于补偿调焦变化引起的标尺图像大小的变化。但由于当时缺乏合适的电子器件，这种方案没有得到进一步发展。

德国蔡司公司采用了另外一种自动化读数方式，他们在RENI002A精密光学水准仪上安装线阵CCD传感器，用于取代原光学测微器，从而实现测微器读数的自动化。在人工读出标尺的粗读数后，可以将精、粗读数一并存入仪器的存储器。但由于这种水准仪还需要输入标尺的粗读数，没有实现真正的自动化读数。

1990年3月，瑞士徕卡（LEICA）公司推出了世界上第一台数字水准仪NA 2000，它是由Gachter，Muller等组成的研究组研制成功的。他们在NA 2000上首次采用图像处理技术来处理标尺的影像，并以行阵传感器取代测量员的肉眼进行读数。这种传感器可以识别水准标尺上的条码分划，并用相关技术处理仪器的测量信号，自动显示与记录视线高读数和视距，从而实现观测自动化，攻克了大地测量仪器中水准仪数字化读数的最后一道难关。

应该说，从1990年起，大地测量仪器已经完成了从精密光机仪器向光机电测一体化的高技术产品的过渡。由于数字水准仪测量速度快、读数不受人工干扰、能够大大减轻作业人员的工作强度和作业人员的数量，又具有测量精度高、可以自动测量、自动存储和处理测量数据等显著优点，因此数字水准仪代表了水准仪的发展方向，是现代化和信息化测量最有力的助手，成为测绘仪器生产厂家竞相开发的高科技产品。

到 1994 年，德国蔡司公司、日本拓普康公司也相继研制成功了拥有自主知识产权的数字水准仪产品。1998 年，日本索佳公司也开发了拥有自主知识产权的数字水准仪，这样就形成了目前测绘仪器市场上 4 种数字水准仪（见图 10-1 ~ 图 10-4）的局面。

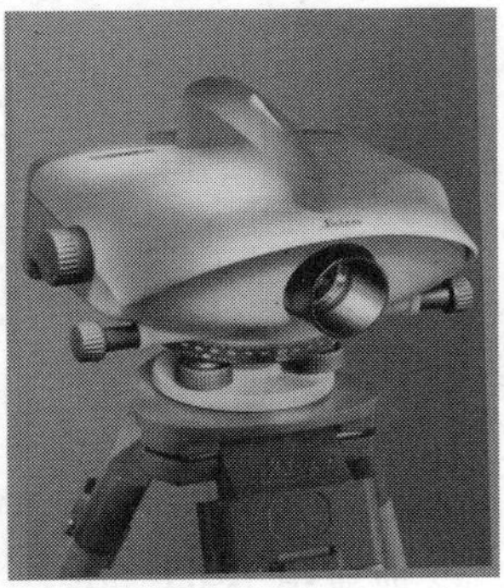

图 10-1　徕卡 DNA103

图 10-2　索佳 SDL30M

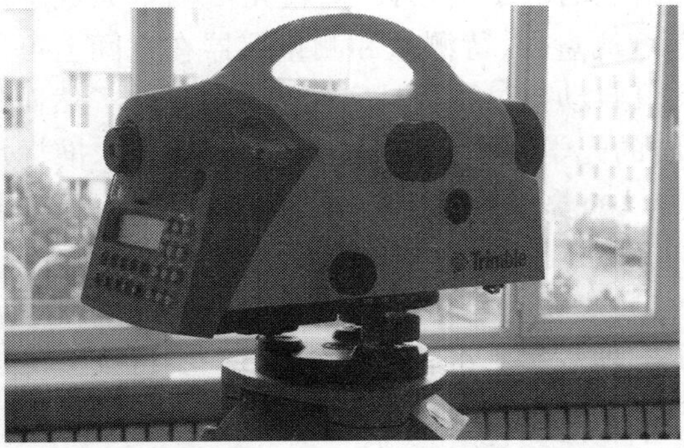

图 10-3　蔡司 DINI101

图 10-4　拓普康 DL102

当然，由于早期人们对数字水准仪的测量原理认识不足，在第一代数字水准仪测量系统中还存在许多缺陷。例如，需要借助于调焦镜位置传感器首先确定物像比，才能够确定视线高及视距；又如，有些仪器在某些视距处，视线高测量值中存在明显的周期误差。

通过近 20 年的研究，人们对数字水准仪测量原理及各项误差的研究已经相当深入，仪器生产厂家依据这些研究结果不断改进了产品的质量，使数字水准仪的质量大大提高。数字水准仪现已发展到了第二代，其精度已经达到了一、二等水准测量的精度要求。

二、基本部件

数字水准仪测量系统的测量原理如图 10-5 所示，它由条码尺和主机两部分构成。其中，条码尺是由宽度相等或不等的黑白（黄）条码按某种编码规则进行有序排列而成的，这些黑白条码不同的排列方法构成了目前各仪器生产厂家自主知识产权的核心；主机则是在自动安平水准仪的基础上发展起来的。数字水准仪主机结构原理如图 10-6 所示，它由望远镜物镜系统、补偿器、分光镜、目镜系统、CCD 传感器(或其他类型的光电传感器)、微处理器、键盘、数据处理软件等组成。

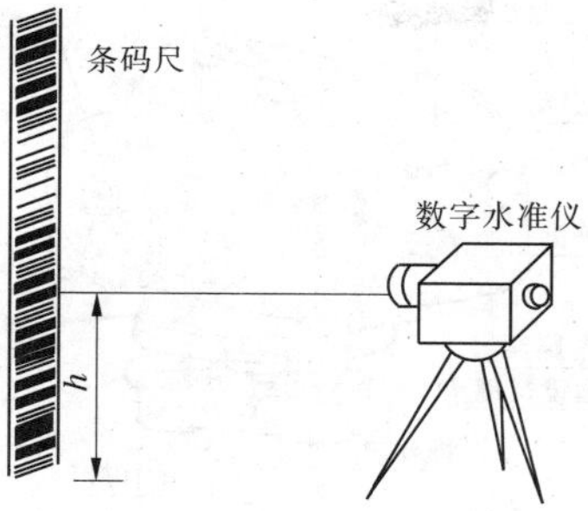

图 10-5　测量原理

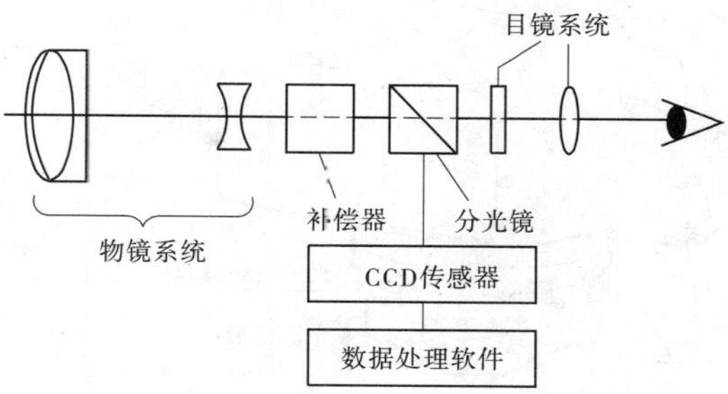

图 10-6　主机结构原理

虽然各厂家生产的数字水准仪采用的结构不完全相同,但是其基本工作原理相似:即标尺上的条码图案经过光反射,一部分光束直接成像在望远镜分划板上,供目视观测,另一部分光束通过分光镜被转折到线阵 CCD 传感器的像平面上;经光电转换、整形后再经过模数转换,输出的数字信号被送到微处理器进行处理和存储,并将其与仪器内存的标准码(参考信号)按一定方式进行比较,即可获得高度读数,如图 10-7 所示。

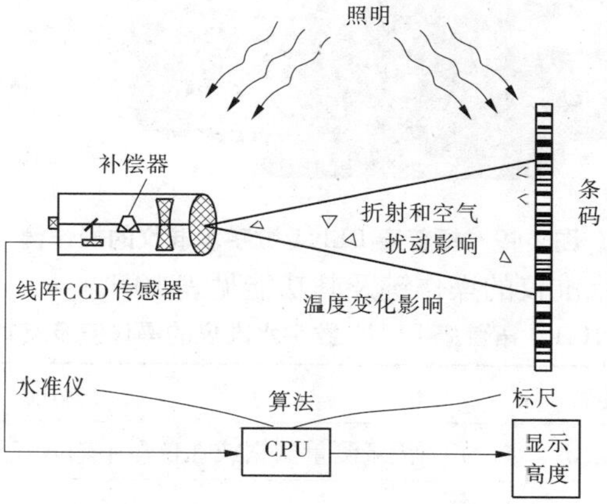

图 10-7　数字水准仪基本工作原理

在数字水准测量系统中,作为高程标准其使用的数字水准标尺的编码方式、读数原理对系统测量精度的影响是显而易见的。数字水准仪是在自动安平水准仪的基础上发展起来的。它采用条码标尺,各厂家标尺编码的条码图案不相同,不能互换使用。

当使用传统普通水准尺时,如果标尺的正反面分别刻划有传统分划线和条码,则该数字水准仪亦可作为普通光学水准仪使用;而对于精密水准尺,则需要采取特殊的编码原理并在黑条码的旁边注记数字,在数字水准仪上加载一台与黑条码中心间距相等的光学测微器,才能够将这种数字水准仪作为精密光学水准仪使用。这种既可作为数字水准仪又可作为光学水准仪的新仪器可以命名为数字/光学一体化水准仪。

下面对拓普康 DL111 数字水准仪进行简要介绍。

拓普康 DL111 数字水准仪的基本构造如图 10-8 所示。

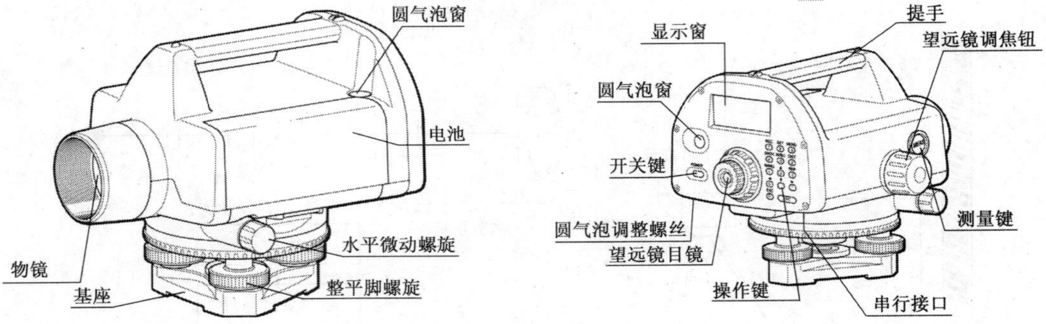

图 10-8　拓普康 DL111 数字水准仪的基本构造

拓普康 DL111 数字水准仪的操作键见图 10-9。

图 10-9　拓普康 DL111 数字水准仪的操作键

拓普康 DL111 数字水准仪的操作键及其功能见表 10-1。

表 10-1　拓普康 DL111 数字水准仪的操作键及其功能

键符	键名	功能
REC	记录键	记录测量数据或在仪器中输入显示的数据
SET	设置键	进入设置模式,用来设置测量模式、记录模式和其他参数
MENU	菜单键	进入菜单模式,菜单模式下有下列选择项:标准测量模式、水准线路测量模式、格式化内存/数据卡模式、校正模式和工具模式
SRCH	查询键	用来查询和显示记录的数据
IN/SO	中间点/放样模式键	在连续水准线路测量时,测中间点或放样
DIST	测距键	测量并显示距离
MANU	手工输入键	当不能用【MEAS】键进行测量时,可从键盘手工输入数据
▲▼	选择键	用来翻页菜单屏幕或数据显示屏幕

续表 10-1

键符	键名	功能
◀▶	数字移动键	当显示值超出屏幕范围时,可用来左右移动显示屏查看整个数据
REP	重复测量键	在连续水准线路测量时,可用来重测已测过的后视或前视
ESC/C	退出/清除键	用来退出菜单模式或任一设置模式,也可用做输入数据时的后退清除键
0~9	数字键	用来输入数字
●(▼)	数字、符号、字母输入键	在字母模式,可用来改变为数字、字母或符号的输入模式
—▶	标尺倒置模式	用来进行标尺倒置的输入,并应预先在设置模式下,将倒置标尺模式设置为"USE"
ENT	输入键	用来确认模式参数或输入显示的数据
MEAS	测量键	用来进行测量
POWER	电源开关键	仪器开机与关机

第二节　数字水准仪的测量原理及特点

一、测量原理

(一)数字水准仪自动读数的原理

数字水准仪自动读数的原理如图 10-10 所示。在数字水准仪测量系统中,当望远镜把标尺成像在其十字丝分划板上时,一组由光敏二极管组成的探测器阵列把条码图像转换成具有 256 位灰度值的模拟视频信号,对其整形放大和数字化后,形成的测量信号与仪器内存的标准信号进行比较,就可以实现自动读数。

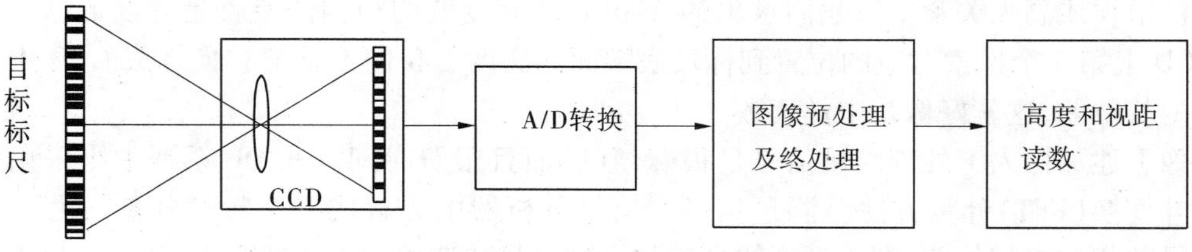

图 10-10　数字水准仪自动读数的原理

当前电子水准仪采用了原理上相差较大的三种自动电子读数方法:①相关法(徕卡 NA3002/3003);②几何法(蔡司 DiNi10/20);③相位法(拓普康 DL101C/102C)。

拓普康 DL 系列数字水准仪采用相位法标尺的条码像经望远镜、调焦镜、补偿器的光学零件和分光棱镜后,分成两路:一路成像在 CCD 线阵上,用于进行光电转换;另一路成像在十字丝分划板上,供目视观测。DL101 标尺上部分条码的图案,其中有三种不同的码条。R

表示参考码，其中有三条 2 mm 宽的黑色码条，每两条黑色码条之间是一条 1 mm 宽的黄色码条。以中间的黑码条的中心线为准，每隔 30 mm 就有一组 R 码条重复出现。在每组 R 码条左边 10 mm 处有一道黑色的 B 码条。在每组参考码 R 的右边 10 mm 处为一道黑色的 A 码条。读者不难发现，每组 R 码条两边的 A 码条和 B 码条的宽窄不相同，实际上 A 码条和 B 码条的宽度是在 0 ~ 10 mm 内变化的，这两种码包含了水准仪测量时的高度信息。仪器设计时有意安排了它们的宽度按正弦规律变化。其中，A 码条的周期为 600 mm，B 码条的周期为 570 mm。当然，R 码条组两边的黄码条宽度也是按正弦规律变化的，这样在标尺长度方向上就形成了亮暗强度按正弦规律周期变化的亮度波。条码的下面画出了波形。纵坐标表示黑条码的宽度，横坐标是标尺的长度。实线为 A 码的亮度波，虚线为 B 码的亮度波。由于 A 和 B 两条码变化的周期不同，也可以说 A 亮度波和 B 亮度波的波长不同，在标尺长度方向上的每一位置上两亮度波的相位差也不同。这种相位差就好像传统水准标尺上的分划，它可以标出标尺的长度。只要能测出标尺底部某处的相位差，也就知道该处到标尺底部的高度，因为相位差可以做到和标尺长度一一对应，即具有单值性。适当选择两亮度波的波长，在 DL101 中 A 码的周期为 600 mm，B 码的周期为 570 mm，它们的最小公倍数为 11 400 mm，因此在 3 m 长的标尺上不会有相同的相位差。为了确保标尺底端面，或者说相位差分划的端点相位差具有唯一性，A 码和 B 码的相位在此错过了 π/2。

当望远镜照准标尺后，标尺上某一段的条码就成像在线阵 CCD 上，黄条码使 CCD 产生光电流，随条码宽窄的改变，光电流强度也随之变化。将它进行模数转换（A/D）后，得到不同的灰度值。视距 P 在 Δ0. 6 m 时标尺上某小段成像到 CCD 上经 A/D 转换后，得到的不同灰度值（纵坐标），横坐标是 CCD 上像素的序号，当灰度值逐一输出时，横轴就代表时间了。横坐标标记的数字判断，仪器采用了 512 个像素的线阵 CCD。视距和视线高的信息的测量信号。

如何从上述测量信号中求出 A 和 B 两亮度波的相位差呢？下文用测量人员容易理解的方式来说明。设想纵坐标的灰度值就是表示亮度大小的十进位数字，而且横坐标尺寸已放大到和标尺尺寸一致。我们用一波长为 600 mm 的正弦曲线中的离散灰度值曲线拟合，就可得到 A 波的最大振幅和初相位。再用波长为 570 mm 的正弦曲线，就可得到 B 波的最大振幅和初相位。随着标尺上的照度不同，最大振幅在不同次数的测量中也不同，最大振幅对我们求视线高无关紧要。我们求出的 A 和 B 两亮度波的初相位差就是高度数据。这是与 CCD 上第一个像素对应的位置到标尺底端面的高度。我们不难把它换算成 CCD 中点像素上的相位差，这就好像是中丝读数。

像上述那样人工处理测量信号是很麻烦的，而且很费时间。在 DL 系列中则采用快速傅里叶变换（FFT）计算方法将测量信号在信号分析器中分解成三个频率分量。由 A 和 B 两信号的相位求相位差，即得到视线高读数。这只是初读数。因为视距不同时，标尺上的波长与测量信号波长的比例不同。虽然在同一视距上 A 和 B 的波长相同，可求出相位差或者视线高，但是可以想像其精度并不高。

R 码是为了提高读数精度和求视距设置的。设两组 R 码的间距为 P（30 mm），它在 CCD 行阵上成像所占的像素个数为 Z，像素宽为 D（25 μm），则 P 在 CCD 行阵上的成像长度为：$L = Z \cdot b$，Z 可由一信号分析中得出，b 是 CCD 光敏窗口的宽度，因此 L 和 P 都为已知数据。根据几何光学成像原理，可以像传统仪器用视距丝测量距离的视距测量原理一样求出视距：$D=P/(L \cdot f)$，式中 f 是望远镜物镜的焦距。同时，可以求出物像比 $A=P/L$，于是将测量信号放大到与标尺上的一样时，再进行相位测量，就可以精确得出相位差，即视线高。

数字水准仪的三种测量原理各有奥妙，三类仪器都经受了各种检验和实际测量的考验，能胜任精密水准测量作业。

（二）标尺编码规则

目前，四种数字水准仪都采用的是条码标尺，即用不同宽度的条码组合来表征标尺面的不同高度位置，但是其设计方法却不尽相同。

LEICA 数字水准仪的标尺条码采用的是一种非周期性的伪随机二进制代码，在全长为 3 037.5 mm的标尺上分布有 1 500 个宽度为 2.025 mm 的码元。在进行测量时，条码影像相对于仪器内存的参考条码会有一个相对位移，这个位移量就体现了仪器与标尺间的高差 h。

TOPCON 数字水准尺上有三种不同条码，一是参考码 R 码，它为三道等宽的黑色码条，以中间条码的中心线为基准，每隔 3 cm 就有一组 R 码。信息码 A 和 B 分别位于 R 码的两边，上边 10 mm 处为 A 码，下边 10 mm 处为 B 码。A 码和 B 码的码条宽度按正弦规律在 2～10 mm内改变，其信号波长分别为 330 mm 和 300 mm，在标尺底端条码的起始处，这两正弦信号有一个 $\pm\pi/2$ 的相位差，但是在标尺的不同部位相位差不同。上述三种条码相互嵌套在一起。对三组条码进行快速傅里叶变换后，可以获得在标尺某一部位的相位差。

ZEISS 数字水准标尺采用的是双相位码。标尺上每 20 mm 为一个测量单元间距，其中的条码组成一个码组。每个码组的边界处为黑白明暗过渡，其下边界到标尺底部的高度可以通过该码组的码词判读出来。这种双相位码在整个视场上的分布是最佳的，以便水准仪在一个 30 cm 的视场宽度内可以至少检测到 15 个黑白过渡值。

SOKKIA 的编码标尺采用的是随机双向码（RAB 码）。每六个码组成一个宽度变化的间隔，其中每个码元的宽度和 16 mm 的基码宽度存在某种对应关系，这种对应关系为 1 =4∶12，2 =6∶10，3 =8∶8，4 =10∶6，5 =12∶4。通过这种对应关系，每个码的码词便能被判读出来。

几种数字水准仪的条码图案如图 10-11 所示。

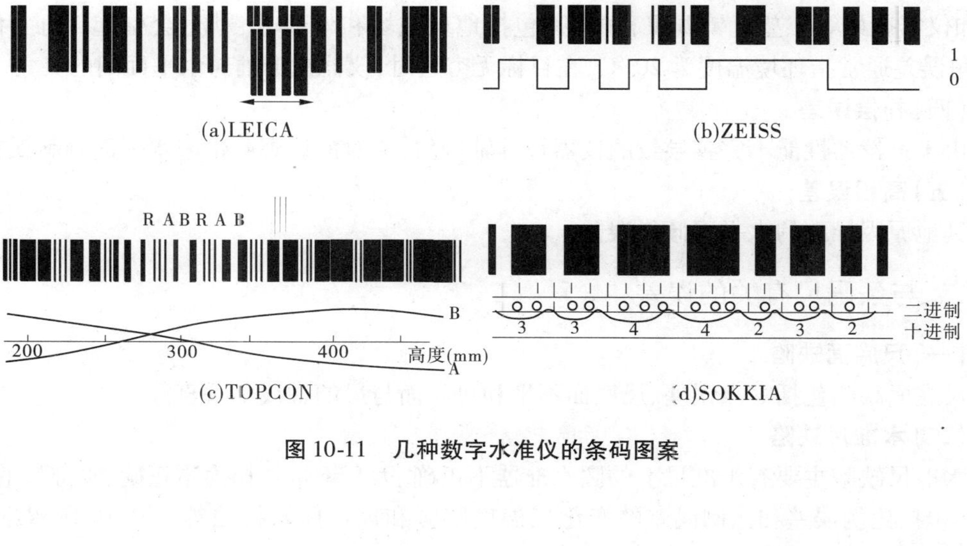

图 10-11　几种数字水准仪的条码图案

二、数字水准仪的特点

数字水准仪也称为电子水准仪,是以自动安平水准仪为基础,在望远镜光路中增加了分光镜和探测器(CCD),并采用条码标尺和图像处理电子系统构成的光机电测一体化的高科技产品。采用普通标尺时,又可像一般自动安平水准仪一样使用。它与传统仪器相比有以下共同特点:

(1)读数客观。不存在误差、误记问题,没有人为读数误差。

(2)精度高。视线高和视距读数都是采用大量条码分划图像经处理后取平均得出来的,因此削弱了标尺分划误差的影响。多数仪器都有进行多次读数取平均的功能,可以削弱外界条件的影响。不熟练的作业人员也能进行高精度测量。

(3)速度快。由于省去了报数、听记、现场计算的时间及人为出错的重测数量,测量时间与传统仪器相比可以节省1/3左右。

(4)效率高。只需调焦和按键就可以自动读数,减轻了劳动强度。视距还能自动记录、检核、处理并能输入电子计算机进行后处理,可实线内外业一体化。

第三节　数字水准仪的测量误差

一、与主机有关的误差

(一)圆水准器位置不正确

圆水准器位置不正确可引起水准仪竖轴倾斜,形成水平面倾斜误差。

(二)补偿器误差

补偿器误差分为补偿器安置误差和补偿器滞后误差。前者反映补偿器建立水平视线的重复精度,通常作为仪器出厂的重要技术指标。后者指补偿器的平衡位置和静止位置之差。

(三)视准轴误差(i角误差)

在数字水准仪上,i角误差分为光学i角误差和电子i角误差。由于环境温度、机械振动(如仪器搬站等)、望远镜调焦和磁场(包括地球磁场和外部电磁场)会引起i角变化,因此i角误差通常指环境温度为20 ℃,在目标无穷远时,仪器视准轴与水平面间的夹角。

(四)补偿误差

由于补偿器性能不完善导致的仪器视准轴倾斜,会对前后观测带来水平面倾斜误差。

(五)高程误差

其他原因导致的水平面倾斜误差。

二、与条码尺有关的误差

(一)尺底面缺陷

尺底面缺陷包括零点误差、尺底面不平和尺底面与尺的轴线不垂直等。

(二)水准尺缺陷

水准尺缺陷主要有水准尺上的圆水准器不正确、因瓦钢带的拉力不正确、水准尺的比例误差(包括比例误差和比例误差的变化)、温度膨胀和尺弯曲及扭曲等。其中,圆水准器不正确将引起水准尺的倾斜,导致较大系统误差。

(三)水准尺分划误差

水准尺分划误差包括单个条码线的分划误差和有缺陷条码线引起的分划误差。

(四)其他

其他包括普通水准尺的连接误差和因潮湿引起的膨胀。

三、与条码尺光电读数有关的误差

(一)最小读数及其进位误差

(略)

(二)读数误差

读数误差由测量信号遮挡、测尺照度不均匀、视线位于顶部或底部、调焦位置不正确、震动等外界因素和周期误差(包括周期误差随视距变化)等内在因素引起。国外对数字水准仪的研究结果表明,有些仪器读数存在周期误差,如 Wild NA2000 在视距 15 m 处存在峰值为 0.7 mm、波长为 2 mm 的周期误差。

(三)内符合精度

通常情况下,仪器的内符合精度与视距、层动、光强、对比度、调焦和气象条件等因素直接相关。

从上述分析可以看出,数字水准仪的误差构成较为复杂。对普通用户而言,只需检定主要项目。一般情况下,检定可以参照现行光学水准仪的检定方法进行。但对仪器 i 角和综合精度的检定则须采用专门的方法。

第四节　拓普康 DL 系列电子数字水准仪的检定

拓普康 DL 系列作为电子水准仪家族中的一员,以其高性能、低价格深受广大用户的欢迎。DL 系列造型美观、内置功能强、菜单功能丰富、操作界面友好,有各种信息提示,大大方便了实际操作。

一、主要特点

(1)在字母状态下,可输入数字、大小写字母及常用标点符号如"!"#% § $ '( ) * _ + @ < >"等。

(2)既可以进行自动测量(用条码标尺,目前可使用三种标尺:铝合金标尺 SA - 5M、玻璃纤维尺 SG - 3M 和铟钢尺 SI - 3/T 或 SI - 3),又可以进行人工读数(普通标尺)。

(3)有多次测量、自动求平均值、统计测量误差功能。

(4)有三种线路水准测量模式:后前前后、后后前前、后前。给定测量限差值,仪器可自动判断测量现差,超限时提示重测,能自动计算线路闭合差等。

(5)DL 系列有三种记录模式:RAM 方式,直接存在仪器内部 RAM 中(128 K),可存大约 2 400 组数据;RS - 232C 方式,可通过电缆将测量数据存到外接计算机或用户开发的电子手簿,进行联机实时测量;OFF 方式,测量结果只显示在仪器屏幕上,不进行存储。DL 系列主机内存可存储约 1 100 个点的数据,并在前一型号 DL 系列基础上增加了 PCMCIA 卡存储功能。目前,PCMCIA 卡的容量主要有 256 K、512 K、1 M。

(6)虽然仪器的显示屏较小,但保存在仪器内部的测量结果可在仪器上用 SRCH 键进行查阅。

(7)具有高程放样和测量水准支点的功能。

(8)当测量键不起作用时(如光线太暗、遮挡太多时),可输入人工测量的高程和平距读数,以使线路水准测量程序能继续进行。

(9)有倒置标尺功能,适用于天花板、地下水准测量。

(10)DL(C)系列具有独立的测距功能,可方便地用于前、后视距测量,精度为 1~5 cm。

(11)可用来概略测定水平角,精度为 1°或 0.9°。

(12)标尺为等间距分划,可以像检验普通水准标尺一样,检验它的分划误差。

(13)仪器有 i 角检验程序,在野外可方便地进行 i 角检验。

二、检测项目

(一)圆水准器的检校

圆水准器的检校参照普通水准仪。

(二)视准差的检校

(略)

三、数字水准仪视准差的检校

(一)方法 1

(1)两标尺相距约 50 m,在中间位置架设三脚架,在三脚架上安置仪器(见图 10-12);整平仪器。

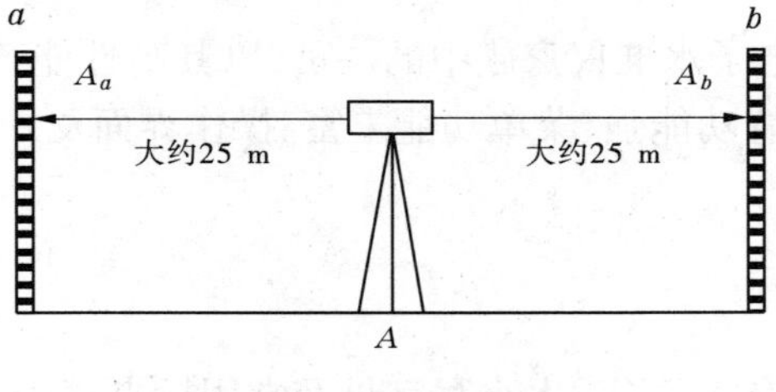

图 10-12 仪器架设示意图一

(2)在菜单屏幕"检校模式" 提示下按[ENT]键,选择方法 A。仪器显示:

主菜单 标准测量模式 线路测量模式 >检校模式

(3)输入作业号并按[ENT]键。仪器显示:

```
   检校模式
     作业？
   = >J01
```

(4)输入注记字 1 ~3 并按[ENT]键。仪器显示：

```
检校模式
  注记  1？
 = >
```

(5)瞄准 a 点的标尺并按[MEAS]键，这时，测量并显示 A_a。

```
  检校模式
    方法 A
  点:A 标尺:a
a <——A          b
```

```
  检校模式
    方法 A
  点:A 标尺:a
Aa 标尺:1.049 26 m
```

(6)瞄准 b 点的标尺并按[MEAS]键，这时，测量并显示 A_b。

```
  检校模式
   方法 A
  点:A 标尺:b
 a       A—— >b
```

```
  检校模式
   方法 A
  点:A 标尺:b
Ab 标尺:1.047 11 m
```

(7)将仪器移至 B 点，约距 a 点的标尺 3 m(见图 10-13)，然后整平仪器。

(8)瞄准 a 点的标尺并按[MEAS]键，这时，测量并显示 B_a。

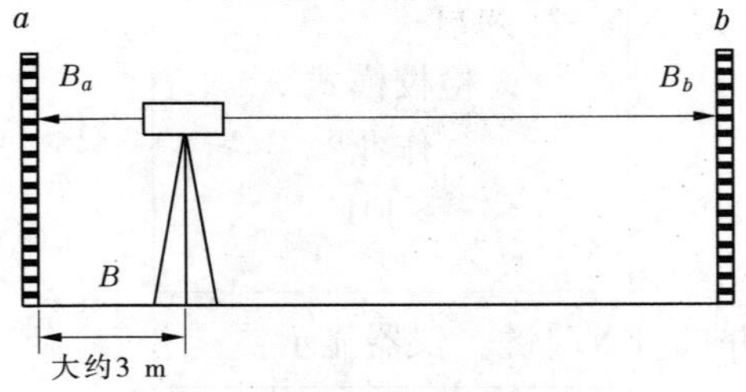

图 10-13　仪器架设示意图二

检校模式 方法 A 点:B 标尺:a a <——B　　　b

检校模式 方法 A 点:B 标尺:a Ba 标尺:1. 040 97 m

(9)瞄准 b 点的标尺并按[MEAS]键,这时,测量并显示 B_b。

检校模式 方法 A 点:B 标尺:b a　　　B——>b

检校模式 方法 A 点:B 标尺:b Bb 标尺:1. 039 74 m

然后显示改正值:

检校模式 标准值 +0. 007 12 m (+36. 6″) 存储:[ENT]否: [ESC]

(10)要继续校正,按[ENT]键。仪器显示:

检校模式
方法 A
十字丝检校?
是:[ENT]否:[ESC]

(11)按[ENT]键,显示 b 点的标尺读数。

检校模式
方法 A
十字丝检校
Bb 标尺:1. 046 86 m

(12)翻转 b 点的标尺,取下目镜盖,可看到十字丝调整螺丝(见图 10-14)。

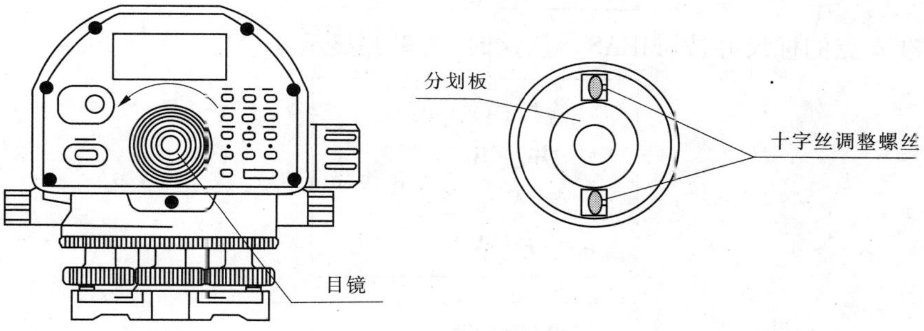

图 10-14　十字丝调整螺丝

(13)瞄准标尺人工读数,上下移动十字丝,直至水平视线与上述正确读数值一致。

(14)按[ENT]键,返回检校菜单。

(二)方法 2

(1)两标尺相距约 50 m,在中间位置架设三脚架,在三脚架上安置仪器(见图 10-15);整平仪器。

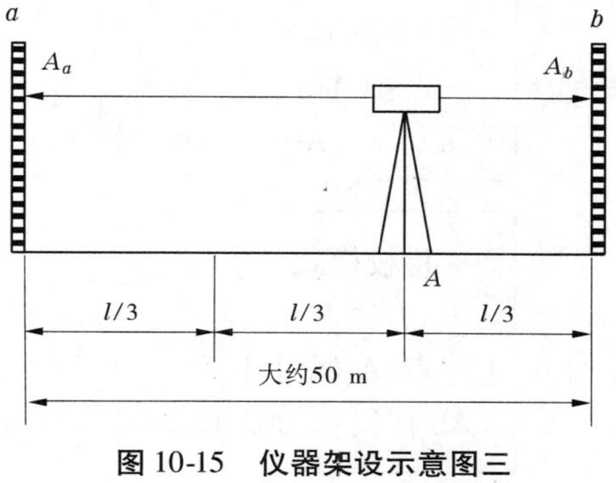

图 10-15　仪器架设示意图三

(2)在菜单屏幕“检校模式”提示下按[▼]键,选择方法 B。仪器显示:

```
检校模式
方法 A
>方法 B
```

(3)输入作业号并按[ENT]键。仪器显示:

```
检校模式
作业?
=>J01
```

(4)输入注记字 1~3 并按[ENT]键。仪器显示:

```
检校模式
注记  1?
=>
```

(5)瞄准 *a* 点的标尺并按[MEAS]键,这时,测量并显示 A_a。

```
检校模式
方法 B
点:A 标尺:a
a <——A          b
```

```
检校模式
方法 B
点:A 标尺:a
Aa 标尺:1.007 03 m
```

(6)瞄准 *b* 点的标尺并按[MEAS]键,这时,测量并显示 A_b。

```
检校模式
方法 B
点:A 标尺:b
a          A——>b
```

```
检校模式
方法 B
点:A 标尺:b
Ab 标尺:1.002 12 m
```

(7)将仪器移至 *B* 点,约距 *a* 点的标尺 16.5 m(见图 10-16),然后整平仪器。

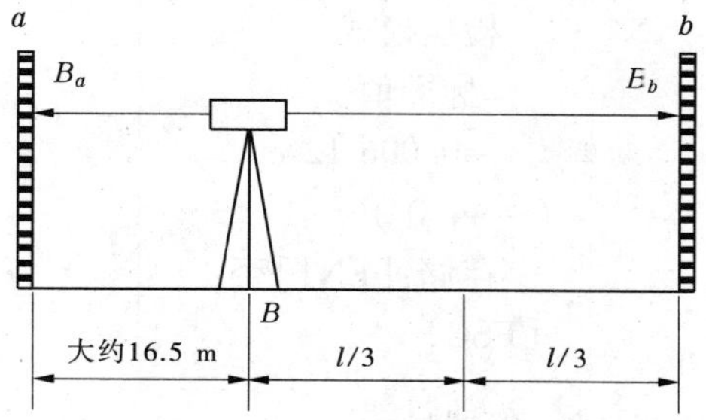

图 10-16　仪器架设示意图四

(8)瞄准 a 点的标尺并按[MEAS]键,这时,测量并显示 B_a。

检校模式
方法 B
点:B 标尺:a
a <——B　　　　b

检校模式
方法 B
点:B 标尺:a
Ba 标尺:1.000 69 m

(9)瞄准 b 点的标尺并按[MEAS]键,这时,测量并显示 B_b。

检校模式
方法 B
点:B 标尺:b
a　　　　B——>b

检校模式
方法 B
点:B 标尺:b
Bb 标尺:1.001 77 m

然后显示改正值:

检校模式
标准值
-0.006 12 m
(-44.0″)
存储:[ENT]否:
[ESC]

(10)要继续校正,按[ENT]键。仪器显示:

检校模式
方法 B
十字丝检校?
是:[ENT]否:
[ESC]

(11)按[ENT]键,显示 b 点的标尺读数。

检校模式
方法 B
十字丝检校
Bb 标尺:0.995 65 m

(12)翻转 b 点的标尺,取下目镜盖,可看到十字丝调整螺丝。

(13)瞄准标尺人工读数,上下移动十字丝,直至水平视线与上述正确读数值一致。

(14)按[ENT]键,返回检校菜单。

四、错误信息显示及改正措施

错误信息显示及改正措施见表 10-2。

表 10-2　错误信息显示及改正措施

显示	含义	措施
Already Exists	已存在同一作业名或组名	输入一个新作业名或组名
This job can not be continued	继续该作业会引起高程错误或不合法的格式数据	按[ESC]键返回菜单
Cannot copy jobs are as follows	在存储卡到存储卡之间进行不合法的复制; 在存储卡到内存的复制中,卡内有不合法数据或格式错误	确认数据正确
Cannot make group	存储卡已满	使用其他存储卡
Cannot read data	无法读取坐标	确认坐标文件在卡内

续表 10-2

显示	含义	措施
CF Card memory is used over 90%	数据存储区已被数据占用 90%	删除卡内不必要的作业
CF Card is full Card is broken Card is not ready Compe Error	卡存储器已满 卡存储器管理区有问题 数据卡未插入	使用其他存储卡 确认存储卡完好 插入数据卡
Collimate Error No Coordinate data	指定的坐标不存在	按[ESC]键,从头开始检校过程 确认坐标数据存在,再次设置
Dark Error	光线不足,无法读数	必须人工输入读数直到亮度改善
CCD Error CCD Offset Error	CCD 出错	关机后再开机
CPU Error	CPU 出错	关机后再开机
Measuring Error	测量错误: 水准尺没有正确地瞄准标尺; 仪器距标尺太远或太近; 标尺被遮挡 30% 以上; 十字丝不在标尺范围内	按[ESC]键重测: 照准标尺 仪器距标尺 2 ~ 100 m 范围内(玻璃钢尺) 移去障碍物 十字丝应在标尺范围内
Overrun Error	通信错误	按[ESC]键,检查水准仪或外设的通信参数设置
Framing Error	通信时没有检测到“停止位”	按[ESC]键,检查水准仪或外设的通信参数设置
Parity Error	通信时“奇偶位”不对	按[ESC]键,检查水准仪或外设的通信参数设置
ACK Petry Error	数据发送后,仪器试了 10 次都没有收到“ACK”	按[ESC]键,检查水准仪或外设的通信参数设置
RAM Error	仪器内部备用电池电平不足,内存出错	更换电池
G H Error	计算的高程超出范围	按[ESC]键返回到测量屏幕
No group in card	在数据卡中没有所用组	确认组或卡并再次设置
Illegal Card	使用了容量大于 2 MB 的数据卡	数据卡的容量必须小于 2 MB
Illegal Format	数据卡的格式不同	格式化该卡
Input Error	输入的数据无效	重新输入正确的数据
Job is not found	在卡中没有所用的作业	确认作业并再次设置

续表 10-2

显示	含义	措施
Measurement (Leveling) (Adjustment) type Jobs limit over	在 RAM 有 256 个作业	按[ESC]键,当存储作业数据后,删除该作业(内存或组内)
Light Error	光线太强无法读数	避开直射阳光或闪光
RAM area is full	仪器的内存已满	删除内存中不必要的作业
Close leveing mode before setting	在当前模式下无法选择菜单	在再次执行之前,首先完成作业的剩余操作部分并返回菜单模式
It has no job to continue in group	没有可继续的作业	按[ESC]键返回到菜单
Operation Error	检校模式下的方法类型 A 和 B 瞄准方向反了	按[ESC]键,重新检校,注意瞄准方向正确
Read Error	由于卡不正常,故不能完成读数,在成串读数中出现错误	更换卡
The distination is the same as source	复制文件到同一个组内	复制文件到别的组内
Setting Error	检校模式方法类型 A: A_a 与 A_b 间的平距差超过 1 m; B_a 平距离标尺 a 太近或太远,检校模式方法类型 B; 测站 A 或 B 未正确设置在标尺 a 和 b 之间距离 1/3 处	按[ESC]键,将仪器架设在 a 与 b 之间,且偏差在 1 m 以内; 将仪器架设在距 a 点标尺约 3 m 处; 按[ESC]键,将仪器正确架设在 a 和 b 标尺之间距离的 1/3 处
Write Error	数据不能写在数据卡中 在进行成串写时出错 生成文件时无串空间	检查数据卡

小　结

本章着重介绍了数字水准仪,学习本章,主要掌握数字水准仪的基本概念及组成、测量原理及特点、测量误差来源及检定。

习　题

1. 什么是数字水准仪?

2. 数字水准仪由哪些部分组成?

3. 简述数字水准仪的基本原理。
4. 数字水准仪的特点有哪些?
5. 简述数字水准仪的误差来源。
6. 简述数字水准仪检定项目的检校方法。

第十一章　陀螺经纬仪

第一节　陀螺经纬仪的工作原理

一、陀螺及陀螺经纬仪特性

陀螺经纬仪(简称陀螺仪)是一种高精度的定向仪器,可以直接测定某条边的陀螺方位角。因此,陀螺经纬仪在隧洞测量中,特别是矿山测量和地铁测量等地下工程测量中方位角传递起着重要作用。下面我们主要阐述一下陀螺经纬仪的基本工作原理。首先我们先了解一下陀螺及陀螺仪的特性。

(一)陀螺

凡是绕定点高速旋转的物体,或绕自身轴高速旋转的任意刚体,都称为陀螺。如图 11-1 所示,设刚体上有一等效的方向支点 O。以 O 为原点,作固定在刚体上的动坐标 XYZ。刚体绕此支点转动的角速度在动坐标轴上的分量分别为 ω_x、ω_y、ω_z,若能满足以下条件:

$$\left.\begin{aligned}\omega_z &\gg \omega_x\\ \omega_z &\gg \omega_y\\ \omega_z &\approx \text{Const}\end{aligned}\right\} \tag{11-1}$$

这种类型的刚体统称为陀螺。OZ 轴是高速旋转轴,也称陀螺转子轴。刚体一方面绕 OZ 轴作等速旋转,另一方面还可以绕 OX 及 OY 轴作较慢的转动。前者称为自转运动,后者称为进动运动。

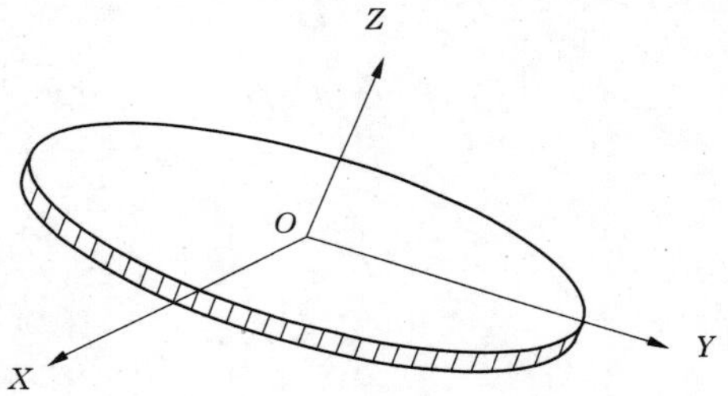

图 11-1　陀螺定义示意图

(二)陀螺经纬仪的基本特性

陀螺仪有两个非常重要的特性,即进动性和定轴性。对于由高速转子组成的陀螺仪来说,不管它们的用途如何不同,结构上如何变化,它们都是按照陀螺的这两个基本特性来工作的。

1. 进动性

陀螺仪的重要部件是一个高速旋转的均匀质子。如图 11-2 所示,如果转子以高速旋转着,其动量矩$\vec{\omega}$与 X 轴重合。这时再把上下方向的力施加在旋转轴的两端,在此力矩的作用下$\vec{H}$矢量的端点将沿力矩方向运动,即在 XY 平面内向 Y 方向转去,也即这时转子将不是绕 Y 轴转动而是绕 Z 轴逆时针转动。这就是陀螺仪的进动性。

2. 定轴性

动量矩的存在或转子高速旋转,是陀螺仪产生进动的内因;而外力矩的作用则是陀螺仪产生进动的外因,两者缺一不可。如果外力矩为零,则陀螺仪保持其动量矩的方向和大小不

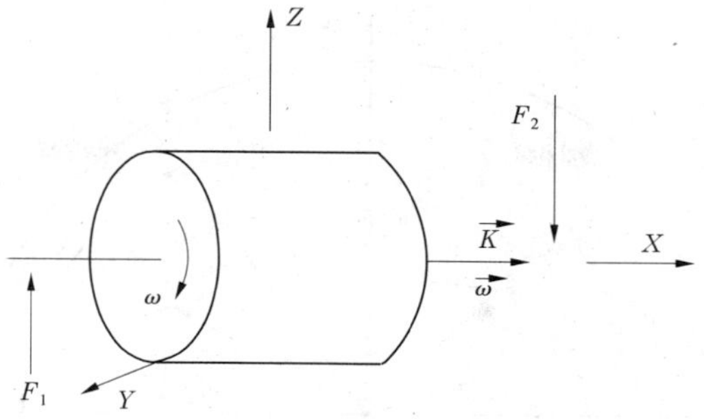

图 11-2　陀螺仪的进动性

变，此即陀螺仪的另一特性——定轴性。

在惯性导航系统中，人们常利用陀螺仪的定轴性建立方向基础。但是实际陀螺仪总会受到各种干扰因素的影响。如转子质量不匀、支撑元件的摩擦力、温度变化引起陀螺仪元件尺寸的变化、导电丝的弹性干扰力矩、外界磁场的干扰力矩等。它们会引起陀螺轴的漂移，漂移率是陀螺质量好坏的主要指标。

在陀螺经纬仪中，人们主要利用陀螺的进动性来寻找真北方向，找到了真北方向才可以测定地上直线的方位角。至于为什么能用陀螺找到真北方向，这要从地球自转对陀螺的作用谈起。

二、陀螺经纬仪的工作原理

地球以角速度 ω($\omega = 1$/周/昼夜 $= 7.25 \times 10^{-6}$ rad/s)绕其自转轴旋转，所以地球上的一切东西都随着地球转动。如从宇宙空间来看地轴的北端，地球实际在作逆时针方向旋转，地球旋转角度的矢量 $\vec{\omega}$ 沿自转轴指向北端。对纬度为 φ 的地面点 O 而言，地球自转角速度矢量 $\vec{\omega}$ 和当地的水平面成 φ 角，且位于过当地的子午面内。

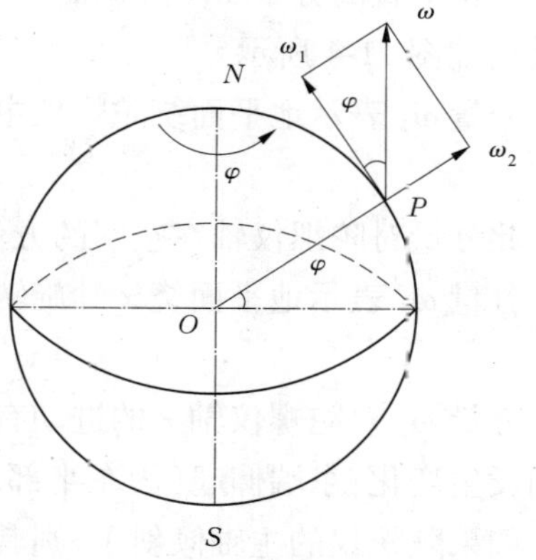

图 11-3　辅助天球地平面以上的部分

图 11-3 表示辅助天球地平面以上的部分。O 点位于地球的中心，因为对天体而言地球可看做是一点，故可设想，陀螺仪与观测者均位于此 O 点上，且陀螺仪主轴呈水平位置。设陀螺轴正端偏于真子午面之东，与真子午线夹角为 α。图 11-4 中 NP_NZ_NS 为观测点真子午面、$NWSE$ 为真地平面、OP_N 为地球旋转轴、OZ_N 为铅垂线、NS 为子午线方向、φ 为纬度。

这时角速度矢量 ω 应位于 OP_N 上，且指向北极 P_N。将 ω 分解成互相正交的两个分量 ω_1 和 ω_2，分量 ω_1 叫做地球旋转地水平分量，表示地平面在空间绕子午线旋转的角速度，地平面的东半面降落，西半面升起。地球旋转的水平分量的大小为

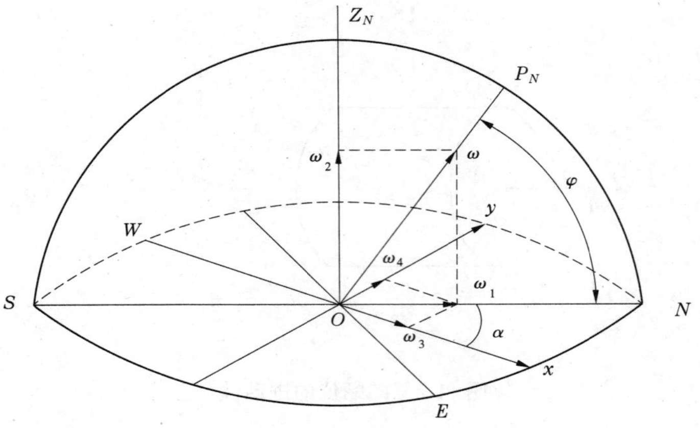

图 11-4　悬挂陀螺仪受到地球旋转角速度的影响

$$\omega_1 = \omega\cos\varphi$$

分量 ω_2 表示子午面在空间绕铅垂线亦即 Z 轴旋转的角速度，表示子午线的北端向西移动，这个分量称为地球旋转的垂直分量。这和地球上观测者感到的太阳和其他星体的方位变化一样。分量 ω_2 的大小为

$$\omega_2 = \omega\sin\varphi$$

为了说明悬挂陀螺仪受到地球旋转角速度的影响，我们把地球旋转分量 ω_1 再分解成为两个互相垂直的分量 ω_3（沿 x 轴——与陀螺仪主轴垂直）和 ω_4（沿 y 轴——与陀螺仪主轴一致），如图 11-4 所示。

分量 ω_4 表示地平面绕陀螺仪主轴旋转的角速度，其大小为

$$\omega_4 = \omega\cos\varphi\cos\alpha \tag{11-2}$$

此分量对陀螺仪轴在空间的方位没有影响，所以不加考虑。

分量 ω_3 表示地平面绕 x 轴旋转的角速度，其大小为

$$\omega_3 = \omega\cos\varphi\sin\alpha \tag{11-3}$$

分量 ω_3 对陀螺仪轴 x 的进动有影响，所以 ω_3 叫做地转有效分量。该分量使陀螺仪的主轴发生变化；东端仰起（因东半部地平面下降）、西端倾降（见图 11-5）。

如果陀螺仪的主轴倾斜了，则其重心与吊点将不在一条铅垂线上。这样地心引力将施加给陀螺仪一个力矩，要把它的主轴恢复成水平。此力矩的大小为

$$M_B = Pl\sin\theta \tag{11-4}$$

式中　P——陀螺仪的质量；

　　l——陀螺仪重心到吊点的距离；

　　θ——陀螺仪轴与地平面的夹角。

根据进动原理，在外加力矩的作用下，陀螺仪将进动，陀螺仪轴将向子午面靠拢。陀螺仪绕 x 轴进动的加速度为

$$\omega_P = \frac{Pl}{H}\sin\theta \tag{11-5}$$

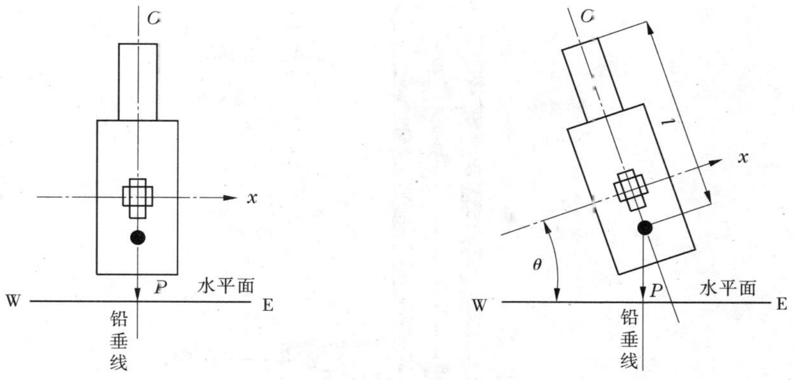

图 11-5　分量 ω_3 对陀螺仪轴 x 的影响

式中　H——力矩。

因此，悬挂陀螺仪在地转有效分量 ω_3 的影响下其主轴 x 总是向子午面方向进动。造成这种效应的力矩叫指向力矩，其大小为

$$M_H = H\omega_3 = H\omega\cos\varphi\sin\alpha \tag{11-6}$$

指向力矩 M_H 表示将陀螺仪轴转至子午面的力矩大小。由式(11-6)可以看出，在赤道上 $\varphi=0$，M_H 最大；在南北极 $\varphi=90°$，$M_H=0$。因此，在两极和高纬度($\varphi>75°$)处，陀螺仪不能定向。

三、陀螺经纬仪基本结构

陀螺经纬仪由经纬仪和陀螺仪构成。经纬仪的构造这里不再讲解。下面我们针对国产 JT_{15}陀螺仪构成作一简要阐述。

图 11-6 所示是国产 JT_{15}陀螺经纬仪基本结构。在 J_6 经纬仪支架上通过定位连接装置可以安装陀螺系统。这个系统的主要部件是陀螺房(内有陀螺马达)及其中的转子。陀螺房在不工作时用托盘托起。工作时旋转偏心轮，放下托盘，陀螺房就悬挂在吊丝上。吊丝上端固定在外壳上部。陀螺房上固定安装着一个小镜筒，工作时有照明灯照亮的指标线(亦称光标)经棱镜反射并由物镜成像于目镜前的分划板上。通过目镜可以看到光标线在分划板上的位置。

经纬仪照准部旋转时陀螺系统的外壳、目镜及吊点一起转动，陀螺房与带着光标的小镜管随转子一起摆动，而使反射出去的光标像偏转，因此转子相对于经纬仪水平度盘的运动可以由光标相对于分划板的运动反映出来。

此外还有电源箱，箱中一部分是蓄电池，另一部分为逆变器，后者可将蓄电池中的 18 V 直流电变做驱动陀螺马达的 36 V 的三相交流电。

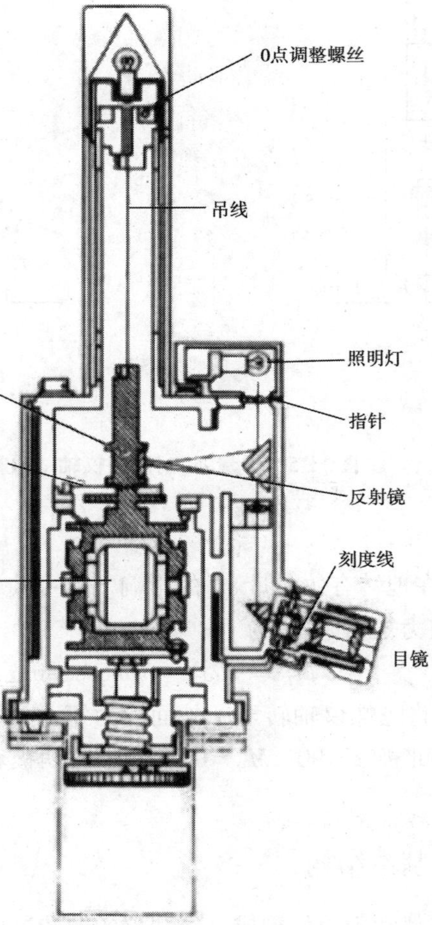

图 11-6　JT_{15} 陀螺经纬仪基本结构

第二节　JT_{15} 陀螺经纬仪的检修及校正

一、陀螺仪部分

(一)陀螺仪连接部分的检测

陀螺仪与经纬仪靠固定在照准部上的过渡支架连接，每次都要把陀螺仪安置在经纬仪支架上，这样由于每次拆装连接而造成的方向误差称为陀螺经纬仪连接误差。连接误差的大小反映了陀螺经纬仪的稳定性。

为了测定陀螺仪连接误差，可在陀螺仪上安装一个附加望远镜，瞄准固定目标 T，而经纬仪的望远镜瞄准目标 B，每次安装陀螺仪后分别用望远镜瞄准 T 和 B，并读取水平度盘读数，两数之差应为一固定值，每安装一次，测定此固定值 J，而 J 值的误差即为陀螺经纬仪的连接误差。

（二）悬带零位稳定性的检测

陀螺敏感部悬带的扭力零位，受到震动、温度变化及随时间的漂移，可能会发生变化，表现在目视视场中陀螺敏感部自摆时光标摆动中心偏离目视分划板的0线过多，这种情况下，会使陀螺敏感部定向时往复进动中心与悬带扭力中心偏离较大，造成悬带受扭不对称，带来测量误差。仪器出厂时，厂方会将其调整在偏离中心0.5格之内，使用中若偏离超过2格，则需加以校正。

判断悬带扭力零位的方法为：下放陀螺敏感部，步进迭代使光标摆动在±5格左右，观察摆动正、负方向的极限格值，相减后除以2，即为自摆中心的偏离值。

校正的方法为：用钟表起子松开陀螺经纬仪目镜后方装饰环上的三个紧定螺丝，将其抬起，可通过3个窗口看到两个上带夹压紧螺丝和零位改正螺丝（见图11-7）。用长改针松开上带夹上平面上的两个压紧螺丝后，用螺丝刀旋转零位改正螺丝即可改变陀螺敏感部自摆的零位位置，零位调整螺丝顺时针旋转，零位在视场中向右方向移动，反之向左方向移动。调整至自摆中心偏离分划板0线±1格之内，旋紧上带夹的两个压紧螺丝，放下装饰环并固紧三个紧定螺丝即可。

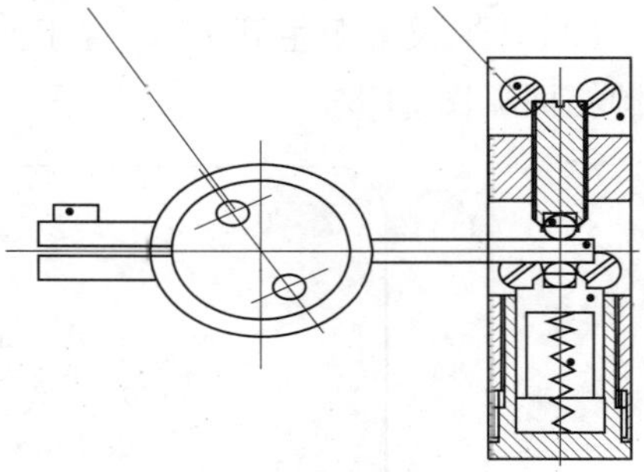

图11-7　自摆零位调整机构示意图

（三）悬挂带弹性质量稳定性的检测

陀螺仪中的悬挂带用来支撑可动的陀螺灵敏部，产生平衡的反作用力矩。对悬挂带材料的要求主要是弹性质量要稳定，其稳定性可由自由摆动周期来判断。自由摆动周期可由下式计算：

$$\Delta C = 2C \times \frac{\Delta T_C}{T_C}$$

式中　ΔT_C——自摆周期变化量；

T_C——自摆周期的均值；

C——陀螺仪器纬度系数。

（四）动量矩稳定性的检测

在陀螺运动方程中，动量矩$\vec{\omega}$是一个重要参量，$\vec{\omega}$的变化将会引起陀螺仪中值的漂移，因此必须检验动量矩的稳定性。

动量矩$\vec{\omega}$的稳定性可由不跟踪周期T来判断。

（五）陀螺摆动中值稳定性的检测

陀螺经纬仪在运转期间，由于受马达温升、供电电压频率及外界干扰力矩等方面的影响，一般存在摆动中值漂移量的，它的大小反映了仪器的稳定性。为了获得陀螺摆动中值稳定性，可在陀螺指向北后，启动下放陀螺，这时用中天法或逆转法连续观测1 h以上，然后计算N_i（中值），最后检验N_i的最大最小值互差衡量观测值是否超限。

（六）陀螺经纬仪仪器常数的测定

仪器常数是陀螺仪的一个重要指标。仪器常数测定的准确度和可靠性直接影响定向结果的准确度和可靠性。由于仪器常数不能直接测定,因而实际应用中采用间接测量的方法获得。在已知方位角的高等级的三角网或导线的边上安置陀螺经纬仪,测定已知边的方向值(陀螺方位角),则已知边的方位角与测得方向值(陀螺方位角)之差即为仪器常数。

二、陀螺仪电源部分

由于陀螺仪在外业测量中受环境影响,携带电源部分作业常常出现一些故障,从而影响陀螺仪正常作业,因此陀螺仪电源部分的维护保养与维修是测量工作正常进行的保证。下面对电源部分常见故障作一简述:

(1)电源输入线开焊或疲劳使用折断。

(2)陀螺仪电源主开关 K_1 置于照明挡、启动挡,照明灯不亮,陀螺电动机也不能启动,电源箱面见图 11-8。

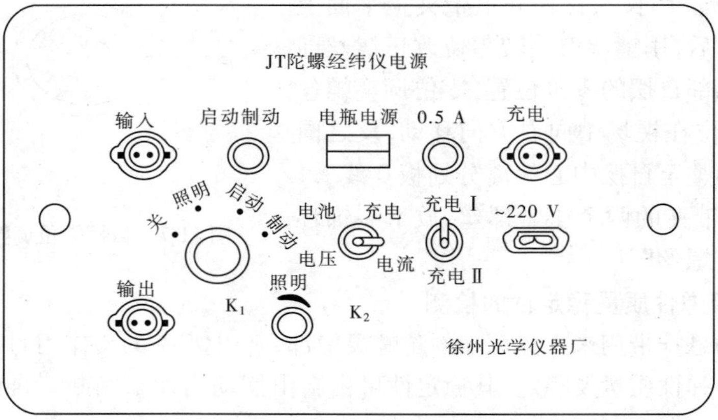

图 11-8　电源箱面

检修方法见图 11-9。

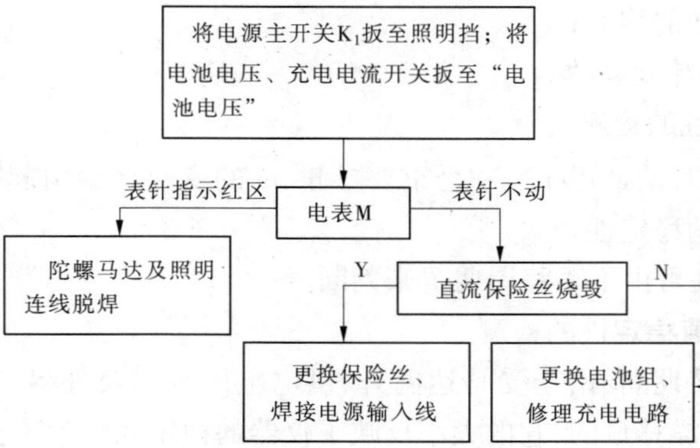

图 11-9　检修方法

小　结

本章主要讲述了陀螺及陀螺的特性；重点讲述陀螺经纬仪的工作原理及 JT_{15} 陀螺经纬仪的构造，讲述了陀螺经纬仪的主要检测项目及 JT_{15} 陀螺仪电源故障的一般检测方法。通过本章的学习需重点掌握陀螺仪的作用、特性、工作原理，掌握陀螺仪电源部分的故障排除，了解陀螺仪的检测项目。

习　题

1. 陀螺仪的作用是什么？
2. 陀螺仪的特性有哪些？
3. 简述陀螺仪的工作原理。
4. 简述 JT_{15} 陀螺经纬仪的主要部件及其作用。
5. 简述陀螺仪悬带零位检测过程。

第十二章 GPS 接收机

第一节 概 述

一、GPS 定位系统

GPS 是英文"NAVSTAR/GPS"的简称，全名为 Navigation System Timing and Ranging/Global Positioning System，即"授时与测距导航系统/全球定位系统"。

GPS 是利用卫星发射的无线电信号进行导航定位的，它具有全球性、全天候、高精度、快速实时三维导航、定位、测速和授时功能，并且具有良好的保密性和抗干扰性。GPS 最初主要应用于军事领域，但由于其定位技术的高度自动化及其定位结果的高精度，很快也引起广大民用部门，尤其是测量单位的关注。特别是近 10 多年来，GPS 技术在应用基础的研究、各领域的开拓软件、硬件的开发等方面都取得了迅速的发展，GPS 设备的价格趋近于平民化，使得该技术已经广泛地渗透到了经济建设和科学研究的许多领域。GPS 技术给大地测量、工程测量、地籍测量、航空摄影测量、变形监测、资源勘查等多种学科带来了深刻的技术革新。

GPS 技术的发展首先由美国国防部从 1972 年开始，经历了方案设计、系统论证和生产试验等三个阶段。历时 20 多年，耗资 300 亿美元，于 1994 年完成 24 颗工作卫星（含 3 颗备用卫星）的发射工作及 GPS 系统的全部建立，成为当前普遍使用的定位系统。但由于全球卫星定位系统的强大功能，当前许多国家都在研发自主的卫星定位系统。

（一）俄罗斯 GLONASS（格洛纳斯）全球导航卫星系统

俄罗斯 GLONASS（格洛纳斯）全球导航卫星系统是由苏联（现由俄罗斯）国防部独立研制和控制的第二代军用卫星导航系统，与美国的 GPS 相似，该系统也开设民用窗口。GLONASS 技术可为全球海陆空以及近地空间的各种军、民用户全天候和连续地提供高精度的三维位置、三维速度和时间信息。GLONASS 在定位、测速及定时精度上则优于施加选择可用性（SA）之后的 GPS，由于俄罗斯向国际民航和海事组织承诺将向全球用户提供民用导航服务，并于 1990 年 5 月和 1991 年 4 月两次公布 GLONASS 的 ICD，为 GLONASS 的广泛应用提供了方便。GLONASS 的公开化，打破了美国对卫星导航独家经营的局面，既可为民间用户提供独立的导航服务，又可与 GPS 结合，提供更好的精度几何因子（GDOP）；同时降低了美国政府利用 GPS 施以主权威慑给用户带来的后顾之忧，因此引起了国际社会的广泛关注。

（二）伽利略系统

伽利略系统是欧洲计划建设的新一代民用全球卫星导航系统，系统已建成并投入运营。按照规划，伽利略计划将耗资约 27 亿美元，星座由 30 颗卫星组成。卫星采用中等地球轨道，均匀地分布在高度约为 2.3 万 km 的 3 个轨道面上，星座包括 27 颗工作星，另加 3 颗备份卫星。系统的典型功能是信号中继,即向用户接收机的数据传输可以通过一种特殊的联系方式或其他系统的中继来实现,例如通过移动通信网来实现。伽利略接收机不仅可以接收本系统信号,而且可以接收 GPS、格洛纳斯这两大系统的信号,并且具有导航功能与移动电话功能相结合、与其他导航系统相结合的优越性能。伽利略系统确定地面位置或近地空间位置要比 GPS 精确 10 倍。

(三)北斗导航卫星系统

北斗导航卫星系统是一种全天候、全天时提供卫星导航信息的区域性导航系统。北斗卫星导航系统组网成功将能够提供与 GPS 同等的服务。我国的北斗卫星导航系统将成为与 GPS 并驾齐驱的卫星导航系统代名词的新星。更重要的是,建设并拥有自己的卫星导航系统,我国国防将从根本上摆脱受控于美国,我国的尖端武器拥有了自己的眼睛,国家的导航系统独立性得到保证,更加可靠。

二、GPS 的特点

GPS 作为一种导航和定位系统,具有下列主要特点:高精度、全天候、高效率、多功能、操作简便、应用广泛等。

(一)定位精度高

应用实践已经证明,GPS 相对定位精度在 50 km 达 1×10^{-6},100 ~ 500 km 可达 1×10^{-7},1 000 km 以上可达 1×10^{-9}。在 300 ~ 1 500 m 工程精密定位中,1 h 以上观测的结果,其平面位置误差小于 1 mm。

(二)观测时间短

用户只需装备接收机就可以接收信号进行定位工作,而无须发射任何信号。由于接收机可利用多个通道同时对多颗卫星进行观测,因而一次定位只需几秒钟至几十秒钟,大大提高了工作效率。随着 GPS 系统的不断完善、软件的不断更新,目前 20 km 以内快速静态相对定位仅需 15 ~ 20 min;进行 RTK 测量时,当每个流动站与参考站相距在 15 km 以内时,流动站观测时间只需 1 ~ 2 min。

(三)测站间无须通视

GPS 测量不要求测站之间相互通视,只需测站上空开阔即可,因此可节约大量的造标费用。由于无须点间通视,点位位置可根据需要灵活布置,也可省去经典大地网中的传算点、过渡点的测量工作。

(四)可提供统一的三维坐标

GPS 定位是在国际统一的 WGS - 84 世界大地坐标系统中计算的,因此全球不同点的测量成果相互关联。经典大地测量将平面与高程采用不同方法分别施测,GPS 可同时精确测定测站点 WGS - 84 三维坐标。目前,通过局部大地水准面精化,GPS 水准可满足四等水准测量的精度。

(五)操作简便

随着 GPS 接收机的不断改进,自动化程度越来越高,有的已达到“傻瓜化”的程度,接收机的体积越来越小,质量越来越轻,极大地减轻了测量工作者的工作紧张程度和劳动强度。

(六)全天候作业

地球上任何地方的用户在任何时间,一般至少可以同时观测到 4 颗 GPS 卫星,因而观测不受时间和气象条件的限制，可以进行全天候的观测。

（七）功能多，应用广

GPS 系统不仅可用于测量、导航、精密工程的变形监测，还可用于测速、测时。其应用领域不断扩大，上至航空、航天，下至工业农业生产，已经无所不在，GPS 系统展现了极其广阔的应用前景。

第二节　GPS 接收机的组成

GPS 系统由空间部分、控制部分、用户部分三大部分组成。

一、空间部分

GPS 系统全部建成后，空间部分共有 24 颗工作卫星，其中 3 颗是随时可以启用的备用卫星。工作卫星分布在 6 个轨道面内，每个轨道面分布有 4 颗卫星。各轨道平面相对地球赤道面的倾角均为 55°，各轨道平面彼此相距 60°，轨道平均高度约为 20 200 km，卫星运行周期为 11 h 58 min。在正常情况下，地面观察者见到地平面以上的卫星颗数随时间和地点的不同而异，最少为 4 颗，最多可达 11 颗。

在用 GPS 信号导航定位时，为了解算测站的三维坐标，必须同时观测 4 颗以上 GPS 卫星，称为定位星座。这 4 颗卫星在观测过程中的几何位置分布对定位精度有一定的影响。

每颗卫星连续地播发 L_1、L_2 两个频带的载波信号。利用伪噪声码的调制特性，对载波进行三种相位调制，即载波的正弦波被一伪噪声码（称为 C/A 码，又称“粗码”（民用））所调制；余弦波被另一频率的伪噪声码（称为 P 码，又称“精码”（美国军方及特殊授户））所调制。此外，正弦波和余弦波上都被调制了基本单位为 1 500 bit 长的数据码（也称卫星电文），简称 D 码。L_1 的信号既包括 P 码，又包括 C/A 码，L_2 的信号只包括 P 码。这些电码具有三个作用：一是辨认接收的卫星和发播卫星星历，二是测定信号到达接收机的时间，三是限制用户使用。

二、控制部分

控制部分的任务是监视卫星系统、确定 GPS 时间系统、跟踪并预报卫星星历和卫星钟状态、向每颗卫星的数据存储器注入更新的卫星导航数据。

GPS 的地面控制部分由分布在全球的若干个跟踪站组成的监控系统所构成。根据其作用的不同，跟踪站分为主控站、监控站和注入站。

主控站只有一个，它的作用是根据各监控站对 GPS 的观测数据，计算出卫星的星历和改造参数，并将这些数据通过注入站注入卫星中去；同时，它还对卫星进行控制，向卫星发布指令；当卫星出现故障时，调度备用卫星，替代失效的工作卫星；另外，主控站还具有监控站的功能。监控站有 4 个，监控站的作用是接收卫星信号，监视卫星的工作状态。注入站的作用是将主控站计算的卫星星历和卫星时钟的改正参数注入卫星中去。

地面监控系统提供每颗 GPS 卫星所播发的星历，并对每颗卫星工作情况进行监控和控制，地面监控系统的另一重要作用是保持每颗卫星处于同一时间标准即 GPS 时间系统。

三、用户部分

用户部分主要是指 GPS 接收机,此外还包括气象仪器、计算机、钢尺等仪器设备。

GPS 接收机主要由天线单元、信号处理部分、记录装置和电源组成。

接收机的主要功能是:跟踪接收所选择的卫星信号,测定信号从卫星到接收天线的传播时间,解译出 GPS 卫星所发送的导航电文,实时地计算出定位或导航的所需数据。

天线单元由天线和前置放大器组成,灵敏度高,抗干扰性强。

接收天线把卫星发射的十分微弱的信号通过放大器放大后进入接收机。GPS 天线分为单极天线、微带天线、锥形天线等。

信号处理器部分是 GPS 接收机的核心部分,进行滤波和信号处理由跟踪环路重建载波,解码得到导航电文,获得伪距定位结果。

记录装置主要是接收机的内存硬盘或记录卡。

电源分为外接电源和内接电源,外接电源为蓄电池,内接电源为锂电池。

GPS 接收机的基本类型主要分为大地型、导航型和授时型;根据接收卫星信号频率可以分为单频接收机和双频接收机。目前,各种类型 GPS 接收机体积越来越小,质量越来越轻,定位精度也有了很大提高,其双频接收机精度可达 $5\ \mathrm{mm} + 1 \times 10^{-6} D$,单频接收机精度可达 $10\ \mathrm{mm} + 2 \times 10^{-6} D$。

应当指出,GPS 接收机作为一个用户测量系统,除应具有接收机、天线、电源等硬件设备外,其软件部分也是构成 GPS 测量系统的重要组成部分。

第三节　GPS 接收机的检验

一、基本概念

GPS 接收机检验的目的是了解仪器性能、工作特性及其可能达到的精度水平。它是制订 GPS 作用计划的依据,也是 GPS 定位测量顺利完成的重要保证。

二、GPS 定位的误差来源

GPS 定位中出现的各种误差从误差来源来讲可分为以下三类。

(一)与卫星有关的误差

1. 卫星星历误差

由卫星星历所计算出的卫星位置与卫星的实际位置之差称为星历误差。星历误差的大小主要取决于卫星定轨的质量(如定轨站的数量及其地理分布)、观测值的数量及精度等。此外,与星历的外推时间间隔(实测星历的外推时间间隔可视为零)也有直接关系。

2. 卫星钟的误差

卫星上虽然使用了高精度的原子钟,但它们也不可避免地存在误差,这种误差既包含系统性的误差(如钟差、钟速),也包含着随机误差。系统误差远较随机误差的值大,而且可以通过检验和对比来确定并通过模型来加以改正;随机误差只能通过钟的稳定度来描述其统计特性,无法确定其符号的大小。

3. 卫星信号发射天线相位中心偏差

卫星信号发射天线相位中心偏差指 GPS 卫星信号发射天线的标称相位中心与真实相位之间的差异。

(二)与信号传播有关的误差

与 GPS 卫星信号传播有关的误差主要是大气折射误差和多路径效应。

1. 电离层延迟

电离层(含平流层)是高度在 60 ~ 1 000 km 内的大气层。在太阳紫外线 X 射线、γ 射线和高能粒子的作用下,该区域内的气体分子和原子将产生电离,形成自由电子和正离子。带电粒子的存在将影响无线电信号的传播,使传播速度发生变化、传播路径产生弯曲,从而产生所谓的电离层延迟。

2. 对流层延迟

对流层是高度在 50 km 以下的大气层,整个大气中的绝大部分质量集中在对流层中,GPS 信号在对流层的传播速度受到气温、气压和相对湿度等因素影响,信号的传播路径也会产生弯曲,由于上述原因使距离测量值产生的系统性偏差称为对流层延迟。

3. 多路径误差

多路径误差是指经某些物体表面反射后到达接收机的信号。如果与直接来自卫星的信号叠加干扰后进入接收机,就将使测量值产生系统误差。

多路径误差对测距码、伪距码观测值的影响要比载波相位观察值的影响大得多,多路径误差取决于测站周围的环境、接收机的性能以及观测时间的长短。

(三)与接收机有关的误差

1. 接收机的钟误差

与卫星钟一样,接收机钟也有误差,而且由于接收机钟大多采用的是石英钟,因而其钟误差较卫星钟误差更为显著。该项误差主要取决于钟的质量,与使用时的环境也有一定关系。

2. 接收机的位置误差

在进行授时和定轨时,接收机的位置是已知的,其误差将使授时和定轨时的结果产生系统误差。进行 GPS 基线解算时,需已知其中一个端点在 WGS - 84 坐标系的坐标,已知坐标的误差过大也会对解算结果产生影响。

3. 接收机的测量噪声

这项误差是指用接收机进行 GPS 测量时,由于仪器设备及外界环境影响而引起的随机测量误差,其值取决于仪器性能及作业环境的优劣。一般而言,测量噪声的值均小于上述的各种偏差值。观测足够长的时间后,测量噪声的影响通常可以忽略不计。

三、GPS 接收机的检验

(一)接收机选用

GPS 接收机的选用,根据需要按表 12-1 的规定执行。

(二)接收设备检验

新购置的 GPS 接收机应按规定进行全面检验后使用。GPS 接收机全面检验包括一般检视、通电检验、试测检验。

(1)一般检视应符合的规定:

①GPS 接收机及天线的外观应良好,型号应正确;

②各种部件及其附件应匹配、齐全和完好;

表 12-1　GPS 接收机选用

级别	AA	A	B	C	D、E
单频/双频	双频/全波长	双频/全波长	双频	双频/单频	双频/单频
观测量至少有	L_1、L_2 载波相位	L_1、L_2 载波相位	L_1、L_2 载波相位	L_1 载波相位	L 载波相位
同步观测接收机数	≥5	≥4	≥4	≥3	≥2

③需紧固的部件应不得松动和脱落;

④设备使用手册和后处理软件操作手册及磁(光)盘应齐全。

(2)通电检验应符合的规定:

①有关信号灯工作应正常;

②按键和显示系统二作应正常;

③利用自测试命令进行测试;

④检验接收机锁定卫星时间的快慢,接收信号强弱及信号失锁情况。

(3)试测检验前,还应检验如下项目:

①天线或基座圆水准器和光学对中器是否正确;

②天线高量尺是否完好,尺长精度是否正确;

③数据传录设备及软件是否齐全,数据传输性能是否完好;

④通过实例计算,测试和评估数据后处理软件。

(4)GPS 接收设备一般检视和通电检验完成后,应在不同长度的标准基线上进行以下测试:

①接收机内部噪声水平测试;

②接收机天线相位中心稳定性测试;

③接收机野外作业性能及不同测程精度指标测试;

④接收机频标稳定性检验和数据质量的评价;

⑤接收机高低温性能测试;

⑥接收机综合性能评价等。

(5)GPS 接收设备每年应定期检验:

①不同类型的接收机参加共同作业时,应在已知高差的基线上进行比对测试,超过相应等级限差时不得使用。

②GPS 接收机或天线受到强烈撞击后,或更新接收机部件,或更新天线与接收机的匹配关系后,应按新购买仪器作全面检验。

③天线或基座的圆水准器气泡、光学对中器,作业期间至少 1 个月检校一次。

(三)接收设备的维护

GPS 接收机等仪器应指定专人保管,不论采用何种运输方式,均要求专人押运,并应采取防震措施，不得碰撞倒置和重压，软盘驱动器在运输中应插入保护片或废磁盘。

作业期间，必须严格遵守技术规定和操作要求，作业人员须经培训合格后方可上岗操作，未经允许非作业人员不得擅自操作仪器。

接收仪器应注意防震、防潮、防晒、防尘、防蚀、防辐射，定期分别用清洗盘和专用清洁剂清洗软盘驱动器或磁带机的磁头；电缆线不得扭折，不得在地面拖拉、碾砸，其接头和联结器要经常保持清洁。

作业结束后，应及时擦净接收机上的水汽和尘埃，及时存放在仪器箱内。仪器箱应置于通风、干燥阴凉处，箱内干燥剂呈粉红色时，应及时更换。

仪器交接时应按上述规定的一般检视项目进行检查，并填写交接情况记录。

接收机在外接电源前，应检查电压是否正常，电池正负极切勿接反。

当天线置于楼顶、高标及其他设施的顶端作业时，应采取加固措施，雷雨天气时应有避雷设施或停止观测。

接收机在室内存放期间，室内应定期通风，每隔 1 ~ 2 个月应通电检查一次，接收机内电池要保持充满电状态，外接电池应按电池要求按时充放电。

严禁拆卸接收机各个部件，天线电缆不得擅自切割改装、改换型号或接长。如发生故障，应认真记录并报告有关部门，请专业人员维修。

辅助设备的检验 ，GPS 定位测量所用通风干湿表与空盒气压表应定期送计量检定部门检验，在有效期内使用。

（四）GPS 接收机检验的方法和技术要求

1. 接收机系统内部噪声水平测试

此项测试可根据具体情况采用以下两种方法之一进行，并尽可能采用零基线测试方法。

1）零基线测试方法

用零基线测试比对时，对 1.5 h 观测值，基线分量及长度应在 1 mm 以内，接收机内部噪声水平满足厂商的指标。

2）超短基线测试方法

用超短基线测试时，对 1.5 h 观测值，基线分量与地面测量值之差应小于仪器固定误差，接收机内部噪声水平应满足厂商的指标。

2. 天线相位中心稳定性测试

天线相位中心稳定性测试是测定天线相位中心与厂家提供的天线相位中心位置（天线几何对称轴线上的位置）之差。可采用以下两种方法之一进行。

1）相对测定法

天线在不同方位下测定的基线变化应小于 2 倍固定误差。

2）旋转天线法

较为严格测定相位中心的方法为旋转天线法。该法需要在专门的微波暗室内利用固定的微波反射源测定天线相位方向图，从而确定天线平均相位中心，以及天线相位中心随卫星（信号源）高度和方位变化的规律。天线相位中心的偏差应小于仪器固定误差。

3. GPS 接收机野外作业性能及不同测程精度指标的测试

此项检验可分为短基线直接比较法检验和中长边检验。

1）短基线直接比较法检验

该法在标准检定场上进行，天线应严格整平对中，对中误差应小于 1 mm，天线指向正北，天线高量取至 1 mm。两台或多台仪器同步观测 1.5 h。内业计算采用单双频分别计算。测试结果与基线长进行比较，应小于仪器标准差。

仪器标称精度为 $\pm(a+bd)$，仪器标准差按下式计算：

$$\sigma = \sqrt{a^2 + (bd)^2} \tag{12-1}$$

式中 σ—— 标准差，mm；

a——固定误差，mm；

b——比例误差系数，$\times 10^{-6}$；

d——相邻点间距离，km。

2）中长边检验

在有检定场的情况下中长边测试应采用基线比对法；如无检定场，则可采用重复边检验和异步环检验。

（1）基线比对法。

在中长边基线场上对 40～50 km 以上边长应同步观测 4 h，解算结果与已知基线之差应符合下列规定：

$$\left.\begin{aligned} \omega_s &\leqslant 2\sigma \\ \omega_x, \omega_y, \omega_z &\leqslant 2\sigma \end{aligned}\right\} \tag{12-2}$$

式中 ω_s——解算边长与已知基线边长的差；

$\omega_x, \omega_y, \omega_z$——坐标增量与已知基线坐标增量的差；

σ——相应级别规定的标准差。

（2）重复边检验。

重复边检验要求至少观测两个时段，对 40～50 km 以上边长，每时段应同步观测 4 h，两个时段的互差应符合下列规定：

$$\left.\begin{aligned} \omega_s &\leqslant 2\sqrt{2}\sigma \\ \omega_x, \omega_y, \omega_z &\leqslant 3\sqrt{2}\sigma \end{aligned}\right\} \tag{12-3}$$

式中 ω_s——边长互差；

其余符号意义同前。

（3）异步环检验。

对于构成多边形的各独立观测基线，应进行异步环检验。对边长超过 40～50 km 的基线，应观测 4 h。各坐标分量闭合差应符合下式规定：

$$\left.\begin{aligned} \omega_x &= 3\sqrt{n}\sigma \\ \omega_y &= 3\sqrt{n}\sigma \end{aligned}\right\} \tag{12-4}$$

式中 n—— 闭合环中的边数；

ω_x, ω_y—— 坐标增量闭合差；

σ——相应级别规定精度，即标准差。

检测时，观测时段可参照表 12-2。

3）GPS 接收机频标稳定性检验和数据质量的评价

GPS 接收机频标稳定性（主要是短期频率稳定特性）对观测数据的质量有着重大的影响，主要表现为观测值残差大小和噪声水平，小周跳，特别是半周周跳出现的频率。它是考核接收机性能和潜在的可达到的精度水平的一个重要的指标。对于高精度 GPS 测量和地球动力学研究方面的应用，频标稳定性及其对观测值噪声的影响分析将具有更为重要的意义。

表 12-2　各观测时段参照表

基线 K (km)	不同卫星数的观测时段(h)		
	4	5	6
<5	2.0	1.5	1.5
5~15	2.5	2.0	2.0
15~30	3.0	2.5	2.5
30~40	3.5	3.0	3.0
>40	4.0	3.5	3.5

（1）考核的主要指标：

①数据的噪声水平；

②周跳出现的频率；

③低仰角情况下（如 15°~25°），数据质量的变化；

④低仰角情况下，多路径效应的影响。

（2）检验方法。

通过对较长观测时间段、不同测程的观测数据的结果作残差统计分析，以确定数据的平均噪声水平、周跳出现的频率，以及低仰角条件下观测数据质量的变化和多路径效应的影响。在没有专门的标准测试软件之前，暂时可用高精度 GPS 分析软件做此项工作。

GPS 接收机高低温性能的测试：此项测试可以在野外不同气候条件下进行，亦可以在专用的高低温试验箱中进行。在高低温试验箱中测试时，其温度均匀度应不超过 ±2 ℃，其波动度应不超过 ±0.5 ℃。在高温为 +30 ℃及低温 -10 ℃内进行接收机内噪声水平测试。

4）对 GPS 接收机验收、检定场地的要求

（1）GPS 接收机检定场应尽可能选择在交通方便、便于使用的地方布设。

（2）检定场点位布设应含有短边、中长边基线，以供不同测程检定使用。

（3）基线点应选择在地质构造坚固、稳定、利于长期保存、交通方便、周围没有强无线电信号源干扰、全方位高度角 10°以上无障碍物的地点。

（4）中长边基线应组成网形，以便进行闭合差检验。

（5）基线场精度，对中长边（40 km）应达到 1×10^{-7}，对中短边应达到毫米量级。

小　结

本章介绍了 GPS 定位系统的组成、GPS 定位系统的发展概况以及当前 GPS 主流设备的原理和 GPS 接收机的检验。

习　题

1. 简述 GPS 系统的组成和优点。
2. GPS 接收机的分类方式有哪些?
3. GPS 的误差有哪些?
4. 什么叫零基线? 天线相位中心的概念及其检测是什么?
5. 什么是接收机的内部噪声水平?
6. GPS 接收机的检验项目有哪些?

第十三章　测量仪器的日常保管与维护

随着科学技术的不断发展和计算机的广泛应用，现代测绘技术水平也得到了迅速的提高，测量仪器也有了质的飞越，由过去的光学仪器逐渐地过渡到半站仪，接着又推出了全站仪，以至到现在发展到静（动）态 GPS 和测量机器人等先进仪器设备。随着测量仪器的不断创新，测量野外作业的劳动强度也逐渐地减轻，工作效率也就不断地得到了提高。所以，作为一名测量工作者，首先就应掌握好测量仪器设备的特点、使用方法以及相应的保管与维护知识，使其永远保持着最佳的性能状态。本章就主要介绍测量仪器的日常保管与维护工作。

第一节　测量仪器的日常保管

现代测量仪器的发展越来越快，品种也越来越多，更新速度日新月异。但是任何一种仪器的日常保管工作都是必须保证的。由于一些外部环境的影响增加了维修率，所以维持测量仪器的准确性，并使其能够处在良好的工作状态就显得尤为重要。下面通过几个方面介绍测量仪器的日常保管工作的要点。

一、仪器保管室的要求

仪器保管室应干燥，通风，室温最好保持在 10 ~ 28 ℃，相对湿度在 40% 左右。房间内不得存放带酸性或碱性的物品。

二、仪器箱的防潮措施

（1）仪器使用完毕，应揩去表面灰尘或水珠，放在通风处吹干后放入仪器箱中。

（2）仪器箱内应保持干燥，要防潮、防水，并及时更换干燥剂。湿度 70% 时会使仪器生霉、生雾、生锈。

三、仪器的日常管理工作

（1）所管理的仪器应进行登记、造册，并根据各种仪器的型号、规格进行编号。

（2）制定管理办法，明确仪器使用的注意事项、使用要求、仪器损坏赔偿办法等具体要求和措施。

（3）在仪器的借领过程中，以每台仪器为单位对仪器编号进行登记，并要求借出者进行签名、登记，落实每台仪器的使用人，从而避免仪器发生损坏后，无法追究责任人的情况。

（4）在仪器归还过程中，要注意对仪器的各个要件进行检查，特别是对仪器易损坏的部件，如制动螺旋、脚螺旋以及仪器脚架等。对于发生损坏的仪器，应登记备注，由损坏人签名确认后，根据损坏情况，按照管理办法进行处理。

（5）仪器长期不用时，应以一个月左右定期取出，通风防霉或通电驱潮，以保持仪器良好的工作状态。

(6)仪器应放在仪器柜上，放置要规范，不得倒置。

第二节 测量仪器的日常维护

测量仪器的日常维修工作主要是对各类仪器由于在使用过程中方法不正确以及搬运途中仪器的震动等造成的仪器精度降低、各部件螺丝松动等情况进行维护和校正。所以，在问题出现之前，应做好测量仪器的日常维护工作。

一、测量仪器使用前后的维护保养

(1)使用前应检查仪器箱是否关闭和锁紧、仪器箱背带及提手是否牢固。

(2)开箱后提取仪器前，应先将仪器箱放置水平，再取出，同时要看准仪器在箱内放置的方式和位置；仪器使用完毕，按原来的状态放入仪器箱内，装箱时各部位要放置妥贴，合上箱盖时应无障碍。

(3)装卸仪器时，必须握住仪器的支架或提手；将仪器从仪器箱取出或装入仪器箱时，一手握住支架或提手，一手握住基座，轻拿轻放。不可握住显示屏幕的下部，也不可拿仪器的镜筒，否则会影响内部固定部件，从而降低仪器的精度。

(4)光学元件应保持清洁，如沾染灰沙必须用毛刷或柔软的擦镜纸擦掉。禁止用手指抚摸仪器的任何光学元件表面。清洁仪器透镜表面时，应先用干净的毛刷扫去灰尘，再用干净的无线棉布蘸酒精由透镜中心向外一圈圈地轻轻擦拭。除去仪器箱上的灰尘时切不可用任何稀释剂或汽油，而应用干净的布块蘸中性洗涤剂擦洗。

(5)在潮湿环境中工作，作业结束，要用软布擦干仪器表面的水分及灰尘后装箱。回到仪器室后，应立即开箱取出仪器放于干燥处，彻底晾干后再装入箱内。

(6)冬天室内、室外温差较大时，仪器搬出室外或搬入室内，应隔一段时间后才能开箱。

二、测量仪器在测站上的维护保养

(1)将三脚架安稳，固紧有关螺旋。仪器安置中，必须拧紧中心连接螺旋，防止摔坏仪器。

(2)在太阳光照射下观测仪器，应给仪器打遮阳伞或使用太阳滤光镜，以免影响观测精度。

(3)观察人员不得离开仪器(保持 1 m 左右距离)。在杂乱环境下测量，仪器要有专人守护。

(4)转动仪器或望远镜时，应先检查制(微)动螺旋是否打开，切忌硬扳硬转。

(5)仪器任何部分发生故障，不应勉强继续使用或任意拆卸仪器，应由检修人员来处理，否则会加剧仪器的损坏程度。

(6)注意轻拿轻放、不挤不压，无论天气晴雨，均要事先做好防晒、防雨、防震等措施。

(7)中途休息或观测时，仪器箱要放在安全地点，不能踩踏或当凳子坐。

三、测量仪器搬站时注意事项

(1)搬站之前，应检查仪器与脚架的连接是否牢固，以防摔落。

(2)当测站之间距离较近时，搬站时应将仪器略加制动，望远镜放直，仪器连同三脚架抱于胸前竖拿，切忌斜扛于肩上。

(3)当测站之间距离较远时，搬站时应将仪器卸下，装箱带走。行走前要检查仪器箱是否锁好，检查安全带是否系好。

四、测量仪器运输中的注意事项

(1)把仪器装在仪器箱内，再把仪器箱装在专供运输用的木箱内，并在空隙处填以泡沫、海绵、刨花或其他防震物品。

(2)装箱时应检查仪器各部件位置是否正确，否则会引起箱盖盖不上，切忌用力压紧箱盖。装好后将木箱或塑料箱盖子盖好，需要时应用绳子捆扎结实。

(3)无专供运输的木箱或塑料箱的仪器不应托运，应由测量人员亲自携带。在整个运输过程中，要做到人不离开仪器。如乘车，应将仪器放在松软物品上面，并用手扶着，在颠簸厉害的道路上行驶时，应将仪器抱在怀里。

五、三脚架的维护

任何测量仪器的使用都离不开三脚架。水准仪、经纬仪、全站仪等测量仪器设备，都有对应的三脚架。三脚架的稳定性也决定了测量成果的精确度。人们往往关注仪器的保养，而忽视对三脚架的维护。

水准仪脚架，由于现在水准仪较轻，所以脚架多采用木质小三脚架。但使用时间过长后经常出现脚架伸缩固定螺丝滑丝的情况，而厂家生产的脚架固定螺丝都没有单独配件，因此对脚架的维修比较困难。经纬仪、全站仪脚架较大较重，在脚架伸缩固定螺丝方面，使用情况要比水准仪的脚架稳定很多，一般不会出现滑丝的情况，但由于长时间的搬动，脚架其他部件的螺丝容易松动。所以，在日常使用中，针对仪器的三脚架应做到以下几点：

(1)需要定时对三脚架进行检查，防止螺丝松动脱落。

(2)在架设或搬运中，应轻拿轻放，不可横放于架腿上，以免变形或断裂。

(3)做好三脚架的防锈工作，潮湿天气使用后，应通风擦干，并及时清理三脚架脚尖上的泥土或灰尘。

(4)正确架设三脚架，不可乱拧固定螺丝，不要将螺丝旋得太紧。

六、电池的维护

测量电子仪器的电池是其最重要的部件之一，现在电子仪器所配备的电池一般为Ni－MH(镍氢电池)和Ni－Cd(镍镉电池)，电池的好坏、电量的多少决定了外业时间的长短。只有在日常的工作中注意电池的充放电，才能延长仪器的使用寿命，使其功效发挥到最大。所以，电池的日常维护工作应注意以下几点：

(1)电池充电必须使用配置的专用充电器。

(2)充电时室内的温度应为10～40 ℃。如果在高温下充电，电池充电时间会长一些。

(3)充电时，先将充电器接好220 V的电源，从仪器上取下电池，将充电器插头插入电池的充电插座，充电器上的指示灯显示充电，当充电器指示灯改变原有状态后代表充电结束，即可拔出插头。

(4)建议在电源打开期间不要将电池取出，因为此时存储数据可能会丢失或导致仪器损坏，因此要在电源关闭后再装入或取出电池。

(5)一般充电电池可重复充电 300～500 次，电池完全放电会缩短电池使用寿命。

(6)不要连续进行充电或放电，否则会损坏电池和充电器，如有必要进行充电或放电，则应在停止充电约 30 min 后再使用充电器。

(7)超过规定的充电时间会缩短电池的使用寿命，应尽量避免。

(8)为更好地获得电池的最长寿命，应保证每月充电一次。

(9)电池剩余容量显示级别与当前的测量模式有关。在角度测量模式下，电池剩余容量够用，并不能够保证电池在距离测量模式下也能用，因为距离测量模式耗电高于角度测量模式，当从角度测量模式转换为距离测量模式时，如果电池容量不足，可能会中止测距。

(10)如果充电器与电池已连接好，指示灯却不亮，此时充电器或电池可能已经损坏，应停止充电，与检修人员及时联系。

七、测量工具使用的注意事项

(一)使用测钎的注意事项

(1)如地面坚硬可用手扭转测钎握环插入，应避免硬插，使测钎弯曲。

(2)每次实习完毕，要当地点清以免遗失。

(二)使用皮尺的注意事项

(1)使用皮尺丈量，不要用力猛拉，以防拉长或拉断。

(2)皮尺不得沾染泥水。

(3)量距完毕，应卷入盒内，卷时用食指和中指夹持，以免打卷入盒，不要放在地上拉行。

(4)用皮尺拉出或卷入时，注意尺盒中心的手柄固定螺旋，不要松脱、遗失。

(三)使用钢尺的注意事项

(1)使用钢尺量距时，要防止钢尺扭曲、折断。如遇到尺卷弯、打扣，应立即顺好。

(2)量距时，须将钢尺顺尺轴卷尺方向拉直，不可逆向，以免折断。

(3)当量完一段距离向前行走时，必须将钢尺悬空拉起前行或卷入盒内，不可使尺身与地面摩擦，避免磨损。

(4)用钢尺量距时，不许行人踩踏或车辆碾轧，以免断裂或生弯。

(5)钢尺着雨或在泥水处量距后必须擦拭干净，以免泥土潮污尺面。

(6)用钢尺拉出或卷入时，注意尺盒中心的手柄固定螺旋，不要松脱、遗失。

(7)收卷钢尺，一定要按固定方向旋转尺盒上的手柄，不能反复转动，否则会使钢尺弯曲或折断。

(四)使用水准尺的注意事项

(1)勿用水准尺打磨或撞击坚硬之物，以免尺底金属垫损坏而影响尺度的精确。

(2)水准尺不能淋雨，不要放于潮湿处，更不得浸入水中，如遇雨淋则应及时用布擦干。

(3)不得用尺或花杆提挑物件或支架帐篷、衣物等。

(4)不得坐在尺上休息。

(5)不得投掷水准尺或花杆。

(6)不得用尺垫锤碰物件,注意携带,休息时放在明显处以防遗忘。

(五)使用垂球的注意事项

(1)垂球尖端要细心保护。

(2)使用垂球过程中切勿拿来玩耍或者投掷,以免伤人。

小 结

本章主要介绍了测量仪器的日常保管与维护,还包括测量仪器的“三防”工作:防霉、防雾、防锈,以及仪器配件和工具的日常维护和注意事项。

习 题

判断以下说法的正误:

1. 冬天室内、室外温差较大时,测量人员将仪器搬出室外,为了节约时间直接开箱使用。 ( )
2. 中途休息或观测时,将仪器箱当凳子坐。 ( )
3. 当测站之间距离较近时,搬站时直接将仪器连同三脚架斜扛于肩上。 ( )
4. 将水准尺平放于地面,直接坐在尺上休息。 ( )
5. 在太阳光照射下观测仪器,应给仪器打遮阳伞或使用太阳滤光镜。 ( )

参考文献

[1] 高绍伟. 测量仪器与检修[M]. 北京:煤炭工业出版社,2008.
[2] 瞿俊良. 测量仪器与检修[M]. 北京:煤炭工业出版社,1998.
[3] 郭达志,周丙申,聂恒庄. 大地测量仪器学[M]. 北京:煤炭工业出版社,1986.
[4] 赵德庆,赵光新,杭标,等. 测量仪器检修[M]. 北京:煤炭工业出版社,1975.
[5] 马万增. J_2/ J_6 光学经纬仪检修[M]. 北京:北京光学仪器厂出版社,1983.
[6] 傅博,赵茂哲. J_2 级光学经纬仪结构与检修[M]. 西安:陕西科学技术出版社,1994.
[7] 徐绍铨,吴祖仰. 大地测量学[M]. 武汉:武汉测绘科技大学出版社,1996.
[8] 陈龙飞,金其坤. 工程测量学[M]. 上海:同济大学出版社,1990.
[9] 杨铨曾. 控制测量学[M]. 北京:测绘出版社,1983.
[10] 冯晓. 现代工程测量仪器应用手册[M]. 北京:人民交通出版社,2005.
[11] 洪镀. 光电大地测量仪器学[M]. 北京:中国矿业大学出版社,1993.
[12] 张翠玉. 公路工程常用仪器的使用与检修[M]. 北京:人民交通出版社,2001.
[13] 何保喜. 全站仪测量技术[M]. 郑州:黄河水利出版社,2008.
[14] 苏瑞祥,聂恒庄,石千元,等. 大地测量仪器[M]. 北京:测绘出版社,1979.
[15] 刘海清. 测量仪器的使用检修与保养法[M]. 上海:科技卫生出版社,1958.